横浜

防火帯建築

を読み解く

現代に語りかける未完の都市建築

藤岡泰寛 編著

菅 孝能 　中井邦夫 　林 一則
桂 有生 　黒田和司 　笠井三義

松井陽子

花伝社

本書は、一般財団法人住総研の 2019 年度出版助成を得て出版されたものである。

口絵 1 　商栄ビル（別名「馬車道共同ビル」1955 年竣工、2017 年解体）撮影：井上 玄

口絵 2 　長者町八丁目共同ビル（1956 年竣工、2018 年解体）撮影：井上 玄

口絵3　福富町市街地共同住宅（1960年竣工、現存）中庭　撮影：井上 玄

口絵4　徳永ビル（1956年竣工、現存）撮影：井上 玄

口絵5　徳永ビル本館（左）と別棟（右、1965年
竣工）をつなぐ中庭　撮影：井上 玄

口絵6 吉田町第一名店ビル（1957年竣工）前での「まちじゅうビアガーデン」の様子

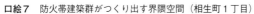

口絵7 防火帯建築群がつくり出す界隈空間（相生町1丁目）

口絵8　1970年代の防火帯建築ピーク時の状況

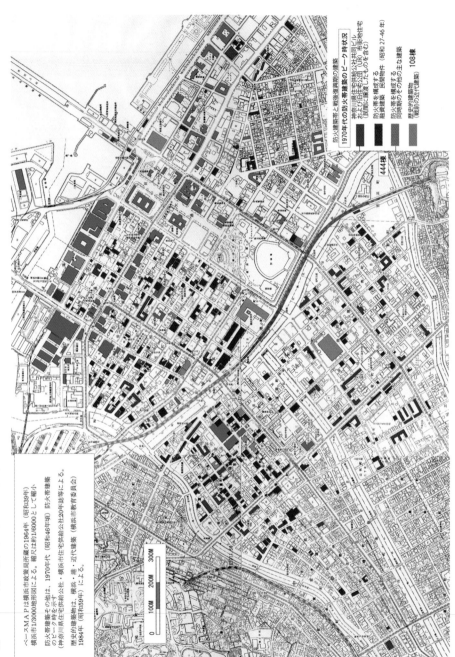

ベースMAPは横浜市政策局所蔵の1964年（昭和39年）
横浜市1/3000地形図による。縮尺は約1/6000として縮小

防火帯建築その他の地は、1970年代（昭和46年頃）防火帯建築
のピーク時を示す
（神奈川県住宅供給公社・横浜市住宅供給公社20年誌等による。
歴史的建築物は、横浜・港・近代建築（横浜市教育委員会）
1984年（昭和59年）による。

防火建築帯と戦災復興期の建築
1970年代の防火帯建築のピーク時状況

■ 神奈川県住宅供給公社共同ビル
　および旧住宅公団（UR）市街地住宅
　（民間に譲渡したものを含む）

■ 防火帯を構成する
　賃貸建築　民間物件

■ 防火帯を構成する
　同時期のその他の主な建築　　　444棟

■ 歴史的建築物
　（戦前の近代建築）　　　108棟

0　100M　200M　300M

口絵９　2015 年２月時点での防火帯建築の現存情況

1　吉田町第１共同ビル（吉田町第１名店ビル）
2　吉田ビル＋吉田町第２共同ビル
3　吉田町第３共同ビル
4　福富町市街地住宅（ＵＲ）
5　福富町第２共同ビル（福仲ビル）
6　二葉ビル
7　福富町西通り市街地住宅（ＵＲ）
8　長者町９丁目第１共同ビル
9　長者町８丁目第１共同ビル
10　伊勢佐木町センタービル
11　末吉町１丁目共同ビル
12　末吉町１丁目第２共同ビル
13　若葉町市街地住宅（ＵＲ）
14　若葉町二丁目共同ビル（第三キヨビル）
15　富士見町二丁目共同ビル
16　長者町四丁目第２共同ビル（長者ビル）
17　不老町二丁目第一共同ビル
18　（旧）大和銀行ビル（リスト関内ビル）
19　馬車道会館
20　馬車道共同ビル（馬車道商栄ビル）
21　常盤町市街地住宅（東邦ビル）
22　横浜通運ビル
23　鳳ビル
24　弁天通３丁目第２共同ビル（旧神奈川県住宅供給公社本社ビル）
25　弁天通３丁目共同ビル（原ビル）
26　泰生ビル
27　山下町共同ビル（徳永ビル）

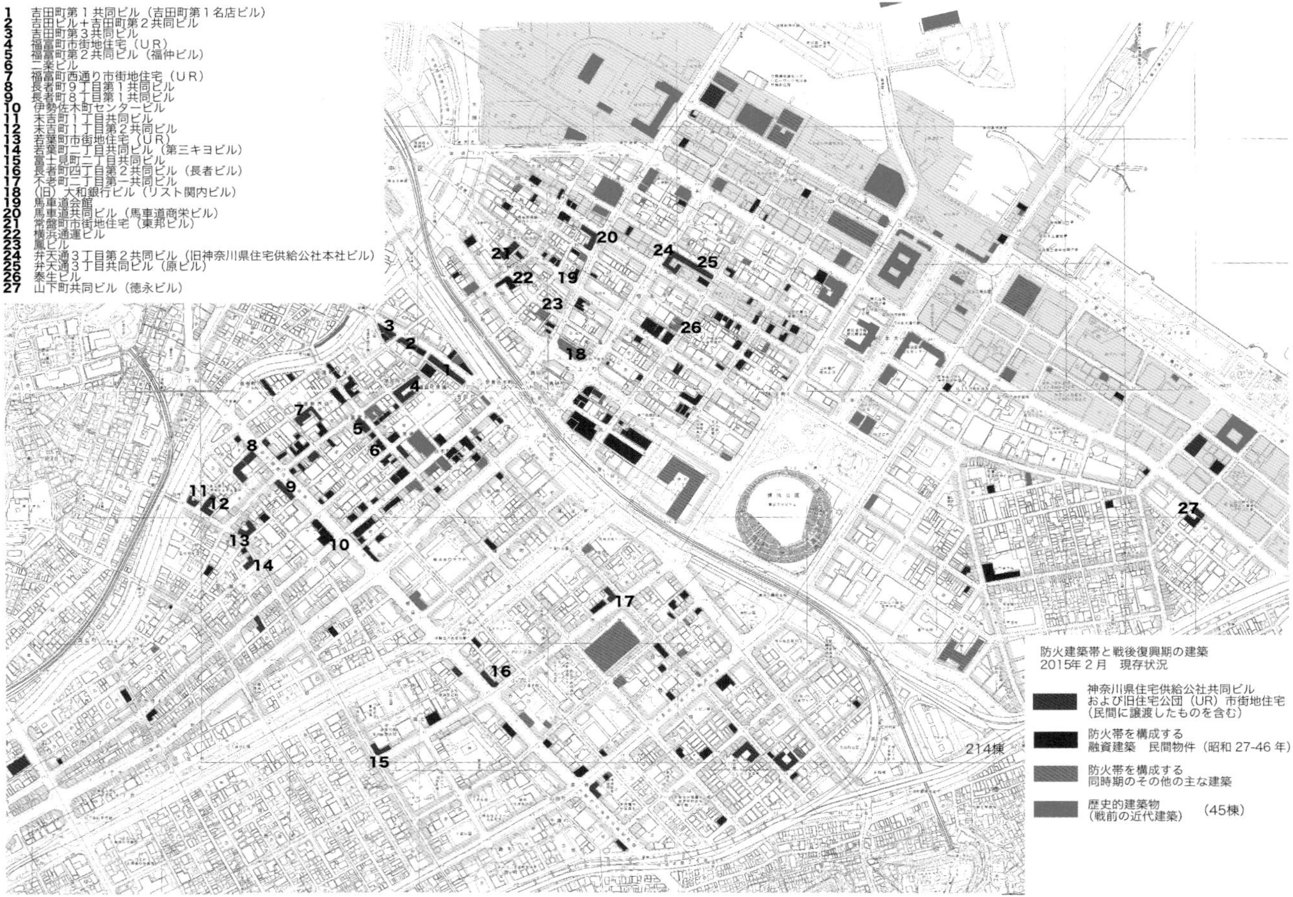
214棟
防火建築帯と戦後復興期の建築
2015年２月　現存状況
神奈川県住宅供給公社共同ビル
および旧住宅公団（UR）市街地住宅
（民間に譲渡したものを含む）
防火帯を構成する
融資建築　民間物件（昭和 27-46 年）
防火帯を構成する
同時期のその他の主な建築
歴史的建築物
（戦前の近代建築）　（45棟）

口絵10 横浜特別都市計画防火地域追加変更指定図（1952.10.14、第48回都市計画審議会法定図書より）（神奈川県立公文書館所蔵）

口絵11 横浜市防火建築帯造成状況図（1958）（神奈川県立公文書館所蔵）

横浜防火帯建築を読み解く——現代に語りかける未完の都市建築

目　次

はじめに

戦後建築へのまなざし

　戦後70年以上が経過し、第二次大戦後に建てられた建築に対して、歴史的建築としての評価が少しずつ広がっている。たとえば、丹下健三をはじめ、黒川紀章、菊竹清訓らによるメタボリズムグループが活躍した1950年代後半から1960年代は、経済成長と工業技術の発展の時代であり、1964年の東京オリンピックの際に丹下健三により設計された国立代々木競技場は、耐震補強工事を経て、2020年の東京オリンピック・パラリンピックでも会場として使用される予定である。

　このように、時代を象徴する戦後建築に一定の歴史的評価がなされ保存活用が図られるケースがある一方で、閉館や解体の危機に直面するケースも増えつつある。宮崎県都城市が市政40周年を記念して1966年に開館した都城市民会館（菊竹清訓設計）は、40年以上にわたり都城市の芸術文化の拠点として市民に親しまれたが、惜しまれつつ解体が決まったことは記憶に新しい。

　本書は、耐火建築促進法（1952年）にもとづき、1950年代から1960年代にかけて全国で取り組まれた防火建築帯造成事業の、横浜中心部における展開に着目してまとめたものである。この事業は、「都市における耐火建築物の建築を促進し、防火建築帯の造成を図り、火災その他の災害の防止、土地の合理的利用の増進及び木材の消費の節約に資し、もつて公共の福祉に寄与することを目的」（耐火建築促進法第1条）として進められた国庫補助事業であり、横浜を含めて全国90都市以上で取り組まれた。

　この時代、都市の不燃化を促進し、かつ、限られた土地で商業と居住の用途複合を実現する新しい建築が各地で工夫された。補助金はあくまで木造建築の場合との差額分という建前であり、基本的には庶民が身銭を切って建てる民間建築となった。華々しく展開したメタボリズム建築運動とは異なる位

相で、しかし、同時代の建築家たちが市民に寄り添いながら、"もうひとつの建築運動"を全国で展開していたのである。

戦後の原風景

　著名な建築家による作品でさえ保存活用が困難であるのだから、これらの戦後建築（本書ではひとまず「東京オリンピック頃まで」としたい）について保存活用を論じようとすること自体、荒唐無稽なのかもしれない。なぜなら、"もうひとつの建築運動"によって生まれた建築は、決して作家性を目指して生まれたものではなく、限られた予算のなかで、いくつもの条件や要望に耳を傾けながら創り上げられた建築だからである。

　「防火建築帯は、都市の枢要地帯にあって、地上階数三以上の耐火建築物が帯状に建築された防火帯となるように造成されなければならない。」（耐火建築促進法第2条）。この規定に則り、おおむね3、4階建てで、かつ、防火地域の指定範囲である奥行き11mに収まる箱形の建築が全国で建てられた。一見するだけでは違いがわからない同じような外形の建築群。作家性を目指したモニュメンタルな建築とは対照的な、地味な建築と言えよう。

　しかし、鉄筋コンクリート造による庶民建築がこれだけ数多く全国規模で建設されたのは、戦後のこの時期が初めてであったということを強調しておきたい。にもかかわらず、今では懐かしさすら感じる原風景として全国の都市にしっかり根付いている。同じ鉄筋コンクリート造の建築でありながら、建てては壊すことが当たり前となり、コスト優先で建てられることの多い現代社会からみて、それ自体が驚くべきことではないだろうか。

　ところが、というか、やはり、というべきか、近年、老朽化や機能陳腐化を理由に多くの戦後建築が静かに解体され次々に姿を消している。こうした戦後建築に対する評価の難しさは、ひとつは現代建築との類似性と相違性が両義的に内在する点にあると言えるだろう。端的にいえば、戦後建築は現代建築と「似ている」のである。鉄とガラスとコンクリートで作られている点も、装飾を最小限に機能的に計画されているという点も、広い意味では現代の多くの建築がそうである。

　第一線の映画評論家であり、横浜国立大学でも教鞭をとった梅本洋一は、

その著書（『建築を読む』2006）のなかで横浜の街並みに対し、「戦後の復興（中略）の時代に建てられたモダニズムだけが取り柄のような箱形のビルがきれいに四階建てのスカイラインを刻んでいた」と手厳しく評した。モダニズム、すなわち機能的な建築がつくりだした戦後の風景は、良かれ悪しかれ間違いなく現代と接続している。

人間のための建築

建築史家の鈴木博之は、その著書（『現代の建築保存論』2001）のなかで、「『似ている』ことの奥は深い」と述べている。そして、「『似ている』と『違う』はひとつながりの現象である」とも指摘している。少なくとも「同じ」ではないとすると何が「違う」のか、そもそも「似ている」と言いたくなるのはなぜか。現代と同じような「箱形のビル」としていったんは受容しつつ、それだけで片付けてしまわずに、こうした素朴な問いから出発することが大切なのではないだろうか。

また、戦後建築のもうひとつの特徴に、「建築物」単体から建築と建築、あるいは、建築と都市の間の「関係」へと、デザインの主題が成熟しつつあったことが挙げられる。たとえば丹下健三による国立代々木競技場は、建築の持つ造形美もさることながら、第1体育館と第2体育館がプロムナードを挟んで対となり、大量の観客をスムーズに流動させる配置計画を前提に設計されていた。つまり、主役は建築ではなく人間である。建築評論家の浜口隆一が（様式建築と異なる）近代建築の本質として挙げた、「人間をかく最高の位置に置くが故に、それに対して建築を手段の位置に置くのである」（『ヒューマニズムの建築』1947）との指摘にも通じる。

戦後の日本社会において、箱形のビルとビル群がつくりだす街並みは、庶民の暮らしのなかにまで、本格的に近代建築、機能主義の思想が浸透しはじめたことを表現していた。そのことは、やや大げさに言えば戦後民主主義社会の本格到来を意味していた。庶民にとっては、誇らしく、喜ばしい出来事だったに違いない。

建築がまだ金融経済よりも力を持っていたこの時代。作家性だけに目を奪われるのではなく、全国各地でひたすらストイックに市井の人たちの声に耳

を傾けて建てられたこれらの建築に対する評価のあり方を考えるべきではないだろうか。なぜなら、これらの建築が創り出したかった「関係」を振り返ることは、私たち自身を形作ってきた原風景を探るアプローチであり、未来志向の仕事だからである。

横浜（関内・関外地区）の戦後

　横浜（関内・関外地区）をとりあげるのは、防火建築帯造成事業によって、全国でも類をみないほど多数の建築が高密度に建てられているからである。詳細は各章に譲るが、これには、第二次大戦の終戦直前（1945年5月29日）に空襲を受け、終戦後、長期にわたり接収（占領軍による土地建物の収用）を受けた歴史が影響している。

　当時、横浜を含む全国の都市がこの大戦で甚大な被害を受けた。政府は早期復興を図るため、終戦翌年1946年9月に特別都市計画法を制定し、全国115都市において戦災復興事業に着手した。この事業は国庫補助率9割という財政措置のもと、区画整理の手法を用いながら、道路の拡幅や公園・広場等の設置、緑地帯の確保、公共施設の適正配置などを進めるものであった。その後の緊縮財政方針から紆余曲折を経たが、各都市で成果を挙げた。

　耐火建築促進法が制定施行された1952（昭和27）年というのは、戦災復興事業としてみると、中盤から終盤にさしかかろうとしていた時期、少なくとも主要都市各地区の都市計画決定はほぼ完了し、粛々と事業にとりかかっていた、そういう時期であった。

　一方で横浜中心部、関内・関外地区だけは例外だった。前年（1951年）9月8日に調印された平和条約が4月に発効し、少しずつ接収地が返還され始めていたものの占領軍はひきつづき駐留し、開戦したばかりの朝鮮戦争が先行きを不透明にしていた。焼け野原のまま、横浜は未だに本格的な戦後を迎えられずにいた。防火建築帯造成事業は、接収解除が進み始めた横浜にとって、都市中心部の本格復興を実現する千載一遇のチャンスだったのである。

「横浜防火帯建築」

　こうした背景を持つためか、横浜（関内・関外地区）の戦後建築が、他都市のそれと少し異なる空気をまとっていると感じるのは考えすぎだろうか。近代建築、機能主義の思想にもとづく箱形のビルでありながら、完全ではなくどこかちぐはぐで、どこかやりかけの状態で建てられているように見えるのである。凝った意匠のビルもあれば、金銭的な余裕がなかったのか、のっぺりとしたビルもある。他都市と比べて人間的なスケールの、小さくてかわいいビルがたくさん集積しているというのも、こうした印象を強めている。本格復興の千載一遇のチャンスを逃すまいとみんなが精一杯、前のめりになって事業に取り組んだ、そういう空気である。

　本書が「防火建築帯」という法律上の「都市計画」の用語に加えて、当時横浜で通称として用いられることのあった「防火帯建築」（防火建築帯内の建築、という意味）という独特な呼称を併用している点も、こうした横浜固有の歴史に敬意を払い、当時の空気感を大切にしたいと考えるからである。

　もともと防火建築帯は、都市の中に防火壁を設けることをねらいとして指定されており、指定範囲に建つ建築はその後背地を延焼から守ることが宿命づけられている。この点で、オブジェのように周りと無関係に建つ建築とは異なる。加えて横浜は遅れた戦後復興の時期と重なった。結果的に、一つひとつの建築が不燃化を図りながら横浜復興の一部になろうとして立ち上がり、相互に強く応答し合う関係を内包していった。「防火帯建築」という呼称には、こうして生まれた「都市建築」としての性格、すなわち、それぞれが自立した建築でありながら、都市の一部でもあろうとする傾向が強く読み取れるのである。

本書で扱う用語の定義

用語	趣意
防火建築帯	都市計画
防火帯建築	都市建築

本書の視点と構成

　本書の執筆者は、2014年度に日本建築家協会神奈川地域会（会長・飯田善彦（当時））に設けられた「防火帯建築研究会」のメンバーが中心となっている。建築家、都市計画プランナー、大学研究者、団体職員、行政職員な

ど立場はさまざまであるが、定期的に研究会を開きながら議論を重ねてきた。

　現存している建築を探し出し、設計図書や建築記録を収集し、市民公開の
シンポジウムを開き、建築主へのインタビューを繰り返しながら感じたこと
は、横浜防火帯建築は、どの角度から見ても学ぶべき要素に満ちているとい
うことである。先人の苦労に触れることが、昔話にとどまることなく、これ
からの社会のあり方に対する創造力をも喚起してくれると確信している。

　本書は大きく分けて２つの切り口から考察を進める。

　まずは〈解読編〉として、第１章〜第３章が該当する。横浜防火帯建築が
どのように、なぜ建てられたのかを、「戦後」「都市」「建築」の３つの視点
から解説する。

　もう一つは〈市民編〉として、第４章〜第６章が該当する。横浜防火帯建
築がどのように市民に受容されてきたか、今後も受容されつづけるために何
が必要かを、「生活」「事業」「文化」の３つの視点から問いかける。

　第１章では、戦後という時代に着目しながら全体を解題する。全国90都
市以上で取り組まれ、戦後の原風景を創り出した防火建築帯造成事業に着目
し、他都市ではどのような取り組みが生まれたか、横浜（関内・関外地区）
と他都市との基本的な違いや共通点を探る。また、都市の不燃化が民間建築
にまで浸透しはじめた戦後は、戦前までのいわば官製の不燃化の時代と何が
違うのかといった点を概説する。

　第２章では横浜（関内・関外地区）という都市に着目する。わずか160
年の歴史しか持たない開港都市横浜に本書はなぜ着目しようとするのか。災
害や歴史に翻弄され続けた不遇の都市が370万都市へと発展することがで
きたのはなぜか。その原点の一つとして、戦後の時代、すなわちこれまで着
目されることの少なかった６大事業前夜の横浜に焦点をあて概説する。

　第２章コラムでは、戦後建築として、横浜で初めての登録歴史的建造物と
なった都橋商店街ビルを紹介する。戦後の混乱が残る野毛の露天商を収容し、
都市の美観向上を図ることを目的として建てられた商店街ビルを例に挙げな
がら都橋商店街ビルがなぜ歴史的建造物として登録されるに至ったのか、
戦後建築における登録の持つ意味とは何かといった点を概説する。

　第３章では建築そのものに着目する。全国的にも類をみないほどの建築数

が建てられた横浜防火帯建築の空間デザインの特徴に焦点をあて、さまざまな制約条件のなかで建築家が戦後の時代に目指していたものとは何か、建てられた建築に備えられた都市への態度、タイポロジーとは何かを概説する。

　第3章コラムでは、横浜防火帯建築が都市のなかにつくりだした中間領域に着目する。開港直後の横浜につくられた街割りと、戦後に建てられた防火帯建築がどのように応答していたのか。つくりだされた中間領域＝都市の懐の深さにはどのような都市活動が内包されているのか。賑わいや景観が生成される原理とはどのようなものかについて概説する。

　第4章では人（生活者・商業者）に着目する。記録に残るだけで440棟の建築が建てられ、半数近くが現存する横浜防火帯建築。築60年を超えるものも多く、これだけ長く使われ続け住まわれ続けてきたRC（鉄筋コンクリート）造の住居系建築自体が、我が国では希有な存在である。生活者や商業者はこの建築と、あるいは都市空間とどのように向き合い、時間を重ねてきたのか。人間の生活経験が織り込まれながら変容していく存在としての建築を描き出す。

　第4章コラムでは、住宅復興に大きく貢献し、初期横浜防火帯建築の牽引者ともなった神奈川県住宅公社の取り組みを紹介する。併存アパートとも下駄履き住宅とも呼ばれる、用途複合・共同所有型の防火帯建築はどのような仕組みによって生み出されたのか。都市住宅にどのようなイノベーションをもたらしたのかについて概説する。

　第5章では事業としてみた横浜防火帯建築に着目する。設備の老朽化等から空室を抱える防火帯建築も多いなかで、使われ続けている状態こそ本来あるべき姿だとしたときに、現代における防火帯建築「群」の活用価値とは何か。趣のあるビルを大事に使い続けたいと考えるオーナーに対するアプローチとあわせて考える。

　第6章では文化としてみた横浜防火帯建築群に着目する。建築はその時代の歴史的特徴や思想・精神性をあらわす存在であり、文化そのものである。戦後70年以上が経過し、戦後建築に対する歴史的評価が少しずつ広がりを見せるなかで、戦後建築の歴史的価値とはいったい何か。その価値は誰が、どのように決めるのか。横浜防火帯建築の歴史的評価をめぐる議論や行動を

紹介する。

　第7章は2つの切り口からの考察をふまえた、本書のまとめである。横浜防火帯建築群から何を読み解くことができたのか。2度目の東京オリンピックをむかえる新しい時代のなか、いまあらためて戦後復興の試みに着目することで、何を学び取ることができるのか。本書の到達点を整理する。

　まちを歩いていて目にとまる、ある種の懐かしさを感じる建築や街並み。とりたてて形容しようのないこれらの対象に、私たちはなぜこれほどまでに惹きつけられるのか。

　本書を手がかりに、その理由に触れながら、それぞれのさらなる新しい問いを見つけることができれば望外の喜びである。

2020年2月　執筆者を代表して　藤岡泰寛

なお、本書の内容は出版時点の状況にもとづくものであることを申し添えます。

【参考文献】
1) 梅本洋一『建築を読む――アーバン・ランドスケープ Tokyo‐Yokohama』青土社、2006
2) 鈴木博之『現代の建築保存論』王国社、2001
3) 浜口隆一『ヒューマニズムの建築』雄鶏社、1947

第1章　横浜防火帯建築とは何か

藤岡泰寛

1-1　「防火建築帯」と「横浜防火帯建築」

「はじめに」で述べたように、本書が着目する建築は、一般的には「防火建築帯」として知られている。これは、1952年5月31日に制定施行された「耐火建築促進法」に出てくる用語であり、この法律を根拠に、延焼防止帯となる不燃建築を帯状（路線状）に形成することを目標として、全国92都市で防火建築帯が指定された（1-1-1）。

同年4月17日に発生した鳥取大火の直後に制定施行されたことから、鳥取市が第1号指定都市となったが、この法律は、鳥取大火以前から続いていた都市不燃化運動を受けたものであった。それまで防火帯といえば公園や拡幅道路などの空地のことを指すことが多かったが、都市中心部では土地の高度利用を図る必要があり、帯状の不燃建築によって延焼防止を図ろうという点が画期的であった。

防火建築帯

防火建築帯の指定は建設大臣が行い、「地上階数三以上のもの若しくは高さ十一メートル以上のもの又は基礎及び主要構造部を地上第三階以上の部分の増築を予定した構造とした二階建のものであるときは、当該耐火建築物の地上階数四以下及び地下第一階以上の部分」（第6条）について補助金交付を定めている。防火建築帯の多くが3、4階建てなのはこのためなのであるが、何より防火建築帯は民有地に不燃建築を建てることを想定している。つまり個人の建物（店舗や住宅）の建設に国庫補助の道を開いた画期的な法律

1-1-1 防火建築帯指定都市一覧

No.	都市	戦災都市	指定年月日	改正（回）	No.	都市	戦災都市	指定年月日	改正（回）
1	鳥取		1952.8.2	1	47	堺	○	1953.8.19	1
2	札幌		9.12	0	48	和歌山	○	9.8	0
3	静岡	○	9.20	1	49	大分	○	9.14	0
4	大阪	○	9.27	0	50	日立	○	10.12	0
5	小樽		10.3	0	51	蒲郡		1954.4.9	2
6	稚内		10.3	1	52	一宮	○	4.9	1
7	函館	○	10.3	0	53	新潟		4.27	1
8	京都		10.10	0	54	千葉	○	5.11	0
9	横浜	○	10.18	6	55	平	○	5.19	0
10	岡山	○	10.18	1	56	鹿児島	○	7.23	1
11	長野		10.18	0	57	高知	○	11.29	0
12	大垣	○	10.30	2	58	高岡		1955.5.6	2
13	福井	○	10.30	1	59	徳島	○	7.6	0
14	松山	○	11.10	0	60	宇都宮	○	10.29	0
15	東京	○	12.15	5	61	柏		12.26	1
16	門司	○	12.15	1	62	清水	○	1956.5.21	0
17	八幡	○	12.15	1	63	浜松	○	5.21	1
18	名古屋	○	12.26	2	64	能代		9.10	0
19	福岡	○	12.27	0	65	富士		1957.7.9	0
20	下関	○	12.27	0	66	島田		7.9	0
21	広島	○	12.27	0	67	磐田		7.12	0
22	福山	○	12.27	0	68	魚津		8.15	0
23	坂出		12.27	0	69	岩国	○	8.24	0
24	高松	○	1953.2.2	0	70	尼崎	○	1957.10.19	0
25	呉	○	2.2	0	71	豊橋	○	10.25	0
26	神戸	○	2.2	3	72	室蘭		12.24	1
27	岐阜	○	2.12	0	73	習志野		12.28	0
28	小倉		2.21	0	74	船橋		12.28	1
29	金沢		2.27	1	75	水戸	○	1958.3.13	0
30	熱海		3.5	0	76	土浦		6.2	0
31	防府		3.24	1	77	岩見沢		6.2	1
32	下松		3.28	0	78	長岡	○	11.1	0
33	旭川		4.1	1	79	藤沢		1959.2.24	0
34	釧路	○	4.1	1	80	横須賀		10.6	0
35	前橋	○	4.1	0	81	山形		10.6	0
36	高崎	○	4.1	0	82	戸畑		10.6	0
37	桐生		4.1	0	83	多治見		11.30	0
38	川崎	○	4.14	1	84	上尾		11.30	0
39	福島		4.17	1	85	彦根		1960.10.14	0
40	仙台	○	4.23	1	86	吉原		10.14	0
41	沼津	○	5.14	3	87	上田		10.14	0
42	長崎	○	5.16	1	88	新湊		10.14	0
43	佐世保	○	5.16	1	89	姫路		10.14	0
44	気仙沼		5.20	0	90	平塚		11.4	0
45	熊本	○	6.11	0	91	佐賀		11.4	0
46	大館		7.2	2	92	大船渡		12.17	0

指定年月日：告示年月日、改正：指定後の改正回数　　速水（2013）をもとに筆者作成

であった。当時はまだ民間の自助努力では不燃化促進が困難であった時代。民間建築であっても都市の中心部に建てる場合には、一定の条件を満たせば、不燃化に公益性が認められたのである。

　なお、耐火建築促進法で指定された防火建築帯は、建築基準法、都市計画法上の防火地域指定とも整合が図られた。路線式の指定の場合、指定範囲は表通り側から見て奥行き 11 m 以内とされ、これは、（建築基準法の前身の）市街地建築物法時代の奥行き六間の防火地区指定を継承したものとなった。促進法との整合については、当時の建設省通達においても示されている。

　　防火建築帯をどのように指定するべきかについては、1957 年 11 月発行『都市不燃化運動史』によると、防火建築帯としての効果と、指定区域内の経済力を考慮する等の理由から、なるべく都市の中心部の繁華な商店街を選定することが推奨されている。また、人口 10 万〜20 万程度の都市では人口 1 万につき道路両側にあるものとして延長合計約 120 m（片側のみなら 240 m）が標準的な長さとして示されている。東京、横浜、大阪、名古屋などの大都市を除くと、ほとんどの都市において防火建築帯は目抜き通りが指定されることが多かったのはこのためである。

地方都市における防火建築帯

　耐火建築促進法施行後、全国 92 都市に総延長 638km の指定がなされたが、地方都市において、防火建築帯はどのように指定拡充されていったのだろうか。指定都市の半数以上が促進法施行 2 年以内に指定完了していることから、まずは、初期の動向にその特徴を見いだすことができる。

　前掲の『都市不燃化運動史』では、促進法以前からすでに、住宅復興として不燃公共住宅への期待が大きかったことが示されている。たとえば、「昭和 21 年 6 月次官会議で『住宅復興事業は公共事業費によって実施する』方針が決定され、今日の国庫補助住宅、即ち公営住宅なるものの発足を見たのであるが、前述の不燃公営アパートの試作は異常な好評を博した。」とあり、まずこうした世論の動向が不燃公共住宅の普及促進を後押しする状況にあった。

　一方で、耐火建築促進法そのものは、欧米のように燃えない街の建設を目

指す運動のなかで生まれ、不燃建築の建設に対して国庫補助の道を開いた。

『防火建築帯の話』（社団法人セメント協会、1957）には、「終戦後今まで に焼失戸数500戸異常の大火が17回も発生」しており、「火災による滅失 量は（中略）全災害による滅失量の平均約35パーセントに達して」いるこ とが指摘されている。

このように、終戦後の「復興」には、住宅難の解消に資する公共主導によ る住宅供給という側面と、燃えない街づくりに資する民間主導による不燃建 築の建設という側面の両方が期待されていた。

この二面性は、1954年度から住宅金融公庫の新制度として設けられた基 礎主要構造部に対する融資制度（その後、1957年度から実施された「中高 層耐火建築物等建設資金貸付制度」に吸収）にも見いだすことができる。こ の制度は、上層部分に一定の不燃住戸を建設する場合に、下層部の非住宅部 分の基礎主要構造部にも建設費の全額に融資を認めるものであり、別名「足 貸制度」とも呼ばれた。住宅建設促進のためにつくられた政府系金融機関が、 住宅を支えている脚部の非住宅建設にも融資の必要性を認めるという制度と なった。

なお、造成された防火建築帯のなかで、大館市の防火建築帯は実際に延焼 防止に役だった例として知られている。1953年の大火後に防火建築帯が指 定され、このときつくられた商店街共同建築が、1956年8月に再び起きた 大火の際に延焼防止に有効に機能した。こうしたこともあり、防火建築帯の 造成に対して、商店街の繁栄をもたらすだけでなく、延焼防止という公益性 が確かに認められるものとして評価されていった。

後述するが、政府は1955年度に建設補助自体を廃止し、住宅金融公庫か らの融資のみに絞り込む方針だったが、その後国会修正を経て、以降は促進 法廃止までほぼ毎年1億円ベースでの建設補助として定着した。この定着要 因のひとつとして、実際に延焼防止効果が認められたことも大きかったと考 えられる。

都市の中心部を不燃化することに公益性が認められるとすれば、地方都市 においては必然的に商店街共同建築がその主役となることは想像に難くない だろう。事実、建築家の関心も地方都市の中心部に注がれることとなる。

初田はその著書『都市の戦後』（東京大学出版会、2011）のなかで、当時最も多くの商店街共同建築を手がけた不燃建築研究所の設立者である建築家・今泉善一に着目しながら、建築家の目を通して各地の事例がどのようにして建設されていったのかを明らかとしている。

　戦前は、建築運動体として知られる創宇社建築会のメンバーとして、また、マルクス主義の活動家でもあった今泉善一は、戦後、財団法人建設工学研究会を経て不燃建築研究所を設立する。財団法人建設工学研究会は、1950年に東京大学生産技術研究所の助教授であった池辺陽が理事に就任して設計活動を行っていた組織。池辺は同年にデビュー作となる「立体最小限住居」を発表している。住宅金融公庫が設立された年でもあり、池辺に限らず、多くの建築家の関心は、庶民が自力建設することのできる小住宅にあった。当時、公庫融資には延べ床面積の上限（15坪）が設けられており、池辺の提案もこの上限に収まる提案であった。建設工学研究会は、池辺の住宅作品を主に手がけていくことになる。

　こうしたなかで、1952年に耐火建築促進法が施行された。同年、日本建築学会が主催して実施された「防火建築帯に建つ店舗付き共同住宅」の競技設計に際して、池辺が代表して審査評を残している。初田によれば、池辺が審査員に選ばれたのは、当時、建設工学研究会が沼津の防火建築帯を手がけようとしていたこともあったと考えられるという。

　今泉らが建設工学研究会時代に最初に手がけた商店街共同建築となった沼津本通り防火建築帯は、1953年5月14日の建設省告示による防火建築帯指定を経て、1953年から1954年にかけて順次完成する（1-1-2）。今泉は、日本建築学会発行のジャーナル『建築雑誌』に寄せた「沼津市本通防火帯建設について」のなかでその建設経緯について次のように述べている。

　「元々、本通りは沼津銀座として繁華街である。又戦災復興の都市計画では、既存の幅員12.5米道路を20米幅員に拡張することになっていた。だが商店街としては、道路幅が20米では広すぎることと、又ここに既存の鉄筋コンクリート造4階の建物があり、この後退の問題も困難であり現在の本通り付近の都市計画、区画整理は非常に困難をきわめていた」

　「この問題につき、沼津市松下建築課長及び落合都市計画課長の両氏、地

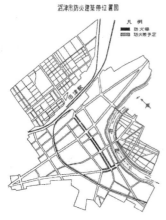

沼津市防火建築帯位置図

凡例
■■■ 防火帯
▨▨▨ 防火帯予定

1-1-2　沼津市防火建築帯位置図と竣工当時の様子
出典:「商店街の不燃化──沼津防火建築帯」、静岡県沼津市

　元の人々の賛成を得て、現在の道路幅員 12.5 米をそのまま車道とし、その両側に幅 3.75 米の公共用歩廊を計画し、幅員 20 米とし、2 階以上を公共歩廊の上に築造するという、所謂有階アーケード街方式の採用が最も必要で、有利な計画と主張され」た。

　こうして、アーケード型の共同建築とすることが決まり、本通り沿いの区画に建築協定を定め、さらに、当時まだ東京と大阪にしか実績のなかった美観地区が指定された。

日本不燃建築研究所と商店街共同建築

　沼津では、今泉らが設計を依頼される前に、すでに防火帯指定の全員による任意組合として沼津市本通共同住宅建設組合が結成され、理事長 1 名、副理事長 3 名、理事若干名が選出され、組合の運営、建設事業の執行機関が構成されていた。

　商店主はそれぞれ一国一城の主であり、合意形成は決して簡単ではなかったが、「組合員全員の強い共同への推進により、ことなく完成に向かって邁進出来たことは、まことに全国的にみて、めづらしく、又見事なことであったと思っている。」とふりかえる。

　初田によると、事業実施前は約 6 割が自己所有地、4 割が借地だったものが、借地の大半が買い取られ、実施後は 9 割が自己所有地、1 割が借地とい

う比率に変化したという。借地の買い取りに際して地主との調整が不調に終わり中止になった例もいくつかあるものの、所有移転についての話し合いはすべて組合で解決が図られたという。

その後、今泉は池辺のいる建設工学研究会から次第に離れて、日本不燃建築研究所を設立することになるわけだが、沼津での経験を生かして、商店街組合とともに共同建築をまとめる設計活動を精力的に進めていく。

後に日本不燃建築研究所を結成するスタッフが建設工学研究会時代に最初に手がけたのが、栃木県宇都宮市のバンバ名店ビル（バンビルとも呼ばれる）であった。戦災復興土地区画整理事業による街路拡幅事業にあわせて、都市防災と美観向上を目的として関係者による建設組合がつくられ1955年12月に着工、組合員23名の共同建築として140 mにもわたる防火建築帯となった（1-1-3）。

富山県魚津市では、1956年9月18日に発生した大火からの復興事業として、防火建築帯が指定された。設計は設立間もない日本不燃建築研究所。今泉がそれまでに携わった沼津本通り防火建築帯をはじめとする、各地の防火建築帯設計の実績が認められたものと考えられ、大火の翌1957年9月に起工し、約1.5kmに店舗兼住宅を主とする49棟、135戸の防火建築帯が1959年4月までに完成した（1-1-4）。

横須賀市では、市制50周年記念の協賛事業として、不燃化による近代化を要請されたことを機に商店街共同建築が生まれた。これも日本不燃建築研究所が設計を手がけ、共同建築への参加者は竣工時の組合員56名、店舗

1-1-3　宇都宮市防火建築帯指定図と竣工当時の様子　出典：「栃木県建築士会会誌」1961（左）及び『ふるさとの想い出写真集 栃木』株式会社図書刊行会、1981（右）

1-1-4　魚津市防火建築帯指定図と竣工当時の様子　出典：「防火建築帯に建設された共同建築」社団法人
セメント協会、1958（左）、『都市不燃化』通巻第 91 号、社団法人都市不燃化同盟、1959（右）

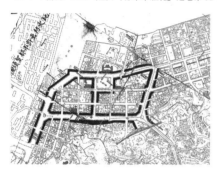

1-1-5　横須賀市防火建築帯指定図（1957）と竣工当時の様子　出典：横須賀市所蔵（左）、『住宅金融
月報』103、1960（右）

49 店から最終的に組合員 59 名、店舗 54 店を数え、中央通路・中央アーケー
ドを備えた共同性の強い建築となった（1-1-5）。本来指定範囲外に位置す
る中央アーケードおよび中央通路の建設を実現するために、個人に支払われ
る建設補助金をいったん協同組合が回収するなど、それまでの商店街共同建
築に比べて協同組合が大きな役割を果たした。

　このように、短期間で各地の路線型の街づくりが進むとともに、一方で、
その限界も次第に認識されることとなった。思ったよりも商店街としての売
上げ増に結びつかず、融資金の償還に苦労した様子も指摘されている。店舗
併用住宅を基本とした個人商店の集積には、自ずと経済効果の限界も指摘で
きよう。その後、線開発から面開発へシフトするなかで、促進法は防災建築
街区造成法へと引き継がれ、次第に「建築家は商店街から撤退」し、「商業

コンサルタントとでも言うべき人たち」に取って代わられることとなった（初田 2011）。

「商店街の不燃共同化の諸問題」（『建築雑誌』73 巻 854 号、1958）で、今泉は都市の中心地にある商店街が不燃高層化へ向かう要因として3つの動機を挙げている。1つは、大火復興による再建、もう1つは道路拡幅等を契機に取り組まれる都市計画事業、そして最後に「新しい商店街の発展のための街ぐるみの共同不燃化への目覚め」であるとする。

個人が自力で立てる小住宅の設計に関心を寄せた池辺と、個人住宅ではなく商業者たちによる組合づくりや共同建築に寄り添う道に進んだ今泉。一見すると対極的なアプローチにも見えるが、戦後民主主義のあり方を模索するなかで、それまで国家や政府が主導してきた権威的な全体主義を忌避するベクトルとしては、実は両者は同じ地平にある。

全国 92 都市で指定された防火建築帯がつくりだしてきた戦後の原風景は、建築形態としての統一的なファサードや、個人では到底実現しようのない共同建築の規模性だけで形成されたのではなく、商業者をその典型とする労働組合運動や、共同体そのものの可能性に期待する、ある種の組合主義的な思想性が反映されたものともいえるだろう。そしてその性格は、目抜き通りが指定されることの多かった地方都市において特徴的であった。

横浜（関内・関外地区）における展開

一方で、大都市では一筋の通り沿いの指定にとどまらず、面的な指定拡充がなされることが多かった。たとえば東京都建築局作成の「防火建築帯と共同建築の勧め」には、木密地域の延焼被害を守るために、通り沿いの建物を面的に不燃化し、防火壁をつくるという考え方が現れている（1-1-6）。

また、大阪市においても同様に、「都市における災害防止、土地の合理的利用増進等を図るため」耐火建築促進法が制定されたとして、大阪府・大阪市協同で広域的な防火建築帯の指定を行っている（『建築と社会』vol.33、1952）。

横浜市では耐火建築促進法の施行と接収解除の時期が重なったため、都市の復興を加速するために耐火建築促進法を積極的に活用することが選択さ

1-1-6 「防火建築帯のある街区」
出典：「防火建築帯と共同建築の勧め」東京都建築局指導部、1954、東京都公文書館所蔵

1-1-7 「羽衣橋通及伊勢佐木町の完成を予想せし防火建築地帯」 出典：『横浜都市計画概要』横浜市建設局計画課、1953、横浜市中央図書館所蔵

れた。当時の建設省と横浜市が共同で制作した模型（「羽衣橋通及伊勢佐木町の完成を予想せし防火建築地帯」）にもその様子を見て取ることができる（1-1-7）。

　東京や大阪が耐火建築促進法の趣旨に沿って通り沿いに防火壁を造成することが目指されていたのに対して、横浜市では明らかに中庭を囲んだ生活街区の構想が描かれている。法の趣旨に沿って、通り沿いの不燃化促進を図りつつ、これを最終目的とするのではなくむしろ手段として活用し、遅れていた横浜の復興を図ろうとしていた。

　このことを裏付けるように、東京や大阪と同じ縮尺で比較すると、横浜の指定密度の高さに驚く（1-1-8）。生活街区を目指す過程で、必然的にきめ細やかな指定となっていったのである。横浜市（関内・関外地区）における防火建築帯指定総延長は最終的に37kmに及んだ。総延長では東京（約122km）、大阪（約119km）に次ぐ長さ（名古屋は約26km）であるが、中心部の面積に対する指定総延長を比較すれば、横浜が他の大都市と比べて突出していることがわかる。

　指定防火建築帯の1ブロックの大きさ（1辺の長さ）も、東京や大阪より横浜の方がコンパクトである。東京や大阪が1辺200〜300m程度から1km程度までばらつきが大きいのに対し、横浜ではこれがほぼ100m程度とコンパクトである。歴史的都市である京都や江戸の町割りが1町60間すなわち約100〜120m程度の街区であったこととも照らし合わせてみると、

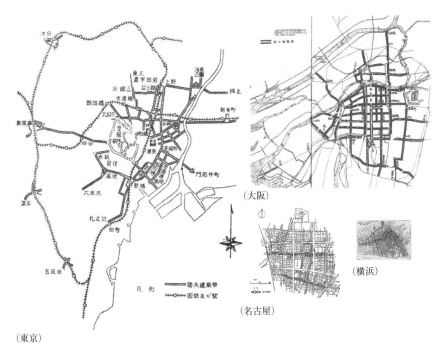

（東京）

（大阪）

（名古屋）

（横浜）

1-1-8　4都市の指定密度の比較（同じ縮尺で比較）
（東京）出典：「都市不燃化運動史」1957　（大阪）出典：「建築と社会」vol.33、日本建築協会、1952
（名古屋）出典：「都市不燃化」vol.53、都市不燃化同盟、1954
（横浜）出典：横浜市防火建築帯造成状況図、1958（神奈川県立公文書館所蔵）

生活街区のスケールとして適切であり、偶然の一致とも言い切れない。

　なお、防火建築帯の奥行き11ｍ指定について、市街地建築物法で定められていた「防火地区」における奥行き6間を踏襲した点については前述した通りであるが、栢木らの研究によると、江戸時代の町割りや、通りに面する商家（都市住居）の備えていた寸法に由来するという考えもある。江戸の町割りが1軒あたり奥行き20間の敷地のうち、これが商家の場合には通りの両側のそれぞれ表坪5間を防火対象とするのが標準とされていた（なお、市街地建築物法において1間追加された理由は定かではない）という（栢木・伊藤2008）。

　こうして考えると、促進法による11ｍの奥行き指定と生活街区のアイデアは、もともと親和性が高かったとも考えられるのである。

戦後の復興計画

　この指定密度がどのようにして生まれたのか、興味深い記録がある。横浜市の初代建築課長であった長野尚友は、1952年10月、建設省から来た内藤亮一を2代目の建築局長に迎え、内藤とともに関内・関外地区の戦後復興を強力に推進した。ある程度戦災復興事業が一段落しつつあった他都市と異なり、横浜はやっと接収解除が進み始めたばかりだった。

　新しい建築局長の内藤によって戦前までに指定されていた防火地区が大幅に拡充され、防火建築帯として指定されていった。口絵10は第48回都市計画審議会（1952年10月14日）法定図書より引用したものである。赤色と黄色で示された防火地域が戦後最初に追加指定された箇所。10月4日に内藤が横浜市建築局長に着任しているので、着任後わずか2週間足らずで、防火地域の指定範囲が大幅に拡充（10月14日都市計画審議会）されたことがわかる。

　計画決定のスピード感もさることながら、計画の工夫として、関東大震災後の復興計画（図中の青色で強調された指定範囲）をベースに、これを拡張する形で戦後の復興計画（図中の赤色と黄色で強調された指定範囲）が指定されている。つまり、戦前と戦後が地続きであることをこの指定図は端的に示している。

　内藤がのちに教鞭をとった横浜国立大学建築学教室の同窓会「水煙会」会報には、「ハンブルグ市の復興計画を参考として、幅員8メートル以上の道路沿いに防火建築帯を指定し、これで囲まれた街区がほぼ100メートル四方となるように計画」（「戦後の横浜復興と長野尚友氏」（小岩井直和）水煙会会報第9号、1979）したとある。しかし、この指定図はハンブルグ市の復興計画（101ページ参照）だけを参考にしたのではなく、戦前までの都市計画にも着想を得ていた可能性を示している。

　こうした、いわばマスタープラン型ではなく、漸進主義（インクリメンタリズム）的な計画が、その後の着実な復興を下支えしていたことは興味深い。

「防火帯建築」

　横浜で、「防火建築帯」とは別に「防火帯建築」とも呼ばれることがある

のは、おそらくこのような経緯から、まとまった造成が困難であり、指定された防火建築帯と実際に建つ建築とがイコールとならず、個々の復興建築を別途「防火帯建築」と呼び分けるようになっていったためと思われる。

　たとえば1952年8月28日の神奈川新聞一面記事で、すでに防火帯建築という呼称（防火帯内の建築という意味）が使われており（1-1-9）、神奈川県住宅公社では、さらに共同建築であることを強調するため「防火帯共同ビル」や「市街地共同ビル」という呼称を用いることもあった。

　なお、当時どこまで「防火帯建築」という呼称が用いられていたのか、全て把握することは困難であるが、前述した1954年日本建築学会競技設計集の池辺による審査評のなかに、「入選案はこうした点で比較的難のないものが揃っている。（中略）防火帯建築はこのような多様な方向で進められていくであらう」「防火帯建築は1軒1軒の縄りよりも、街全体としての健康な美しさが望ましく（中略）この競技設計を契機として全国に実施されていく防火帯建築が都市建築の中心的存在として発展することを望みたい。」として登場する（「店舗のある共同住宅図集」競技設計審査評、池辺陽、日本建築学会、1954）。あるいは、栃木県の建築士会の会報誌のなかに、「近代都市化と防火帯建築を念願、遂に（中略）南側に避難道路を設け其の東南端の端に共同浄化槽を設備致した完全な防火帯建築でありいわば、くそ真面目建築です。（中略）組合から、はなれた組合員の心を旧に返しました。（後略）」として登場する（「栃木県建築士会会誌」相生町共同ビル（宇都宮観光ビル）建築組合長宇塚正三九、栃木県建築士会、1961.3）。

　つまり、「防火帯建築」という呼び方は、それほど広く使われていたわけ

1-1-9　1952（昭和27）年8月28日神奈川新聞一面記事

ではないものの、指定防火建築帯に建つ特定の建築物を指す用語や通称として、横浜に限らず用いられていたようである。「防火帯建築」という言葉を用いる場合のニュアンスとしては、防火建築帯を実現するために、一人ひとりが身銭を切って、ときには組合などの共同体をつくり建てた住居系建築、ということになろうか。いずれにしても、「防火建築帯」が法定用語であるのに対して、「防火帯建築」は民間で自由に用いられていた用語であった。

「防火帯建築」という呼び方が、特に横浜で受け入れられ、使われてきたのはなぜだろうか。他都市では、たとえば沼津では「アーケード」、宇都宮では「バンビル」など、「防火建築帯」とは別に固有の名前（呼称）が使われている都市があるが、横浜の場合はやはり建築数が多かったため、個別のビル名を用いるよりも、「防火帯建築」という呼称の方が使い勝手の良い、便利な用語であったのだろうと思う。

本書の表題としては、関内・関外地区におけるこれらの建築を「横浜防火帯建築」と呼ぶこととした。法定用語である「防火建築帯」とは別にこうした呼称を併用することで、当時の空気感を大切にしつつ、用語の使い分けにとどまらず、官と民、国（中央政府）と地域、制度と自由、都市計画と民間建築といった構図を対比的に浮かび上がらせたいというねらいもある。

半世紀以上を経てなお都市の中心部で半数近くが使われ続け、住まわれ続ける横浜防火帯建築群を、こうした構図の緊張関係のなかで読み解くことを通じて、権力や所有の象徴として容易に目的化しがちな「都市」や「建築」を、活き活きとした生活舞台へと変えていく知恵を学び取りたい。

1-2 「横浜防火帯建築」の建築数や形態の特徴

それでは、関内・関外地区において防火帯建築はどのくらい建てられたのだろうか。

近年、横浜の戦後復興を支えた防火帯建築群に対する市民の関心の高まりや専門家による研究活動の進展、横浜市による芸術不動産としての活用促進の試みなどが見られる一方で、所有者の意向や現状の課題などがこれまで必ずしも明らかとされていなかった。こうした背景をふまえて、2016年から

2017年にかけて、横浜市文化観光局と横浜国立大学建築計画研究室との共同研究による実態把握調査が行われた。これは、防火帯建築の所有者を対象としたはじめての悉皆アンケート調査となり、所有者の直面する課題や意向、防火帯建築の活用可能性を明らかにすることを目的としたものであった。

神奈川県住宅公社と横浜市建築助成公社

　防火帯建築の建築数や形態の特徴を理解するためには、公的供給主体である神奈川県住宅公社と、耐火建築融資機関である横浜市建築助成公社への言及が欠かせない。

　促進法に基づき関内・関外地区に防火建築帯が指定されたとはいえ、当時、「関内牧場」と揶揄された荒れ地に、本当に計画通りに造成されていくのか見通しは立っていなかった。接収解除は段階的に進められたことからまとまった計画も建てにくく、不燃建築とはいえ小規模なビルが個別に建ち並んでしまう恐れもあったのである。そこで、共同建築を強く推奨するとともに、神奈川県住宅公社の公的賃貸住宅と併存する場合には横浜市建築助成公社からの融資金を引き上げ、自己負担金ゼロで建築を可能とするなど特別な仕組みが設けられた。助成公社は横浜の特殊事情を鑑みて、当時の大蔵省から総額6億円の資金を借り入れて運用するために設立されていた。

　しかし、下層部に店舗や事務所、上層部に住宅を水平に区分して積層させる不燃集合住宅は、ヨーロッパでは一般的に見られるが、我が国ではほとんど経験のないビルディングタイプであり、同潤会アパートメントにわずかに先例を見出すことができる程度であった。

　なかなか造成実績が伸びない状況のなかで、県公社では屋上を敷地とみなして賃借する方法にたどりつく。凸凹のある敷地に建てる場合に、凸の部分がたまたまコンクリートの建物の屋上である土地を賃借すると考えたもので、そのころ公社が実施していたやり方を応用したものである。

　法的な問題は残されていたが、土地所有者と話し合い、資金の持出分や所有権の移転時期および方法などを詰めていった。前例のない手法は、決して勝算のない思いつきではなく、ある程度過去の経験に裏付けられた手法をベースに、建築主と事業者が直接対話するなかで生まれたイノベーションと

なった。

建築数

　不燃化促進のために 1952 年に作られた融資機関である横浜市建築助成公社の団体史（『横浜市建築助成公社 20 年誌』1973）に関内・関外地区における耐火建築融資の記録が掲載されている。まず、耐火建築促進法下の 9 年間と経過措置として横浜市と神奈川県が独自助成を行った 1 年の計 10 年間で 265 棟に融資が行われていた。促進法は 1952 年に施行、1961 年に廃止され、面的整備をめざした防災建築街区造成法に引き継がれたが、関内・関外地区では路線型の造成を続けた。そこで、さらに 10 年間の造成分を加え、同様に横浜市建築助成公社の記録を確認すると計 20 年間で 527 棟に融資が行われていたことがわかった。

　助成や融資を受けていないものも含めるとさらに数は増えるが、正確な実態は分からない。こうした実態把握の限界はあるものの、助成公社から融資を受けた耐火建築については当時の建築記録がある程度残っていることから、防火帯建築の全体像を把握する対象として最も適していると判断し、調査対象とした。

　まず融資の記録が残る 20 年間を、おおむね促進法および独自助成下の前期（1952 ～ 1961 年度）と、造成法下の後期（1962 ～ 1971 年度）に分けたうえで、計 527 棟のうち中区の 462 物件を抽出した（増改築等による重複カウントや防火建築街区造成法に基づき建築された共同建築、学校建築等を除くと、調査の趣旨に沿った対象建築数は 440 棟となった）。

　建築時の 440 棟の内訳としては、前期 253 棟（57.5 ％）、後期 187 棟（42.5 ％）となり、後期には中区以外での建設も進むことから前期に多い結果となった。

　建築時の 440 棟の中で、現存する 204 棟（調査時）の建物登記簿から現所有者を把握し、アンケート票を郵送した（同一人物が複数棟の物件を所有する場合は、1 建物 1 票を郵送）。調査は 2016（平成 28）年 11 月～ 12 月（第 1 回、前期の融資物件を対象）、2017（平成 29）年 11 月（第 2 回、後期の融資物件を対象）の 2 回に分けて実施した（1-2-1）。

	調査期間	対象	対象建物棟数	対象郵送数	郵送数	有効回収数	有効回収率
1	2016 年 11 ～ 12 月	前期（1952 ～ 1961 年度）の融資物件	108 棟	253 通（宛先不明返信数 49 通）	204 通	65 通	31.9%
2	2017 年 11 月	後期（1962 ～ 1971 年度）の融資物件	96 棟	121 通（宛先不明返信数 11 通）	110 通	31 通	28.2%
合計	―	―	204 棟	374 通（宛先不明返信数 60 通）	314 通	96 通	30.6%

1-2-2　建築面積と現存率

	対象建物棟数	現存建物棟数	現存率
前期	253 棟	108 棟	42.7%
後期	187 棟	96 棟	51.3%
合計	440 棟	204 棟	46.4%

　現存建物は 204 棟であったが、前期 108 棟（現存率 42.7％）、後期 96 棟（同 51.3％）と、やや前期の現存率が低いが大きな差は見られなかった（1-2-2）。

　建築面積別（建築規模別）にみると、100 ㎡未満の小規模な建物と、500 ㎡以上の大規模な建物の現存率が低い傾向が見られた。

建築タイプ

　現存する 204 棟（前期 108 棟、後期 96 棟）について、外観等の形状からその建築形態をタイプ分けした（1-2-3）。

　あくまで外観からわかる範囲で、全体傾向を把握することを目的に、大きく 4 つに分類した。その結果、前期は「A：町家型（内階段アクセスタイプ）」（13 棟）、「C：共同建築型（A 又は B の連結タイプ）」（15 棟）、「D：併存型（外廊下内階段複合タイプ）」（30 棟）など多様なタイプがみられたが、後期はほぼ「B：雑居ビル型（外階段アクセスタイプ）」（55 棟）に集中することがわかった。なお、県公社住宅を併存した下駄履きアパートは「併存型（外廊下内階段複合タイプ）」に含まれる。

類型	A 町家型	B 雑居ビル型	C 共同建築型	D 併存型	E その他	計
前期	13	29	15	30	21	108
後期	2	55	6	7	26	96
合計	15	84	21	37	47	204

※現地踏査時期：前期 2016 年 6 月、後期 2017 年 6～7 月

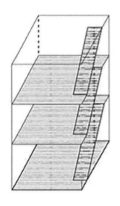

A：町家型（内階段アクセスタイプ）

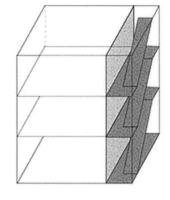

B：雑居ビル型（外階段アクセスタイプ）

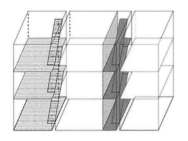

C：共同建築型（A又はBの連結タイプ）

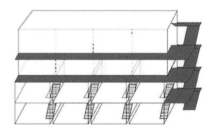

D：併存型（外廊下内階段複合タイプ）

1-2-3　横浜防火帯建築の建築形態 4 分類と現存数

共同建築から雑居ビルへ

　アンケート結果の詳細は報告書に譲るが、全体では、単独所有と共同所有はほぼ同比率となり、前期と後期を分けてみると、前期は共同所有が多く、後期は単独所有が多いことがわかった（1-2-4）。建築形態別の集計とあわせてみると、これは共同建築が主流であった時代から雑居ビルが主役となる時代への移り変わりを端的に示していると考えられる。

　なお、現在の所有者が、建物竣工時（初代）のままは16.5％と少なく、次いで2代目が58.8％と最多となり、8割近くが建物竣工時から所有者が変化していた。2代目以降の所有者に対し前所有者との関係を尋ねたところ、親子関係が63.3％と最も多かった。親族も含めると7割以上となり、代替わりが進んでいる状況がみてとれる。

　回答者の所有室数の合計は796室で、そのうち空室が178室であった。空室率は22.4％で、前期（20.1％）と後期（24.7％）で分けてみると、後期の方が若干高くなっていた。

　建替や売却を考えている場合でも、具体的な計画のある所有者は、建替を考えている場合で15.4％、売却を考えている場合で23.8％と少なかった。

　このように、実態調査からは一定の残存状況とあわせて、所有者の世代交代が進んでいる様子や、前期と後期でもその建築形態に違いが見られることなどが分かった。一方で数の上での実態とは別に、街並みへの貢献度の高い併存型のような規模の大きな防火帯建築が近年立て続けに取り壊されており、人々の印象のなかからは加速度的に姿を消しつつある。

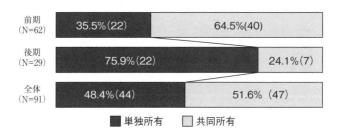

1-2-4　建物の所有が単独所有か共同所有か

1-3 「横浜防火帯建築」の建設経緯

　関内・関外地区において防火帯建築がどのようにして建設されるに至ったか、時代背景をふまえながら経緯を振り返ってみたい。

　終戦間近の 1945（昭和 20）年 5 月 29 日、横浜は米軍による無差別爆撃を受けた（横浜大空襲）。この空襲で市域の 34％が焼け野原と化し、空爆による死者は行方不明者を含めて 8,000 ～ 1 万人にのぼる大惨事となった。関東大震災後に工業都市へと発展の道筋を見いだしつつあった横浜は、自動車・造船等の軍需工業地帯を抱えていたことがかえって災いした。

　そして終戦。東京にも近く、焼け野原となっていたこともまた占領軍がキャンプを構えるのに好都合だったのだろう。GHQ の本部はその地理的要因からまず横浜に置かれ、市民にとってはここから長く苦しい接収が始まった。当時の全国の接収土地面積約 1 億 1,000 万坪の実に 2/3 を横浜が占めていた（当時沖縄は全土がアメリカの占領下に置かれており接収土地面積には含まれていない）ことも、市民の苦労を端的に物語っている。

　中央政府には 1945 年 11 月「戦災復興院」が発足、特別都市計画法が制定され、敗戦から立ち直るために各戦災都市で土地区画整理事業による復興計画がスタートする。横浜でもまず 18 地区が事業区域に指定され区画整理による道路拡幅、公園や学校用地造成などが着手される。しかし、接収地は日本の統治権が及ばず、端的にいえば日本の土地ではなかったため戦災復興事業の対象外とされた。

終戦直後の住宅困窮

　『都市横浜の半世紀』（高村 2006）によると、敗戦後 1945 年 11 月時点で、罹災者家族の居住状況はバラック・仮小屋や防空壕 29,148 戸、応急簡易住宅や軍用施設の転用住宅 4,500 戸であったとある。戦災や引き揚げで住む家がないため、桜木町駅構内やビルの軒下をねぐらとし、日雇い労働などに従事する「風太郎（ぷうたろう）」が約 6,000 人と推定されていた。

　戦災直後の住宅困窮は他都市の例にもれず、加えて接収地からも追い出さ

れたことで、越冬用の応急住宅対策が急がれた。その後、市は無宿者収容の
ために横浜駅に社会館を設け、市内旅行者用に簡易ホテルを創設（1946年
9月）、緊急援護住宅対策として1946年末の六浦寮をはじめ1948年までに
5施設を提供した。

　それでも住宅難は続いた。当時できたばかりの住宅金融公庫は個人に対す
る貸付金制度を設けていたが、住宅不足を背景に当初から好評で、申込多数
のため制度を利用できる人が抽選で決定されるほどであった。しかし、貸家
業に対する融資については家賃制限がつき、かつ、借家人保護の立場から厳
しい条件がつくため、リスクが大きく民間が手をだすことができない状態が
続いていた。

　当時の神奈川県の住宅不足は十数万戸といわれ、倉庫や納屋、物置を改造
して住んでいたり、防空壕のなかに住んでいるなど、深刻さは増していた。
これを解消すべく、この公庫資金を使い、神奈川県と横浜市、川崎市が共同
出資する形での住宅公社設立を目指した。しかし、当時の神奈川県総務部長
矢柴氏は「当時の県の財政はまさに破局寸前といった状況であった。私は公
共住宅に金をつぎ込むことは砂漠に水を吸わせるようなものでやりだしたら
キリがない」（『住宅屋三十年』畔柳安雄、1969）と難色を示す。結局、川
崎市・横浜市との足並みもそろわず、1950（昭和25）年、神奈川県単独出
資により神奈川県住宅公社が設立された。川崎市は翌年、横浜市はさらにそ
の次の年になってようやく出資して共同設立者となった。

　当時は、まだ鉄筋アパートが庶民の住宅としてはぜいたくすぎるという認
識もあった時代である。加えて、まちなかにはまだ占領軍が中心部を広く接
収して駐留していた。県公社の設立当初は、占領軍用のキャバレーの入って
いた建物を再利用して事務所を構え、業務を開始したという。副知事から辞
令を受けたのは12名、のちに登場する畔柳と石橋も、このなかに含まれて
いた。

接収地からの移転

　終戦後の接収は、市民にとって終わりの見えない長く苦しいものになって
いった。

1938（昭和13）年、関内常盤町に飲食店「ランチカウンター」を出店した貴邑富士太郎は、戦後、接収に伴い移転を余儀なくされる。関内を転々としばらくホットドッグやコーヒーを売って食いつなぎながら、1949（昭和24）年に知人の紹介で花咲町に再出店。英語の使用が厳しい戦時下に変更していた店名「洋食キムラ」を冠した（『野毛の河童〜洋食キムラ五〇年』1999）。洋食キムラは、いま野毛を代表する洋食屋のひとつとなっている。

　接収によって中心部を追われた商人のなかには、洋食キムラのように、非接収地で新天地を獲得し、接収解除後も中心部には戻らずそのまま定着した人も少なくない。戦後しばらく野毛の本通り沿いで露天商を営んでいた人たちのなかにも、こうした人がいたのではないだろうか。

　1964（昭和39）年、東京オリンピックを目前に控え、予選会場ともなった横浜文化体育館につながる野毛本通りの美観向上と道路整備を図ることを目的に、露天商を収容するためのビルが建てられた。周辺に適当な移転地はなく、公有地の大岡川河川敷（護岸敷と河川上空）を占有する形で横浜市が建築（横浜市建築助成公社への委託事業）し、商業者の組合（横浜野毛商業協同組合）に賃貸する異例の方法がとられた。

　いまこのビル（都橋商店街ビル）は、横浜の戦後を象徴する建物として横浜市の登録歴史的建造物となっている（2016年12月2日登録）。

　戦災と長期接収からの復興は、接収地であった関内・関外地区に帰還をはたした人たちだけの物語ではないのである。

接収解除へ高まる期待

　接収が続いていた関内・関外地区では、占領軍の兵舎、モータープール、飛行場などが建設され、ジープが走りまわるなかで、どこが道路で、どこが民有地なのかも次第にわからなくなっていった。

　占領軍による接収が解除となる契機となったのは、終戦から6年後の1951（昭和26）年平和条約（講和条約）及び旧日米安全保障条約締結である。ところが、接収地は戦災復興土地区画整理事業の対象外であったため、解除後の仕事は、土地の原形復旧、すなわち関東大震災後の区画整理をもう一度やり直すことから始めるしかなかった。

平和条約は、1952（昭和27）年4月に発効。市民の間でも本格的に解除後の復興への期待が高まっていく。

　実際に解除が始まるのは関外では1952年の夏頃から、関内では11月頃からとなったが、すでに年頭から新聞紙面には接収解除後の復興に対する期待の声が踊った。伊勢佐木商店街では延べ8,400坪の不燃ビルを建てようという構想（1952.1.12 神奈川新聞「ザキのビル化、着々実現へ」）が示され、伊勢佐木町近傍の1,300坪に及ぶ「大問屋街構想」や、相生町周辺では「アミューズメントストリート構想」という4,500坪の敷地共同化のアイデア等が次々と紙面で披露され（1952.8.5 神奈川新聞「計画は豊富、心配は民間資本」）市民の期待は高まっていった。

接収解除の長期化

　しかし、すぐに当初の期待は崩れ去ることになる。平和条約は発効されたものの、接収地の解除はなかなか進まない（1-3-1）。1950（昭和25）年に起きた朝鮮戦争などの影響もあり、簡単には解除・返還には応じられない。結果的に、1-3-2 に示すように、敷地毎、建物毎に少しずつ返還が進められていくこととなった。

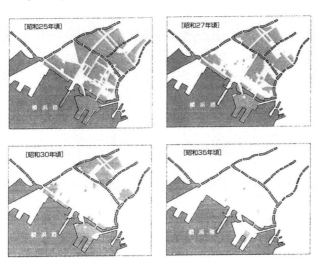

1-3-1　横浜における接収地の変遷　出典：「接収解除の歩み」横浜市総務局渉外部、1997

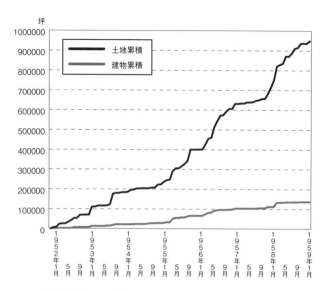

坪

| 土地累積 |
| 建物累積 |

1-3-2　接収解除された土地・建物面積の累積（「横浜市の摂取と復興」
横浜市総務局、1959 より筆者作成）

　このことは、まとまった敷地の共同化を困難なものとした。解除が進み、
単独で小規模なビルを建ててしまう前に、できるだけ隣り合った敷地で共同
化を推奨することが、唯一できることであった。

　その後、最終的には指定総延長が37kmに達した（77 ページ参照）わけで
あるが、促進法が防災建築街区造成法に引き継がれる 1961 年までの間、計
6 回の改正が行われ指定範囲が追加され続けた。

　建築物に耐火性能を求めることは、たとえ補助金や融資が用意されたとし
ても建築主の負担と投資リスクは大きく残る。全国に例のない指定密度を採
用した裏側には、民間の建築意欲をくじくことのないように、戦前の計画を
引き継ぎながら段階的に拡充する、慎重な判断の積み重ねがあったのである。

　ところが、促進法に基づく政府支出による民間建設への直接補助は実際の
建設に直結するため効果がわかりやすいものの、全国規模で展開すると際限
なく支出額が増大する恐れもあって予算確保の見通しは極めて流動的であり、
決して安定的ではなかった。特に 1955 年度はいったん建設補助自体を廃止
し、住宅金融公庫からの融資のみに絞り込む政府方針だった（その後、年度

途中で廃止方針は撤回され国会修正を経て補助金は復活した）。

　以降は促進法廃止までほぼ毎年1億円ベースでの建設補助として定着したが、いつ廃止されるか判らない状況が続く。こうした不安定要素も含めて、慎重な綱渡りが続いていたのである（藤岡 2017）。

　福富町通では、接収解除が1956年8月と他地域に比べて遅かったこともあり、1957年4月に建築局の指導のもとで市内初の建築協定が結ばれた。これは全国でも2番目の実績となり、個々の敷地単位での共同建築手法に加えて、民間主導の地区内共通の街並みを目指す新しい動きへとつながっていった。

　民間建築については1955年度の落ち込みが顕著であったが、こうしたなかで県公社による公社併存型の防火帯建築は1棟あたり住戸数が20戸以上と多く、供給住戸数を継続的に増やすことに貢献した。

　つまり、建築棟数の上では約9割を占める民間建築と、棟数は絞られるが1棟あたりの戸数貢献の大きな公的住宅のそれぞれが、役割分担しながら復興に貢献した。内藤亮一以下、建築局職員の地道な取り組みと、県公社による前例のない併存住宅のアイデア、そして民間建築主の参加協力が、相互に補完関係を生み出していたのである。

1-4　「横浜防火帯建築」を生み出した人たち

内藤亮一と建築局職員

　横浜関内・関外地区の復興計画として、ヨーロッパ型の囲み型街区による市街地構想が具体的な復興ビジョンとして示されたわけだが、複数の建築主による共同建築と共同住宅（県公社賃貸住宅）との併存のイメージもこのとき初めて示された。着任から1年後、内藤は都市計画協会の機関誌『新都市』において、「接収解除地を中心とする建築復興計画について」と題して1年間の取り組みを振り返っている。ここで、共同建築を融資増額によって奨励する方法を「これはかつて関東震災後の復興建築について当時の復興建築助成会社が融資額を共同建築の場合はこれを五割増とした例にならった」（内藤 1953）と述べている。

その実験的性格から、防火帯建築の入居実態が建築学会や都市計画学会で
もたびたび報告されている。調査研究主体は横浜国立大学河合正一研究室で
あった。河合らは奥行き6間の店舗空間が入居する業態を制約し、最寄り品
を扱う近隣性商店が入りにくかったこと、上層部住居については、サラリー
マン層の入居に加えて下層部店舗営業家族の入居などもかなり見られたこと
などを特徴や課題として指摘している。

　内藤自身も共同住宅の併存について「都市住宅のうち相当部分はこれを都
市の中心部少くも既成市街地の部分に求めるべきである」とし、欧米のよう
に都市の中心部に人々が住んでいることが目標であると述べている。一方で、
共同建築については自ずと個人商店などの従前の小規模な土地所有者達と向
き合うことを意味するため、「実際面となると種々の難点があり、単なる勧
告程度を以ってしてはその実現は容易でない」ことを認めている。

　実際に大掛かりな構想はほとんど実現せず、大小さまざまな建築が路線型
の指定を補助線としながら群状に建ち並ぶという結果になった。接収解除自
体も決して計画的に進められたわけではなく、占領軍のさじ加減ひとつ。一
つひとつの敷地ごと、建物ごとに解除されるケースはまだしも、同じ建物で
も部分的に解除されないフロアが残されるケースもあったようである。

　このような状況のなかでは、個別に解除されるごとに地主がやる気になっ
て戻って建てるしかなく、建築局としても、できるだけまとまった敷地でな
んとか共同化をお願いするほかなかった。

　たとえば、1952年度の協議会（横浜市、川崎市、神奈川県の間で当時情
報共有のために設けられていた）資料のなかに、建築局職員による個々の土
地所有者、借地権者等への地道な意向調査の記録が残されている。事実、共
同建築主のなかには、建築局職員から熱心に共同化を推奨されたことを記憶
している人もいた。

畔柳安雄と"住宅屋"

　1950（昭和25）年9月15日に発足したばかりの財団法人神奈川県住宅
公社は、このような状況の中で、県下約23万戸の住宅不足（うち空襲によ
る焼失戸数14万戸強）の解消に取り組んでいく。設立当時の幹部は12名、

この中の1人、後に回顧録を執筆出版する畔柳安雄は同潤会・宮澤小五郎の元部下であり、静岡県、復興局、住宅営団、神奈川県住宅公社と職歴を重ね、県公社では管理課長兼用地課長を務めた人物であった。

　その後、設立間もない住宅公団でも同様の共同ビルの建設に取り組んでいるが、公団の場合は「これを建設する"ねらい"は、通勤に至便な場所に住宅を供給するということばかりでなく、郊外の団地と比べると、農地を潰さなくてすむ点や、上下水道、ガス、道路等への投資をしなくてよい点などの利点があり、更には市街地の未利用の空間部を活用して土地の高度利用、不燃化を図る市街地再開発の道にも通ずるものである」（『日本住宅公団市街地アパート（昭和31〜33年度）』日本住宅公団、1959）、主目的が復興ではなく既にインフラの整った土地での住宅供給にあり、中心部でも選択的に建てられる傾向にあった。

　畔柳による回顧録『住宅屋三十年』は1969（昭和44）年に出版され、県公社住宅との併存型の防火帯建築についても当時の経緯が詳細に書かれてある。

　複数の建築主による共同建築と共同住宅（県公社賃貸住宅）との併存、という内藤のイメージを実現するためには相応のまとまった土地が必要となるが、土地を買い取るだけの資金は県公社にはない（当時の公庫の土地取得標準価格は坪6,000円であり、関内地区は坪5万〜20万円とかなりの開きがあった）。さらに店舗の細かい区画割り通りには建てられない。地上権の設定もどうするのか。前例のない中で内藤に詰め寄るも「『俺は技術屋だからそういうことは判らない。それを考えるのが事務屋だ。』といってあきらめようとしない。」（ここでの事務屋とは県公社そのものを指すのであろう）と振り返る。

　最終的に「地代相当額」という造語をつくり、屋上を貸してもらうこととし、さらに10年後にビル全体を買い取る権利を与えるという方法にたどり着く。第1号となった弁三ビル（原ビル）は弁天通り三丁目の原良三郎氏の土地に実現した。「原ビルの完成したのは29年8月、当時の弁天通では商売が成り立たなかったとみえ、15区画の店のうちただ1軒のそば屋が開業しただけで、あとは全く借り手がない。二年程たって、漸く店を開く人が

でてくるようになったが、それもたちまち閉店して了うという状態が続き、33年4月に県公社が現位置に移転後、初めて急速に店舗が埋まったのである。この間における原合名の犠牲はまことに多大なものであったろうと思われる。」。ちなみにこのとき原氏は病気療養中であり、代理人を通じ「これが不成功に了っても横浜復興の捨て石になれば本懐」との意向を伝えた。

　このような苦労もあってか、畔柳は回顧録冒頭で自らの職責についての思いを以下のように綴る。「毎日この問題に真剣に取り組んでいるのは、狭い民間アパートに呻吟して、せめて2DKをと希っている人々と、こうした人々に羨ましがられながら、なおその2DKを一日も早く脱出したいと考えている人達、それに一と握りの"住宅屋"といわれる社会的にはいずれも無力の人々だけである。」

　畔柳よりも若く同じ時代に勤めていた菅谷久保（昭和30年代計画課長、昭和40年代市街地開発部長、企画室長など歴任）も次のように振り返る。「県公社40年史に『妥協の産物』という表現があるが、公社としては、こうした超法規的な建物をあえて苦労して建てなくてもよかった。当時の職員に『住宅屋』がいた、ということかもしれない。戦後、住宅営団が解散したあとに公社で働いていた課長クラスの人たちが、そのような人たちだった。西山夘三と同期の人もいた。そういう人たちが現場をしきっていたというのが（超法規的な建物を建てた）大きな理由かもしれない。」

石橋逢吉

　菅谷の言う西山夘三と同期の人、とは畔柳と同じく県公社設立当時のメンバーであり工務部長を務めていた石橋逢吉である。石橋は住宅営団時代は畔柳と、そして建設省時代には課は異なるが内藤と同じ職場にいた関係である。内藤亮一は建設省にいた1950（昭和25）年施行の2つの法律、すなわち建築基準法と建築士法の成立に深く関わったことでも知られている（速水2011）。

　それまでの市街地建築物法が許可制であったことに対して、この2つの法律は設計や工事監理に携わることのできる国家資格を定め、技術者の使命と責任を明確にするとともに、それまで行政官庁の許可制であったものを確認

制とし地方自治体の建築主事がその判断を行うことができるようにしたもの。内藤亮一が横浜市建築局長となり遅れていた横浜の戦後復興に取り組もうとしていた時期は、新しい法の理念を実践によって広める絶好の機会でもあった。

商業者家族

神奈川県住宅公社の住宅を上層階にのせた併存型の防火帯建築として、原良三郎が建築主として建てた弁三ビル（原ビル）が第1号となり、先例ができた。ところが、先に述べたように、しばらくの間はなかなかテナントが入らず、融資返済が滞り、苦労を重ねた。

人気（ひとけ）のなくなった土地に最初にビルを建てればこうなることはある程度わかっていたはずなのに、なぜ原良三郎が引き受けたのか。あるいはなぜ県公社が原良三郎に白羽の矢を立てたのか。素朴な疑問がわき上がるが、原良三郎が原三溪（原富太郎）の息子であることとも関係が深いだろう（1-4-1）。

1923（大正12）年の関東大震災直後、横浜の政財界人が集まり横浜市復興会が創立された。この復興会の会長となったのが良三郎の父、原富太郎であった。関東大震災では東京の被害が甚大であったが、横浜でも銀行建築などの不燃建築をのぞきほとんどの建物が被害を受け、震災被害世帯率は95.5％に達した（東京市の被害世帯率は73.4％）。残存家屋はわずかに5000戸に満たず、ほぼ壊滅状態であったと考えられている。

『横浜復興誌』（横浜市、1932）に第一回復興会での原富太郎によるスピーチが残されている。

「われわれは新しい文化を利用するためには旧来の文化を破壊しなければ難しいという事情がありますが、本市は今や一葉の白紙となり、その意味では千

1-4-1　原富太郎（左）と良三郎（右）　写真提供：三溪園（左）、写真出典：『横浜商工会議所百年史』1981（右）

載一遇の好機を迎えました。」「横浜という焼け残りの弧城にふみとどまり、ここに籠城して必死の戦をたたかい、しかし事ならなかったならばともに枕を並べて討死する。その覚悟で以って臨まなくてはならぬと信ずるのであります。」

一からもう一度都市づくりを進めようというある種の決意表明ともとれるが、開港以来、常に東京の陰に置かれ続けてきた環境で鍛えられた政財界の一体感は悲壮感すら感じさせる。戦後横浜がなかなか復興の途に就かないなか、震災復興に尽力した父・富太郎に、戦災復興での貢献を期待される自分を重ねたのかもしれない。

詳細は第4章に譲るが、商業者およびその家族による事業再開や居住再開は、防火帯建築を大きく特徴づけてきた。接収解除後の関内・関外地区に戻って商売と生活を再開した横浜商人もまた、防火帯建築を生み出した主役のひとりだと考えたい。

資金が足りず、友人や知人と共同でビルを建てた人も多かった。これからの質屋は表通りで商売するのだと、路面店として出店し、その後業界のパイオニアとなった店もあった。

目と鼻の先にネオンがきらめく夜の雑踏と、寝息が共存する街。ビールの空き瓶の匂い、賑やかな三味線の音を、こどもたちは五感で記憶していた。公園が少ないまちなかで、ビルは自然と遊び場にもなっていった。共同建築でひとつながりとなった屋上をつたい、建坪率100%で隣接する隣のビルとのすき間を飛び越えて走り回った記憶。隣に住む幼なじみと、三輪車で走り回った屋上は、母親が日々洗濯物を干す姿が目に入る幸せな生活空間となった。

また、ビルには多様な隣人もみられた。たいていは3、4階が一般の住居（他者賃貸も可）としてつくられており、嫁姑が"スープの冷めない"距離感の親族近居を可能にしていた。また、空室が出ると、子ども部屋として借りることもあった。従業員の寮として、休憩所として、音楽教室として、共用のギャラリーとして、また、2戸1住宅で生まれた2つの玄関を人間用と愛犬用に使い分け、ペット共生住宅としている家族もあった。

このように、都市のなかに生み出された小さな居住ユニットは、実に多様

な住まい方・使い方の受け皿となってきた。

　一方で、戦後70年を超え、接収中の苦労を語る人はほとんどいなくなってしまった。敗戦と接収を、米軍相手にホットドッグを売り食いつないだ人、米軍将校相手の理髪店を営みながら腕を磨いた人、戦後の横浜を生き抜いた人たちにとって、接収解除を待ち望む気持ちはいかばかりだったか。

　横浜はもともと寒村であり、開港後に全国から商人が集められて日本人街がつくられたことを考えると、それぞれに地方の故郷とのつながりが残る商人も多かっただろう。

　「陳情書　私共借地人一同は過去五十年の永きに渡り横浜市中区長者町四丁目に居住し各自営業に従事致して居りましたが、戦時中強制疎開のため止むなく転居し今日に至りたる者であります、その間、県調整連絡事務局、司令部、建築課、地主側等に対し種々懇願運動を続け、一日も早く接収解除の上、前記土地に復帰し町の発展と各自の事業の推進を念願と致して居ります。（後略）」

　（1952年2月、長者町4丁目の借地人有志による「長者町四丁目復興促進同志会」の市会議員宛陳情書、中区史市民編、第3章より）

　幕府都合で集められた商人の街から、このときすでに自治と団結を備えた町衆のような共同体に姿を変えていたことがわかる。目には見えないこうした商業者の強い繋がりもまた、横浜復興の重要な起点となったのである。

1-5　試みとしての都市建築

　ここまでみてきたように、横浜防火帯建築は、他都市でみられるようなひとつながりの大規模な路線防火帯ではなく、可能な限りまとまった敷地で共同化された大小さまざまな建築であり、それぞれが主役となってきた。

多様な建築タイプ、用途複合
　池辺による審査評で、防火帯建築に期待される役割として用いられていた

「都市建築」という言葉を、本書で改めて「自立した建築でありながら、都市の一部でもあろうとする建築」と定義したときに、横浜防火帯建築はどのような魅力を備えているものとして再解釈可能だろうか。

　まず、他都市でもそうであったように、商業と居住の複合用途を備えた職住共存の建築であったことが挙げられる。店舗営業者自身の住まいが併設されていたこともあるが、従業員の住まいが併設されていることもある。

　一方で、共通した特徴を備えながらも、建築形態としては町家的、長屋的なものから、街並みに沿ったものや街区形状に沿った囲みタイプのものまで、規模も建築タイプも実に多様であったことが挙げられる。

　37ページでも触れたように、1957（昭和32）年には福富町で、全国で2番目の建築協定が認可され、コンクリート製のアーケードを一体化した建築も生まれた。効率的に敷地統合しながら造成できない制約が、むしろ土地の立体的活用を実現するためのさまざまな知恵を生み出していた。

　長期間の接収を経て、それでもなおこれだけの数の防火帯建築が短期間に集中的に建築が進んだ背景には、もっと別の理由がある可能性も考えられる。横浜では、居留地に商社建築として早い段階からレンガ造などの不燃建築が建てられていた。また、外国人向けアパートとして知られるインペリアルビル（1930）や、ヘルムハウス（1938）、同潤会山下町アパート（1927）なども建っていた。こうしたいわば「耐火モダン」とも言える不燃建築の系譜が、たとえば当初外国人向けアパートとして建てられた徳永ビル（1956）にも受け継がれていると考えられないだろうか。

　横浜中華街入口に位置する徳永ビル背面の中庭。右手の車庫棟との間にブリッジが渡されて個性的な空間が生まれている（口絵5参照）。開港間もないころの日本人街の商家のようすを描写した銅版画のなかには、

1-5-1 「横濱銅版畫」に見る明治初期の商家の様子（横濱諸会社諸商店之図山田屋　東川録之輔）。中庭に生活井戸が設けられた商家もあったようだ　出典：『横濱銅版畫』神奈川県立歴史博物館編、1982（神奈川県立歴史博物館所蔵）

土蔵造などの防火性能を高めた木造建築を表通りに、中庭をとって、使用人や商人の住居を奥に配したものがみられる（1-5-1）。これらを立体的に不燃化したものが防火帯建築だと言えなくもない。生活街区をめざした都市ビジョンがごく自然に受け入れられた背景には、こうした都市住居の系譜もあるのではないだろうか。

「柔軟さ」と「秩序」

指定防火建築帯は、接道側の敷地境界線から内側 11 mの奥行きを生み出すと同時に、「地上階数三以上のもの若しくは高さ十一メートル以上の」防火壁を立体的に誘導するものであった。

こうした高さ方向の誘導や規制の考え方は、市街地建築物法（1919 ～ 1950）の時代からみられるものであったが、1961（昭和 36）年の建築基準法改正によって、特定街区制度が創設（絶対高さ制限が撤廃、容積率規制が導入）され、その後、1970（昭和 45）年基準法改正によって容積制は全面導入、絶対高さ制限が廃止（低層住居系の地域をのぞく）されていく。

つまり、防火帯建築が建てられた時代は、高さから容積への移行の時代。広域的な一律規定にかわり、個々の敷地を単位とした合理的な規定へ移行しつつあった。

公開空地を広くとりつつ、容積緩和を受けることで高層化したビルが主役となって約 50 年、近年あらためて接道型、ストリート型、街並み型の建築が再評価されつつある。容積緩和を受けた高層ビルの足元に広くとられた公開空地は、連担することで都市のなかに広場をつくり出しているものもあるが、管理上公開されずに利用が制限されているものも多い。敷地単位で空地をとっていくという性格上、所有者（管理者）側がどこまで自由な利用を認めるかにかかっている。つまり、所有者優位の仕組みと言えよう。

一方で、接道型、ストリート型、街並み型の建築は、通りに沿って下層階に店舗が並び、上層階に住居が積層する伝統的なスタイル。表通りは賑わいの舞台となり、裏側は生活者のための中庭や抜け道が確保される。都市のなかで多様な用途が立体的に共存するための知恵として、日本の京町家や、アジア諸国にみられる街屋、店屋、ショップハウス、あるいは、ヨーロッパに

みられるパサージュ、アーケードなどにも通じる。こうした建築は、いわば
自然発生的に生まれた都市住宅の普遍的な形態を備えているといえるだろう。
つまり、生活者優位の仕組みである。

　1970年の改正で撤廃された絶対高さ制限は、景観や街並みへの意識の高
まりを受けてバブル崩壊後の1990年代後半から2000年代にかけて再評価
されていく。横浜防火帯建築が残した街並みは、決して過去のものではない
のである。

住居スケールの空間ストック

　戦後、とくに日本住宅公団が1955（昭和30）年に設立されてから、公的
賃貸住宅は、戦前の同潤会・住宅営団をルーツにしつつ、郊外へと主軸を移
していく。たとえば、首都圏では1960年代にわが国最大規模のニュータウ
ンである多摩ニュータウンの開発が進められた。当時、公的賃貸住宅の供給
は都市部勤労者向けの住宅として国を挙げた優先課題であった。

　横浜でも日本住宅公団によって郊外の住宅団地の造成が進むが、神奈川県
住宅公社は、すくなくとも地方住宅供給公社法施行（1965）までは都市部
での供給に注力していた。横浜の復興という特殊事情もさることながら、都
市中心部において公的賃貸住宅の供給にこだわる姿勢は、当時の横浜を特徴
づけていた。

　これらの公的賃貸住宅はその後地権者に払い下げられていくが、住居ス
ケールの空間と築年数を経たことによる賃料面でのメリット、立地の利便性
が、アーティストやクリエイターの拠点形成を図る今日の芸術不動産の取り
組み、創造都市戦略に活かされている。若い世代の住まいとしても少しずつ
受け入れられつつある。時を重ねた建築ストックならではの、アフォーダブ
ルな（取得しやすい、借りやすい）ストックとしての性格はもっと評価され
てよい。

民有地における都市建築のルーツ

　県公社住宅との併存型ビル第1号となった弁三ビル（原ビル）（1953）は、
民有地に建てられた我が国初の水平区分所有建物となった。区分所有の先駆

けとして知られた宮益坂アパート（1953）は、都が所有する土地（公有地）に建てられ、建設後に一般向けに分譲されたものとして知られているが、純粋な民有地におけるものとしては原ビルがやはり第1号といってよいだろう。

　類似の事例として、わが国初の民間分譲マンション（立体区分所有）として知られる四谷コーポラス（1956）は、メゾネットタイプの住戸が工夫され、また、管理人室がエントランスに設けられるなど多くの特徴を備えた建築であったが惜しまれつつ解体された。

　わが国において、区分所有法（建物の区分所有等に関する法律）が施行されたのは1962（昭和37）年のこと。以降は、民有地を高度利用した建築、特に居住用途の建築の主流は区分所有型になっていく。近年、区分所有マンションの更新に際して合意形成上の課題に直面するケースも多発している。我が国がたどってきた区分所有の系譜、その過渡期の建築としても、歴史的にみて貴重である。

　アーティストやクリエイターが魅力を感じるのは、決して古かろう安かろうだからではない。限られた土地をいかにして高度に利用しうるか、知恵を巡らせ、建物に残された当時の試行錯誤の痕跡が、時代を超えて現代に生きる市民の創造力を触発し、喚起しているからに他ならない。

未来志向で読み解く

　耐火建築促進法はその後、防災建築街区造成法から都市再開発法へと発展しながら現代につながっている。都市の不燃化に端を発し、土地の高度利用をめざして権利調整や経済発展へと法の主軸を移しながら変容をとげてきた。

　横浜中心部では防災建築街区造成法の時代にも、路線型の不燃建築の造成をつづけた。法律が変わっても、路線型の造成継続が望ましいと判断したようだ。戦災・接収という白紙（タブラ・ラーサ）の状態から、都市活動を支える空間創造の手段として都市建築が選択されつづけたのはなぜだろうか。

　横浜中心部の都市デザイン行政が始まるのは、1963（昭和38）年、革新首長のさきがけとして飛鳥田一雄が横浜市長に着任してからである。翌1964年に民間シンクタンクである環境開発センターに対して横浜市の将来計画の調査を依頼。このときの調査報告書がもととなり、田村明が招聘され

市役所内に企画調整局を創設、6大事業に着手することとなる。

　このように、横浜市の都市政策は1960年代に大きく展開することとなるわけだが、6大事業前夜の横浜にも都市発展の原点のひとつを見出したい。促進法が施行されてからわずか10年。占領軍に手当たり次第接収され、返還されたあとも「関内牧場」と揶揄されるほど草原が広がっていた同じ場所とは思えないほど、関内・関外地区は着実に復興の途にあった。

　なお、内藤は当時、将来の助役候補とも言われていたが、飛鳥田市政がはじまる直前の1961（昭和36）年3月、区画整理事業が進行中だったこの地区の、開港100周年記念事業の一環として建設中だった横浜文化体育館工事事故の責任をとる形で建築局長を辞任する。

　その後1965年の建築雑誌において「1919年の都市計画法は制定後すでに45年を経て、今やその全面的改正が要望されていながらその方向を定めることができなくて見送られている。現在の国際的な考え方からすれば、むしろ開発基本法とも称すべき基本法がまず制定されなければならない」「都市計画法が時代の変容にとりのこされ（中略）（いまは）激動期というよりむしろ混乱期にあると言っても過言ではない」と述べている。

　内藤の言葉からは、最後まで、都市計画としてこのプロジェクトを進めたかった思いが強くにじむ。

　しかし、防火帯建築はその後、1960年代の区分所有法・防災建築街区造成法をはじめとした土地の立体的な共同所有の時代、1970年代の容積制導入・公開空地による民間投資を誘発する土地活用の時代、そして、1980年代のバブル経済期、さらに1990年代以降20年以上におよぶ経済の低成長期を生き抜き、いまもなお成長変化しながら都市空間に根付いている。

1-6　挑戦の時代

　本書では、1950年代から1960年代にかけての「戦後」という時代そのもの（ひとまず「東京オリンピック頃まで」としたい）を、戦前までの思想や技術と、現代の思想や技術の両方にまたがる（両方の特徴を見出すことができる）過渡的な時期として再評価したいと考えている。

過渡的・両義的な時期の実験的精神

特に横浜（関内・関外地区）の場合、他都市に比べ遅れた接収解除に起因し、焼け跡からの早期復興を目指す必要から、多様な建築タイプが工夫され、これが防火帯建築を特徴づけた。こうした、過渡的（両義的）な時期だからこそみられる（可能であった）さまざまなイノベイティブな試みに学ぼうということである。

人口減少、縮減社会、超高齢社会を迎え、機能純化した建築都市空間の行き詰まりを乗り越えることが社会的要請となっている現代だからこそ、なおさら、戦後のこの時代の挑戦の姿勢や試行錯誤の工夫に立ち返り学ぶべきではないだろうか。

挑戦者の一人、神奈川県住宅公社の設立から参加した畔柳は、戦時中は住宅営団に勤めていた。敗戦後、GHQ によって閉鎖された住宅営団には、職員が約 5,000 人いたとされる（1946 年 12 月 23 日閉鎖）。優秀な技能集団でありながら、戦時中の資材不足のなかでほとんどその能力を発揮する機会が奪われていた。この、約 5,000 人の職員はその後、営団の支所および出張所のある都市（主に県庁所在地のある都市）の地方自治体などの公的機関、および民間企業の職員・技術者として再就職していった。

畔柳は、『証言・日本の住宅政策』（大本 1991）で次のように述べている。

「私は戦前の人間ですから、戦前のように賃貸住宅がどこにもあって、日曜に一日足を棒にすれば、二軒や三軒の貸家札に出くわして、希望に合うところに入れるという融通性があることが理想だと思っています。」

単なる一団体職員としてではなく、「住宅屋」という手仕事の自負を持って、貧しい状況に置かれていた庶民の住まいをどうしたらよいか、真剣に考えていた。

第 1 号となった弁三ビル（原ビル）以降、中区では同様の手法で 56 棟の県公社住宅との併存型ビルが建てられ、民間主導の共同建築とともに供給住戸数を増やしていった。1 つでも多くの住宅を供給するために、1 人でも多くの地権者が加わる形での共同化を目指す必要があった。

「1 つでも多く」という思いの元で供給された住宅は、その後、都市のなかに 40㎡程度の小規模なユニットを数多く生み出すことに貢献した。さま

ざまな制約のなかで苦労しながらつくられた建築は、工夫次第で、単なる空室活用を超えてまちづくりへとつながる可能性を示している。

　この時代の建築をどのように評価し、思い出を引き継ぎ、次世代へ伝えていくか、まだほとんど手つかずの課題として現代に残されている。

特異点から萌芽点へ

　住宅金融公庫が、非住宅部分のビル脚部にも建設費全額を融資できるとする考え方は、「基礎主要構造部に対する貸付」「中高層建物に対する融資」として発展してきたが、建物の所有権に関わる考え方は先送りされていた。

　第1号となった弁三ビル（原ビル）の完成後、建設省や公庫、公団、公社協会等の職員、民間会社、設計事務所、大学学生らの専門家を対象としたセミナーが企画され、講演を引き受けた畔柳は「窮余の一策でしかないこと、従って公庫もこの種の事業を助長しようというのであれば、地上権確保のための融資を急ぐべき」と結論づけた（畔柳1969）。あくまで、当時としては法的にグレーななかでの特異事例となっており、これを次世代の標準とするなら法制度そのものの再構築が必要との立場だった。

　講演参加者からは、「法律のない現在、（中略）権利の確保ができるか」「現在の民法の上でその契約は果たしてどこまで有効か」等の厳しい質問がつづく。この点については畔柳自身も、法的にどうか厳密にはわからないことを正直に吐露する。法的に想定されていない建築であるから、そもそも誰もわからない。そのため、屋根の上を借りるために支払うお金を、果たして「地代」と呼んでよいのかもわからない。仕方なく、畔柳らは「地代相当額」という造語を生み出す。

　その後、1962年に区分所有法（建物の区分所有等に関する法律）が公布、1966年に公庫の地上権融資がようやく実現し、複数所有者による立体的な建物共有の法的な基盤と建築促進の金融支援制度が整うこととなる。

　このとき、畔柳らによる実験的取り組みは、「特異点」から「萌芽点」となった。前時代の手法が通用しない困難な時代は、次の世代の仕組みが萌芽する、実験的精神に満ちた土壌でもあることを教えてくれる。

【参考文献】

〈建設関連資料〉

1) 『建都発』第六五一号「防火地域指定について」、1952.6.17

2) 社団法人都市不燃化同盟「都市不燃化運動史」1957.11.25

3) 社団法人セメント協会「防火建築帯の話」、1957.8.31

4) 今泉善一「沼津市本通防火帯建設について」『建築雑誌』825 号、p.1、1955.8

5) 今泉善一「商店街の不燃共同化の諸問題」『建築雑誌』854 号、p.49、1958.1

6) 今泉善一「三笠ビルのできるまで―新しい街づくりの記録―」『住宅金融月報』1960 年 1 月号、住宅金融公庫総務部広報課、pp.9-18、1960

7) 東京都建築局指導部「防火建築帯と共同建築の勧め」、1954.7.1、東京都公文書館所蔵

8) 日本建築協会「大阪市防火建築帯図と耐火助成のしるべ」『建築と社会』vol.33、1952.12

9) 横浜市建設局計画課「羽衣橋通及伊勢佐木町の完成を予想せし防火建築地帯」『横浜都市計画概要』、1953、横浜市中央図書館所蔵

10) 「店舗のある共同住宅図集」（競技設計審査評；池辺陽）、日本建築学会、1954

11) 小岩井直和「戦後の横浜復興と長野尚友氏」『水煙会会報』第 9 号、1979

12) 「栃木県建築士会会誌」相生町共同ビル（宇都宮観光ビル）建築組合長宇塚正三九、栃木県建築士会、1961.3

13) 内藤亮一「接収解除地を中心とする建築復興計画について」『新都市』7(10)、pp.93-97、都市計画協会、1953

14) 内藤亮一「新都市開発の手法」『建築雑誌』80(951)、pp.185-186、日本建築学会、1965

15) 畔柳安雄「住宅屋三十年」1969

16) 石橋逢吉「建設と経営上の二つの問題（住宅問題について）」『建築雑誌』74(871)、p.1、日本建築学会、1959

17) 「日本住宅公団市街地アパート（昭和 31 ～ 33 年度)」、日本住宅公団計画部賃貸住宅課、1959

18) 『融資建築のアルバム』横浜市建築助成公社、1957

19) 「足貸アパート実態調査報告」横浜国大河合研究室、1958

20) 河合正一・緒形昭義「横浜市都心部再開発計画試案」『日本建築学会論文報告集』(63-2)、pp.453-456、日本建築学会、1959

21) 大本圭野『証言・日本の住宅政策』日本評論社、1991

〈横浜市・神奈川県関連資料〉

1) 高村直助『都市横浜の半世紀――震災復興から高度成長まで』（有隣新書 62)、有隣堂、2006

2) 今井清一『横浜の関東大震災』有隣堂、2007

3) 今井清一『大空襲 5 月 29 日――第二次大戦と横浜』有隣堂、1981

4) 『横浜復興誌』横浜市、1932

5) 『横浜市の接収と復興』横浜市総務局、1959

6) 『接収解除の歩み』横浜市総務局渉外部、1997

7) 『公社住宅の軌跡―神奈川県住宅供給公社 40 年史―』神奈川県住宅供給公社、1992

8)『横浜市建築助成公社 20 年誌』横浜市建築助成公社、1973

9)『横浜市政要覧』横浜市（各年度）

10)『横浜の 20 のまち——戦災復興区画整理でつくられたまち』横浜市都市計画局、1986

11)『市街地共同住宅の再生』神奈川県都市部・㈳日本住宅協会、1987

12)『100 年前の横浜・神奈川』横浜開港資料館編

13)『横浜・関東大震災の記憶』横浜市史資料室、2010

14)『横浜ノスタルジア——広瀬始親写真集』横浜開港資料館編、河出書房新社、2011

15)『目でみる「都市横浜」のあゆみ』横浜市ふるさと歴史財団、横浜都市発展記念館、2003

16)『ハマの建物探検』横浜シティガイド協会、神奈川新聞社、2002

17)『中区史』（地区編第 4 章第 3 節 p.60）、横浜市中区役所、1985

18) 貴邑悟『野毛の河童～洋食キムラ五〇年』開港舎、1999

19)「横濱銅版畫」、神奈川県立博物館編、1982

20)『地図情報 DIGITAL』(vol.29、№ 1)「特集横浜の地図」財団法人地図情報センター、2009

21)『関内地区戦後まちづくり史』NPO 日本都市計画家協会横浜支部関内研究会、2007

22)『横浜関内関外地区・防火帯建築群の再生スタディブック』NPO アーバンデザイン研究体、2009

〈調査研究関連資料〉

1) 速水清孝『建築家と建築士——法と住宅をめぐる百年』東京大学出版会、2011

2) 初田香成『都市の戦後——雑踏のなかの都市計画と建築』東京大学出版会、2011

3) 速水清孝「福島市の防火建築帯の指定と変更の過程—第二次世界大戦後の地方都市の復興に関する研究—」『日本建築学会計画系論文集』vol.78、№ 694、p.2523、2013.12

4) 藤岡泰寛「戦災と長期接収を経た都市の復興過程に関する研究—横浜中心部における融資耐火建築群の初期形成—」『日本都市計画学会都市計画論文集』vol.52、no.3、p.355、2017.10

5) 藤岡泰寛他「買取権付き市街地共同住宅における生業隣接型居住の実態と共同建築手法に関する考察」『日本建築学会計画系論文集』(565)、pp.309-315、2003

6) 藤岡泰寛「家族従業の安定性からみた居住・商業の場と集合のあり方に関する研究」横浜国立大学博士学位論文、2005

7) 石井勇佑・高見沢実・野原卓「三笠ビル商店街における共同建築形態とその実現・継承に関する研究」『日本都市計画学会都市計画報告集』№ 18、2019.5

8) 栢木まどか・伊藤裕久「東京の近代における防火地区の変遷と震災復興期の共同建築に関する研究」『日本都市計画学会都市計画論文集』№ 43-2、p.11-18、2008.10

9)「防火帯建築の保全と活用に関するアンケート調査結果」横浜市文化観光局記者発表、2009.2.27

第2章　横浜の戦後復興
——都市デザインの視点から

菅 孝能

2-1　再生都市「横浜」

横浜の誕生

　1858（安政5）年の日米修好通商条約、さらに英、露、仏、蘭との条約締結により、1859年7月1日（安政6年6月2日）徳川幕府は横浜を開港した。江戸時代、東海道の宿場であると共に、「千石船」等の廻船が入津する物資の産地でもあった神奈川湊の対岸の寒村に、3ヶ月の突貫工事で突然出現したのがニュータウン・開港場横浜であった。

　開港場建設地については、外国側は交通利便性の高い東海道神奈川宿を主張したのだが、幕府は国内の不穏な情勢の中で攘夷事件の発生やキリスト教の影響を危惧して、錨地として水深の深い横浜村に開港を強行し、開港場を出島として整備した。ここに、地政的な宿命を負った都市・関内都心が誕生したのであった（2-1-1）。

再生を繰り返す常に新しい街

　以来、160年余の短い時間の中でめまぐるしい外圧・災害・経済社会変動に直面しつつも、ハンディキャップを乗り越えて新しい時代に対応すべく、パラダイムシフトと再生を繰り返してきた都市の歴史を見ることができる。本書のテーマである戦災復興建築としての防火帯建築の評価とこれからの都市建築を考えるにあたり、横浜関内・関外地区の都市形成と都市建築の変遷を概観してみると、次のように整理できよう。

　開港期の横浜は、木造町家の連なる日本人町と木柵に囲まれた木造擬洋風

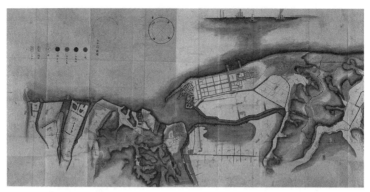

2-1-1　福井藩・横浜実測図／幕末　出典：横浜中区政50周年記念実行委員会

戸建ての外国人居留地が並立していた。それらは、1866（慶応2）年の豚屋火事以降、公園や街路整備による火除地（防火帯）を始めとする都市整備事業が行われ、防火構造の木骨煉瓦造や煉瓦組積造等の洋館を中心とした街並みに代わった。1923（大正12）年の関東大震災後は、都市基盤のさらなる整備が進み、耐震性を考慮したRC造中層のモダニズム建築群の街並に一新する。その中で、社会事業として同潤会アパートなど今日の集合住宅の嚆矢となる都市住宅建築が出現している。

　そして戦後、接収解除後の復興建築として焼け野原に姿を現したRC造中層の住商複合の防火帯建築群には、都市建築群としての計画性や事業の仕組みにその後の横浜の都市づくりを牽引する都市デザインの萌芽を見ることができる。高度経済成長期に入ると、業務商業都心の形成を目標に土地の高度利用と生活環境の保全を止揚するべく高度地区や住居容積率制限制が導入され、RC造高層（8～10階）のスカイラインを揃えたオフィスビルの街並みが目指される。しかし、様々な都市開発諸制度が整えられたみなとみらい21地区の開発前後から業務商業需要と住宅供給のせめぎ合いがさらに激しくなり、土地の高度利用をさらに追求して、鉄骨造14、5階建オフィスビルや20階前後のタワーマンションの出現により建物の巨大化、高層化が進み、スカイラインと街並みの乱れなど都市景観の変化が著しくなる。さらに、特別用途地区制を導入して業務商業都心の形成を一層強化すると共に、商住共存の容積配分や巨大建築の一定の規制を定めるに至っている（2-1-2）。

横浜の都市形成の動き	横浜の都市建築史		国内の動き・横浜の動き	国際的な動き	日本近代史 25年周期
1850 1859 横浜開港期 　幕府による居留地開発・地政的 　宿命を負った都市の誕生	洋風建築 木造町家	木造町家と木骨煉瓦造・レンガ組積造	1854 安政伊賀地震（M7.8）・安政東海地震 　　　（M8.4）・安政南海地震（M8.4） 1855 安政江戸地震 1858-9 安政の大獄 1859 江戸大洪水、横浜開港	1792 ロシア来航 1853 ペリー来航 1854 日米和親条約	開国と維新
1860 1856 都市建設期 　ブラントンの都市設計・今日の 　関内の都市構造の原型			1866 膝屋火事（関内大火）、第3回地所規則 1867 大政奉還 1868-9 戊辰戦争、明治元年	1863 薩英戦争 1864 下関戦争（長・欧戦） 　　　蛤御門の戦（長・薩会戦争）	
1870			1871-3 岩倉使節団 1872 東京横浜間鉄道開通 1873 相生町大火と地区改正・家作建方条目 1877 西南戦争	1874 横浜蚕種焼却事件	文明開化と近代国家建設
1880 1889 港湾整備期 　市制施行・パーマーの横浜築港 　計画と横浜船渠の整備			1888 東京市区改正条例 1889 東海道本線新橋駅～神戸駅間の全線 　　　開通	1881 連合生系荷預所組織闘争	
1890				1894-5 日清戦争 1899 外国人居留地撤廃（不平等条 　　　約改正）	帝国主義化と資本主義化と
1900 1903 工業招致動期 　子安山内埋立・京浜工業地帯の 　形成（横浜市長：市原盛宏）			1904 丸の内一丁ロンドン完成	1904-5 日露戦争	
1910			1918 東京市区改正条例の改正 1919 都市計画法、市街地建築物法 1918 関外及関内南仲通大火	1914-8 第一次世界大戦	
1920 1919 都市計画法・市街地建築物法	バラック建築	RC中層モダニズム建築	1923 関東大震災 1924 同潤会設立		体制変動と戦争
1923 震災復興期 　土地区画整理事業・横浜駅を中 　心とする鉄道網形成（横浜市都 　市計画局長：牧彦七、横浜市長： 　有吉忠一）					
1930			1936 二・二六事件	1931 満州事変 1937 日中戦争 1939-45 第二次世界大戦	
1940 1941 戦時体制期 　↓ 風致地区・防空大緑地 1945 接収期	防火帯建築	RC中層建築	1945 横浜大空襲・終戦・接収	1941 日米開戦 1945 終戦	復興と成長
1950 1952 戦災復興期 　不燃化都市を目指し、防火建築 　帯の建設（横浜市建築局長：内 　藤亮一）			1950 建築基準法 1952 接収解除 　　　耐火建築促進法	1950 朝鮮戦争 1952 サンフランシスコ講和条約発効	
1960 1963 市民参加型まちづくり胎動期 　横浜市総合計画 1985（飛鳥田一 　雄）			1961 防災建築街区造成法 1964 東京オリンピック 1968 新都市計画法		
1970 1970 都市デザイン導入期 　「横浜方式」の開発		RC中層高層ビル群	1970 大阪万博 1973 横浜方式 　　　新用途地域指定＋高度地区 　　　市街地環境設計制度 　　　用途別容積制度（住宅容積率制限）	1973 オイルショック、変動相場制	豊かさと安定
1980 1980 都市デザイン展開期 　公共デザイン展開・歴史を生か 　したまちづくり			1983 みなとみらい21開発事業着工		
1990 1990 パートナーシップによるまち 　づくり、MM21	鉄骨造超高層ビル群		1989 横浜博覧会　YES'89	1991 ソ連崩壊、ロシア連邦へ	危機と流動化
2000 2000 文化芸術創造都市			1992 バブル崩壊 1993 ランドマークタワー完成 1995 ウィンドウズ95・ネット社会到来 　　　阪神淡路大震災		
2010 2010 SDGs、民間協働による関内 　外再生			2004 新潟県中越地震 2004 景観法 　　　みなとみらい線開業 2006 横浜都心機能誘導地区条例（特別用途地区） 　　　横浜市都市景観条例	2001.9.11 アメリカ同時多発テロ事件 2007 EU発足 2008 リーマンショックによる世界 　　　金融危機	
2020			2011 東日本大震災・長野県北部地震 2016 熊本地震 　　　日本人口減少社会に 2018 北海道東部地震	2016 トランプ大統領就任	？
2030			2020 東京オリンピック 　　　横浜市人口減少期に入る		

2-1-2　横浜の都市形成と都市建築の変遷史　出典：菅作成

現在、世界的に「都市の時代」と言われながら、私達は先進国の高齢化と後進国の人口爆発が併存する先の見えない不安の時代に生きている。日本も少子高齢・人口減少社会が到来し、戦後形成されてきた核家族を中心とする家族形態が変容を余儀なくされ、地域社会・コミュニティのあり方や運用形態の見直しが迫られている。さらにグローバル経済が世界を席巻する一方、人口減少社会は経済の鈍化をもたらし、低成長・非成長経済社会での財政需給のアンバランスや所得格差の拡大・貧困などを招き、望ましい財政や経済活動の転換が喫緊の課題となっている。また、戦争・テロなどの国際紛争や大地変動・気象変動による自然災害の頻発など、生命や地域社会の存立に関わる危険も目前に出現している。

　このように、戦後の日本社会では顕在化してこなかったさまざまな課題が、私達がこれまで築いてきた社会制度や行動様式の変革を迫っているが、それは都市や都市建築のパラダイムシフトに繋がっている。その一つとして近年のまちづくりや建築では、スクラップ＆ビルドからストック＆リノベーションへとその価値観を変えつつあるが、社会制度や都市計画・建築制度の見直しまでには至っておらず、将来展望はまだよく見えず、都市建築の設計は、暫くは試行錯誤を続けることになろう。

　横浜の都市形成史と都市建築の変遷を辿る中で、防火帯建築を中心に、これからの都市と建築についての新たな価値観を構築する手掛かりを探ってみたい。

2-2　戦前の横浜の都市づくり

横浜開港と都市建設

開港場の建設

　現在横浜都心部を形成している関内・関外地区は入海であったが、17世紀中期から19世紀中期の開港直前まで200年間に亘って江戸の吉田勘兵衛などの商業資本投下による埋立新田開発が行われてきた。開港場は、その先の海岸砂州の上の細長い土地とその内側の埋立地に設けられた。地区のほぼ中央に貿易と外交の折衝に当る運上所が置かれ、東を外国人用の波止場と外

2-2-1　横浜絵図面／M.クリペット作図
1865（慶応元）年　出典：横浜開港資料
館所蔵

2-2-2　横濱本町並港崎町細見絵図 1860（万延元）年
出典：横浜開港資料館所蔵

国人居留地、西を日本人用の波止場と日本人商業地とした（2-2-1、2-2-2）。
東海道から開港場への交通は、芝生（現在の西区浅間下）から戸部村を経て
吉田新田に至る三間道路を造り、吉田新田と開港場の間に橋と関門を架け、
開港場を出島とした。横浜旧都心の通称である関内・関外はその名残である。
　その後、開港場は貿易の発展に伴い埋立によって拡大していく。その街割
には近世城下町の折曲・喰違型の狭い道路形態ではなく、直線碁盤目状の広
い道路を基本とする欧米的な都市建設の考え方が取り入れられ、横浜は都市
計画的に近代都市として急速に変貌していく。

地所規則に基づく市街地整備

　幕末の横浜は、内外から一旗揚げようという人々が殺到する熱気あふれる
坩堝のような街であったが、一方で、急拵えの埋立新開地であったので、道
路、下水、利便施設等が劣悪な状態だった。英・仏・米・蘭は幕府と交渉し
ながら、安全で快適な街を造るべく、都市計画・建築規制である地所規則
（第1回〜第3回）を定め、民主的で自立的な居留地運営にあたった。
　第1回地所規則（1860）は幕府を交えず英米蘭三国間で調印されたもので、
居留地における自治や土地配分について定めたが、日欧の都市像の違いを埋
められず、その効果は上がらずに終わった。第2回地所規則（1864）は英
米蘭仏の駐日公使が軍隊横浜駐屯という圧力をもって、居留地の拡張整備、
外国人専用の遊歩道や運動娯楽施設の設置などを内容とする覚書を幕府との
間で制定させた。幕府より地代の2割の払戻金が自治行政の財源として認め
られ、居留地参事会が組織され、営業税や罰金の徴収権も獲得して、財務・

2-2-3　大火焼失区域図／The Japan Herald Mail Summary、Market Report & Price Current 1866
出典：『日本の美術 10』No.473

警察・衛生・道路などの行政管理権が欧米側に委ねられるようになった。そして 1866（慶応 2）年の大火（2-2-3）後の第 3 回地所規則（1866）では、防火道路、街路樹、公園、防火建築、歩車道分離、下水道など、日本には無かった欧米の近代都市計画思想が盛り込まれ、横浜の都市建設に大きな影響を与えるものになった。しかしながら、日本は明治維新の真最中でもあり、すぐには実行されなかったが、この規則をもとに、我が国の近代都市計画の先駆けともいえる現在の関内地区の骨格が造られていった。

　建築についてみれば、大火前は倉庫を除いて木造建築が殆どで、屋根は瓦葺き、外壁はナマコ壁等の漆喰仕上や木骨石貼りだったが、第 3 回地所規則により防火上安全で堅牢な煉瓦造が普及していった。A. ジェラールが山手でフランス瓦・煉瓦・土管を製造したのも 1873（明治 6）年頃から大正初期にかけてであった。

　第 3 回地所規則に基づいて 1867（慶応 3）年には埋立により居留地のメインストリート海岸通（バンド、現・山下公園通り）が整備され、さらに、御雇外国人の英人灯台技師ブラントンが 1871（明治 4）～ 1872（明治 5）年に設計した、街路樹を備えた歩車道分離の中央大通り（現在の日本大通、明治 12 年完成）と彼我公園（現在の横浜公園、明治 9 年完成）等の都市設計により災害脆弱都市からの脱却を目指した（2-2-4）。

　また、中央大通り沿道の建物は屋根・外壁を防火構造にする等の防火建築帯の都市計画思想が条文化されていた。かくて我が国最初の洋式公園、防火建築帯、歩車道区別、街路樹、下水道等の都市計画事業は終了した。

　特に日本大通りと横浜公園は、江戸幕府の都市計画空間である火除地と、横浜公園から日本大通りを経て大波止場へと抜けるビスタを持つ西欧の都市軸という 2 つの性格を持つ空間であり、横浜初の都市デザインともいうべき

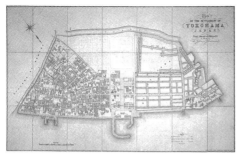

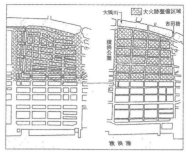

2-2-4 Plan of The Settlement of Yokohama ／ブラントン／1875（明治8）年 出典：横浜開港資料館所蔵

2-2-5 地区改正（1873年）前後図 出典：『図説近代神奈川の建築と都市』

もので、現在でも関内都心部空間の重要なアイデンティティとなっている。そして、1978（昭和53）年に完成した大通り公園は、旧吉田川を埋め立て地下鉄を通し、上部を緑の軸としたものだが、日本大通り軸と市役所街区で繋がり、2つの軸は関内・関外地区を貫く歩行者オープンスペースの都心軸を形成している。

　一方、日本人町は、地盤が満潮面より低く排水が円滑に出来ず、不衛生な状態にあった。1872（明治5）年アメリカ人医師 D.B. シモンズから神奈川県令宛に「防恙（伝染病予防）法建立執行之建議」が出され、横浜市街地の湿地問題を抱えていた県は、1873年に日本初の建築規制として注目される「家作建方条目」を制定した。その内容は、防火建築、屋根葺材制限、道路への突出制限、地揚げ（敷地の盛り土）、便所と井戸の分離、排水方法の規定など多岐に亘ると共に、完了検査も定めていた。彼我公園の西側の関内約16ha を焼き尽くした1873年の相生町大火の復興では、県は早速、盛り高四尺の地揚げ、道路の拡幅と付替、区画割替等を内容とする「地区改正」を執行し、現在の市庁舎一帯の街区の基本が形成された（2-2-5）。

　さらに、1872（明治5）年には新橋―桜木町間に鉄道開通、その前年には清国と修好条約が結ばれて南京町の形成も始まり、1877（明治10）年頃には今日の関内の都市構造がほぼ出来上がったのである。

国際貿易都市へ——港湾整備と工業招致

東京の伸長

　1872（明治5）年の鉄道開通の与えた影響は計り知れない。東京と横浜の往来は、徒歩10時間、乗合馬車2.5時間を58分に短縮した鉄道により著しく簡単になった。鉄道開設前の外国人居住地は横浜がその主要地であった。当時の文化的指導者は外国人であったから、横浜は欧米文化が最も早く輸入された都市であったが、鉄道開通は横浜の内外人の東京進出を容易にし、東京に欧米文化が広まっていった。1872（明治5）年の東京大火後の銀座煉瓦街建設は1875（明治8）年頃に完成するが、時を同じくして東京の首都機能の整備、欧米化の進展により東京に外国人が居住する態勢ができてきたことから、各国公使館の東京移転が相次ぎ、外交的機能が横浜から東京へと遷っていった。1877（明治10）年には居留地の日本側行政権が回復し、1888（明治21）年に政府の内地雑居の方針を前提とした東京市区改正条例の制定による三菱の丸の内オフィス街や政府の中央官庁街の整備が進んで、横浜居留地の地位は相対的に低下していった。さらに1899（明治32）年条約改正で居留地が返還されたことにより、不平等条約の特権のお陰で隆盛を誇った横浜の外国商館の勢力も衰え始めた。

港湾整備

　一方、1884（明治17）年頃から、横浜港への出入外航船舶数、外国貿易額は増大し、1889（明治22）年の東海道線全線開通という陸上運送の発達を受けて、横浜港の埠頭設備を始めとする港湾整備が急務となった。

　横浜が市制に移行した同年、国家主導のもと横浜港築港計画（パーマー設計）の第1期工事が着工し、1896（明治29）年に延長730mの大桟橋埠頭（鉄桟橋）が完成した。ただ、パーマー案にあった臨港鉄道（大桟橋基部—税関構内—横浜停車場—京浜線）は廻漕運送業者・日本郵船等の反対で桟橋東部と税関構内の連絡のみに縮小された。

　しかし、第1期整備も日清戦争後の外国貿易の急増に対応できず、元内務省土木技官古市公威の「横浜税関拡張工事計画説明書」をもとに、第2期工事として税関埠頭（現・新港埠頭）が1889（明治32）年に着工、16haの

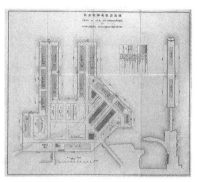

2-2-6 横浜税関設備図／1915（大正4）年
出典：横浜税関新設備報告

2-2-7 横浜船渠 出典：横浜船渠株式会社（現三菱重工株式会社）社史

埋立と新港埠頭が1905（明治38）年に完成した（2-2-6）。その後、陸上施設建設が1917（大正6）年に大桟橋の改修も併せて完成した。この計画は、港湾、道路、建築を一体として都市計画的に計画された点で、横浜では最初であり、13棟の計画建物は全て煉瓦造で、我が国の集団計画としては1872（明治5）年の大火後の銀座煉瓦街、1892（明治25）年以降の丸の内煉瓦街に次ぐ規模であった。

　パーマーの提出した第1期築港計画には、桟橋等の港湾整備の他に、船舶の入渠修理工場や倉庫建設の必要が加えられていた。1889（明治22）年原善三郎、茂木惣兵衛、平沼専蔵など横浜の実業家と東京の渋沢栄一らが合同して「横浜船渠会社設立願書」を神奈川県知事に提出したのをきっかけに、91年「横浜船渠会社免許命令書」とともに許可、93年横浜船渠株式会社の設立、96年日本郵船横浜鉄工所の吸収、97年に第2号ドック完成、99年第1号ドックが完成した。これと並行するように海面埋立による臨海工業地域造成が進んだ（2-2-7）。

　一方、都市のインフラである鉄道をみてみると、1889（明治22）年に東京—神戸間が全通した東海道本線は、当初、横浜駅（現在の桜木町駅）まで入り込み、保土ヶ谷駅にスイッチバックするルートだったが、日清戦争後の経済発展に伴う鉄道運輸能力の増大を受けて東海道線複線化計画の中で神奈川・保土ヶ谷直行路線が決定され、横浜港・横浜都心部の地政的な宿命が露呈した。横浜駅はその後、1915（大正4）年に高島町に2代目横浜駅、

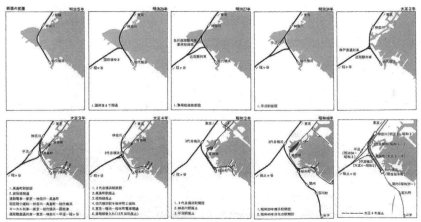

2-2-8　鉄道と横浜駅の変遷　出典：『港町横浜の都市形成史』

1928（昭和3）年に現横浜駅の位置に3代目横浜駅が開設され、戦後は横浜駅周辺部が都心部として発展するに従い、横浜都心部は関内地区および横浜駅周辺地区に二分されていった（2-2-8）。この地政的ハンディキャップを克服するプロジェクトとして、みなとみらい21開発計画が行われることになる。

「市区改正」から「法定都市計画」へ
地域地区制の先駆け

　このように、居留地撤廃、東京の伸長と東海道本線素通りによる横浜の相対的地位低下の中、同志社社長代理、第一銀行横浜支店長を歴任して第4代横浜市長に就任した市原盛宏は1903（明治36）年に都市形成基本方針「横浜市今後の施設について」を発表した。これまでの横浜の発展は外交上の圧迫、外国人の移住、天与の良港、政府の庇護のもとの「受動的発達」で都市形成の矛盾はその限界を示している、として「自動的即働きかけの発達」が必要であり、産業基盤整備・生活基盤整備・都市政策に関する委員会の設置を提案した。さらに地域地区制の先駆けともいえる「工業地区」「衛生地区」の設定を提案した。

　「産業基盤整備」には港湾改良整備、交通機関促進、工業興起を掲げた。

大桟橋の改修や新港埠頭建設を柱とする第2期築港工事は、日露戦争による国家財政緊縮の中、横浜財界人や市が工事費の約1/3を負担した我が国初の官民一体となった公共事業として注目された。

　さらに、「工場招致策」として、公有水面の市営埋立と実費払下を行い、浅野総一郎らによる子安、橋本町、山内町の地先埋立と京浜運河開鑿が図られ、京浜工業地帯が形成されていくことになった。また、「工場地区」を指定し、神奈川方面・平沼方面・大岡掘割川方面の工場地区での一定規模以上の工場・製造業に対して市税の5年免除を行ったり、舟運振興による内陸部への工場地帯の拡大を意図して市内8河川の石垣護岸化を行った。

　注目すべきは、「生活基盤整備」として衛生設備の改善、教育事業の発達、慈善事業の奨励、図書館の設立、商品陳列場、美術館、公園、水族館、神社仏閣等の設置と事業経営を提案したことである。当時の都市計画は「道路橋梁河川ハ本ナリ、水道家屋下水ハ末ナリ」の風潮の中にあり、生活基盤の整備を提案していることは、斬新な方針であった。交通を整備し、良好な住宅、別荘を誘致しようという「衛生地区」は現在の用途地域制の「住宅地区」にほぼ該当する考えであった。市民からは、本牧、根岸、磯子一帯を市の「健康地区」（＝「衛生地区」）の保存指定するように陳情も上がったが、実際には具体化しなかったものの、後の法定都市計画の用途地域制度に繋がる思想であった。

　これらの最初の提案者は、1910（明治43）年より横浜市区改正に関する調査を行った「横浜市設備調査委員会」であった。委員会の嘱託を務め、委員会を指導した三宅磐は横浜貿易新報（現神奈川新聞）の経営者かつ政治家であったが、世界的な都市計画の動向にも造詣が深く、都市経営の必要性や自治体政策を論じた著書『都市の研究』により用途地域制の必要を訴えていた。

「市区改正」から「法定都市計画」へ

　我が国の近代都市計画の始まりは、1888（明治21）年の「東京市区改正条例」（勅令1889年1月1日施行）である。「東京市区改正条例」は、長期的視点に立って近代的な都市構造を持つ市街地に改造することを目的とした

2-2-9 横浜市区改正事業図／1919（大正8）年 出典：都市計画書要鑑

2-2-10 横浜市都市計画地域指定参考図／1921年頃 出典：横浜市中央図書館所蔵

ものであり、道路・河川・鉄道等都市基盤整備が中心であった。一方、東京以外の都市においても人口の集中による市街地の拡大がみられ、道路整備等計画的な都市改造が必要とされた。そこで1918（大正7）年、「東京市区改正条例」が改正され、京都市、大阪市ならびに内務大臣の指定する都市に準用できるようになった。横浜市は神戸市、名古屋市とともに同年9月に指定された。1919（大正8）年に市役所対岸埋立地に大火が起こり、関外の8町約6万坪と飛火した関内南仲通が焼失した。被災地域の道路4線の拡張等が横浜市市区改正事業として実施された（2-2-9）が、それ以外の市区改正事業は財政難のため進まなかった。

しかし、道路整備を主とした市区改正では急速な都市化、工業化に対応できず、1919（大正8）年「都市計画法」「市街地建築物法」が制定されることになる。横浜市にも都市計画区域が設定され、1921（大正11）年に防火地区（甲種・乙種）が指定され、翌1922（大正12）年7月に商業・工業・住宅・未指定地域の指定を内容とする用途地域が決定された（2-2-10）が、その施行を見る前に関東大震災に遭遇し実施に移されなかった。

横浜市営中村町第一共同住宅館

当時の共同住宅は民間の長屋だけだったが、大正期に入ると公営住宅事業が始まる。上記山田町火災の罹災者対策として建てられた4棟の共同住宅館

2-2-11 横浜市営「中村町第一共同住宅館」 出典:『建築雑誌』大正11年4月号

のうち最初に建設されたのが、関東大震災以前の不燃建築として、横浜市社会事業の誇りと高く評価された横浜市営中村町第一共同住宅館である（2-2-11）。他の3館は木造2階建であったが、中村町第一共同住宅館は1921（大正10）年築の鉄筋ブロック造2階建の不燃建築で、6畳の居室と踏込・台所兼用の土間からなる単身者あるいは夫婦のみの小世帯を対象に32戸の貸室と、共同の応接室・食堂・炊事室・便所・浴室で構成されていた。大正5年から建設が始まった長崎県端島のRC造炭鉱労働者用共同住宅に次ぐもので、大正12年築の東京市営古石場住宅に先行する日本最初の公営不燃共同住宅であった。関東大震災による被害は小規模に留まり、昭和17年まで市営住宅として使われ、その後母子保護施設として長く利用され、1968（昭和43）年老朽化に伴い取り壊された。

　さらに付け加えれば、横浜市の市営住宅計画は住宅のみを建設するのではなく、公衆浴場・商店・託児所・倶楽部・公園などの共用施設も併せて計画していた。今日の住宅団地計画につながる考え方であった。

関東大震災と横浜大空襲
バラック令と震災復旧
　1923（大正12）年9月1日関東大震災が発生、地震と同時に起こった火災により、横浜市は開港以来の経済的、物的蓄積に壊滅的被害を受け、被災世帯が95.5%という大惨禍となった（2-2-12）。関内の煉瓦造の建造物は悉

く倒壊し、神奈川県庁、横浜市役所を始めとする公共施設も焼失した。港湾施設も甚大な被害を受け、都市インフラの大部分とライフラインも全潰した。

　震災直後には住む家を奪われた罹災者を収容するために、仮設住宅の建設が行われた。震災2週間後の9月16日に勅令第414号（通称バラック令）が出された。バラック令では、震災で火災に遭った地域において、1924年2月末日までに建設に着手し、1928（昭和3）年8月末日までに撤去する仮設建築については、市街地建築物法の条項の一部を免除する、としていた。横浜市では前述したように大規模な区画整理を計画していたので、将来震災復興事業の一環として区画整理の際には撤去することを前提として、仮設住宅を積極的に認めることで人々の経済活動と街の復興を促進しようというのが、バラック令の趣旨であった。

　横浜市・神奈川県、臨時震災救護事務局では、9月半ばから仮設住宅の建設を開始した。9月25日の横浜市の調査では、親戚知己の家に仮住まいした者が14,892世帯60,183人、バラック・テント・掘建小屋に仮住まいしている者が17,353世帯85,075人という状況であった。また大阪府が主唱して関西・四国の諸府県で結成された関西府県連合や兵庫県・神戸市、さらには三井家も同様の施設を急設し、横浜市や県に提供した（2-2-13）。これらは「公設バラック」と呼ばれ、年末までに市内約150カ所に500棟建設され、3万人近くが暮らした。また、比較的資力のある罹災者に対しては木材・釘等の資材を廉価で提供し、自力でのバラック建設を促した。伊勢佐木町周辺では、住民達の申し合わせで耐久的バラックの建設を急ぎ、10月末には沿

2-2-12　横浜大地図附大正十二年大震災火災区域／京浜出版社　出典：横浜開港資料館所蔵

2-2-13　関西府県連合が建設したバラック群（関西村）　出典：横浜市史資料室所蔵

道約1kmに亘るバラック店舗の建設を終えて営業を開始した。

　バラック建築の叢生は街の復興のバロメーターであり、1924年2月末の
バラック建設着手期限が近づくにつれて着手期限の延長を求める声を受けて、
バラックの建設着手期限は1924年8月まで延長され、撤去期限も1933年
8月末に延期された。

同潤会アパートなど本格建築への移行

　しかし、バラックはあくまで一時的な仮設建築であり、次第に街に活気が
戻り始め、本建築が建ち始めたり区画整理事業が始まると、今度は街の美観
を損ね、不衛生で、また復興工事を妨げる存在として撤去を迫られていくこ
とになる。先ず1924（大正13）年2月から公設バラックが撤去されていっ
た。公設バラック居住者は、家屋の自力建設や民営借家への転居が難しい生
活困窮者が多かったので、神奈川県や横浜市は市営住宅や小住宅を新設・復
旧してこれらの罹災者を収容し、約500棟を1年かけて逐次撤去していった。
　一方、民間バラック建築も徐々に本建築に移行し、震災の1年後の調査に
よれば、本建築及びこれに準じるものが11,212棟、バラック14,694棟等と
なっている。翌年より区画整理が本格化し、バラックも撤去、曳家、本建築
への建替え等様々な経過を辿っていった。
　そうした震災復興の都市建築として同潤会アパートがある。同潤会は
1924年に関東大震災の義援金をもとに復興支援のために内務省によって設
立され、東京と横浜で木造戸建住宅・木造共同住宅やRC共同住宅等の住宅
供給を行った。なかでも同潤会アパートと呼ばれる鉄筋コンクリート造のア
パートは、当時としては先進的な設計や装備がなされ、都市住宅建築として
今日の集合住宅の先陣を切るものであった。全部で16カ所に建設されたが、
横浜では、1927（昭和2）年に平沼町と山下町に建設された。ヒューマン
スケールの3階建の街路型建築であり、住戸のバルコニーが面する中庭は江
戸時代の裏長屋の路地空間のような街に開きつつ閉じるという親密なコモン
スペースを作り出していた。山下町は、ロの字型平面の独身用アパートとコ
の字型平面の家族用アパートでそれぞれ中庭を持ち、独身用アパートの1階
には店舗、娯楽室、食堂という共用施設が設けられ、一通りの日常生活を営

めるようにしていた（2-2-14）。平沼町は、2列に並んだ細長い住棟と、それを繋ぐ4つの住棟が細長い住棟間を仕切って4つの中庭を形成し、それぞれの中庭は住棟1階のアーチ状の通路でお互いを結び、独特の雰囲気を醸し出していた（2-2-15）。

　同潤会はその後1941（昭和16）年に戦時体制下の住宅供給を担う住宅営団に業務を移管した。1946（昭和21）年に住宅営団はGHQにより解散させられ、その後個人に分譲されたが、横浜の2つの同潤会アパートは個人も地方自治体も引き取らなかったため1953（昭和28）年に特別団体「建財株式会社」をつくり、そこに譲渡したが、1970年代末頃に民間の分譲マンションに建て替えられた。

　また、同時期の1932（昭和7）年に民間事業者である東京の金巾問屋が関内の山下町に建設した互楽荘アパートもコの字型平面の中庭に入居者用の共同浴場を持つ、同潤会アパートと並ぶ都市建築として優れた集合住宅だった（2-2-16）。

2-2-14　同潤会山下町アパート
出典：『都市住宅』1972年7月号

2-2-15　同潤会平沼町アパート
出典：『都市住宅』1972年7月号

2-2-16　互楽荘アパート
出典：Yokohama 互楽荘・石内都写真集（蒼穹舎）

2-2-17　ヘルムハウス　出典：個人

同潤会アパートや互楽荘アパートの平面やファサードを見ると、戦後の防火帯建築との繋がりを感じ取ることができる。複数の街路型建築による中庭を持つ街区平面計画は、横浜防火建築帯造成状況図（口絵 11）や同模型写真（第 1 章 1-1-7）の街区計画と軌を一にするものと捉えて良いだろう。また、窓庇や窓台が水平に連続するファサードなども防火帯建築に幾つも見ることができる。同潤会が 20 世紀初頭のオランダアムステルダム派やドイツの集合住宅の計画や意匠の思想に影響を受けていたと思われるが、それが横浜の防火建築帯の意匠にも継承されていたのかもしれない。

　また、互楽荘アパートに近い本町通には 1938（昭和 13）年にヘルムハウスという外国人長期滞在者向けの高級賃貸アパートが建設された（2-2-17）。RC 造地下 1 階地上 5 階建で、全ての貸室が 2 面採光の角部屋となる設計で、地下にはナイトクラブがあった。平成期には神奈川県警や県が事務所として使用したが、2000（平成 12）年惜しまれつつ解体された。近くの水町通りには同様の外国人向けアパートだったインペリアルビル（1930 年築）が現存している。このように震災復興後は共同住宅も不燃化が進んでいたこと、それぞれの入居者の住生活を支える何らかの共用施設の附置が一般的であったことなど、この時期の共同住宅事業は官民を問わず社会事業的な側面をもっていたことが窺える。

震災復興都市計画

　この大惨事に対して、政府は「帝都復興計画」に乗り出すが、横浜市は「港都復興」の立場から「帝都復興計画」に横浜を含むよう要請し、政府は「帝都復興計画に横浜市を包含すること」を承認した。

　横浜市は内務省より都市計画局長として派遣された牧彦七（前東京市土木局長）のもと、同年 11 月 13 日横浜復興計画案を立案した。震災復興は横浜市にとって従来にない近代的都市に転換する機会を与えるものであった。しかし、計画決定の権限を持つ政府の帝都復興事業関連予算の漸減と計画・事業執行主体が復興局・省・市・県と分散化し、統一性、効率性を欠くことになった。その結果、横浜市復興事業は被災地復旧に大幅に縮小・変更されたものの、主に土地区画整理事業、街路事業、公園事業で構成され、1929

（昭和4）年頃までにほぼ完了し、現在に至る街路網の街路網の基本的な部分がこの時期に完成した。

　土地区画整理事業は焼失地域92万坪が殆どを占める国・市施行の104万坪の他、永代賃借権を持つ外国人を加えた組合による山下町（旧居留地）の7万坪の区画整理が行われた（2-2-18）。

　道路整備は22路線延長43kmに及んだが、主要幹線以外は根本的変革ではなく旧道路を利用して、極めて不合理な部分のみ直通を図って、現在の道路網の原型が整備された（2-2-19）。

　街路の整備により関内地区の建築都市景観に大きな影響を与えたものに「隅切」がある。1919年の市街地建築物法、都市計画法、道路法の公布により、街路構造令に幹線街路の交差点改良のために「剪除（隅切）」の概念が導入され、関東大震災後の「帝都復興計画復興街路計画（1924年）」の設計標準に拠って関内地区の主要街路の交差点に隅切が設けられた。その結果、ビルオーナーや設計者は隅切部のデザインに大きな関心を寄せ、関内地区では多くの交差点の対角線上に正対する建築ファサードが出現し、街角広場のイメージを持つ関内地区の都市景観の一つの特徴となった。震災前の建築でも旧横浜正金銀行（現神奈川県立歴史博物館）は隅切部に玄関を設け、さらに屋上にドームを載せて存在感を高めている。また角に塔を建てた横浜市開港記念会館がある。角部を曲面などの特徴的なファサードに仕立てているのは旧横浜商工奨励館（現横浜情報文化センター）、ホテルニューグランド他など多く、防火帯建築でも解体された旧平安堂ビルや現存する弁三ビルも隅切り部のファサードに工夫を凝らしていた。戦後建築でも、例えば関内大通りの尾上町交差点に面する4棟のビル、LIST本店・横浜第一有楽ビル・木村ビル・マルタンビルのいずれも隅切部にビルまたは1階商業施設の入り口を設け、特徴的なファサードを対角線に向け合っている。

　公園は避難地として果たした役割が大きかったため、復興事業の柱として、震災前の横浜公園と掃部公園の2つの復旧に加え、我が国初の臨海公園である山下公園と野毛山公園、神奈川公園の3つが新設された。さらに保土ヶ谷児童公園、元町公園が新設された。山下公園は震災の瓦礫を使って埋め立てて造ったわが国最初の臨海公園である（2-2-20）。山下公園通りは公園整備

2-2-18 横浜復興都市計画図／1925 年
出典：横浜市中央図書館所蔵

2-2-19 震災復興区画整理第
8 区（馬車道交差点付近）／
1925 年 出典：『横浜復興誌』
第 2 編

2-2-20 震災瓦礫埋立整備による山下公園／「復興セル
海岸通リト山下公園」 出典：横浜市中央図書館所蔵

以前は水面に直接面する海岸通（バンド）であったが、公園ができても港に向かって開かれた景観イメージを損なうことなく現在に至っており、港町としてのアイデンティティを保った都市デザインと言えよう。このように横浜都心部に緑地が多く現存するのは震災復興の公園整備によるところが大きく、復興事業全体としては不完全ながら、5ヶ年に亘る事業は横浜を近代都市へ再生させる第一歩となった。

　鉄道網も 1928（昭和 3）年の新しい横浜駅の開業を機に市街地と郊外を結ぶ東京横浜電鉄（現東急東横線）・京浜電気鉄道（現京浜急行電鉄）・神中鉄道（現相模鉄道）の私鉄網の整備が進み、震災復興事業の後約 5 年間で、横浜駅から放射状に伸びる今日の主要な鉄道網が完成した。

　こうして横浜の街並みは、わずか数年の間に大きく様変わりしていくことになる。震災前の横浜市街地は、市庁舎・県庁舎等の公共建築を中心に煉瓦

造・石造の瀟洒で装飾豊かな洋風デザインの建物がランドマークとなっていた。その殆どは倒壊し、現在も残るのはわずかに旧横浜正金銀行本店本館や横浜市開港記念会館等7棟を残すのみである。

　震災後は建築も震災前の装飾豊かな煉瓦造から機能性を重視したRC造に代わった。第二次世界大戦の戦火をくぐり抜けて現存する代表的な建築としては、神奈川県庁舎、ホテルニューグランド、横浜商工奨励館（現横浜情報文化センター）、横浜地方裁判所、日本郵船横浜支店、横浜中央電話局（現横浜都市発展記念館・横浜ユーラシア文化館）等があり、これらは現在では横浜市の歴史的建造物として保存の対象になっている。

「大横浜」建設に向けて

　1919年の都市計画法の公布を受けて、横浜市は横浜の発展のための都市計画「大横浜建設の綱領」を立案した。当時の横浜市域は37k㎡（現在の約9％）に過ぎず、周辺町村を含めて一体的に都市計画を策定して公共用地を確保し、様々な都市施設を整備していく必要があるとして、行政区域を超えた都市計画区域の設定を提示し、1922年国の認可を得ていた。しかし、1923年の関東大震災で一旦停止を余儀なくされたが、「大横浜計画」に基づく震災復興と都市計画の再開を望む声が高まった。

　1925（大正14）年内務官僚から横浜市長となった有吉忠一は、横浜市の将来像について、それまでの生糸貿易依存から本格的な工業都市へと飛躍させることが必要だと考え、大横浜建設の三大方針として①臨海工業地帯の建設、②横浜港の拡充、③市域拡張を政策目標に掲げた。

　鶴見・生麦の沖合約104ha（現大黒町・宝町・恵比須町）の市営埋立、浅野総一郎ら市外資本による596haの埋立、鶴見臨港鉄道、鶴見操車場、京浜運河等の産業基盤整備等により昭和期の京浜工業地帯の中核を形成した。さらに、本牧十二天から鶴見川河口に至る大防波堤を建設して、京浜工業地帯を包含する港湾区域に拡張することにより商工業港への脱皮を実現した。

　臨海工業地帯と横浜港を支える後背地拡張を必要とした横浜市と人口流入や工場立地による都市インフラの整備を要する隣接9町村の思惑が一致して、合併が行われ、横浜市は市域が3.6倍、人口も50万人を超える規模となり、

区制施行等を始めとする大規模な行政機構の再編が行われた。

　その後も、東京横浜電鉄の田園住宅都市開発が行われた日吉村の合併や、別荘保養地金沢町・六浦荘村の合併が行われた。

戦時体制下の都市計画

　1937（昭和 12）年の日中戦争勃発により、総力戦体制構築のため、市民生活は物心両面に亘って厳しく規制されると共に、横浜は一層の工業化を迫られることになった。京浜工業地帯だけでなく、金沢・六浦方面の工業化、ブリヂストンや日立製作所等が進出した柏尾川中流域の工業地帯や鶴見川上流域を合併することで、内陸部の工業化を推進し、それらを支える交通網の整備など、戦時体制下の都市計画の軌道修正が進んだ。

　1941（昭和 16）年には防空大緑地造成が行われ、戦後の保土ヶ谷公園、三ツ池公園となった。また、同年には自然に恵まれた景勝地を活かす風致地区の指定も県の所管で行われ、山手地区、根岸本牧地区等 10 カ所、総面積 2,847ha という積極的な都市計画も行われている。

　戦局が悪化した 1944（昭和 19）年からは防空上必要な空地帯を設けるため、建物を強制的に除去する建物疎開も始まり、道路の拡張と主要施設疎開空地・交通疎開空地・間引疎開地などの防空空地の指定が行われた。一方、戦時労働者の京浜工業地帯への大規模流入により、横浜市人口は 1943（昭和 18）年には戦前

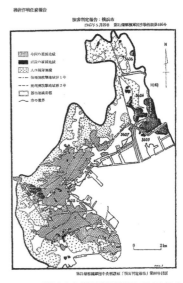

2-2-21　横浜大空襲被災状況図 1945 年 5 月　出典：第 21 爆撃機軍団作戦任務第 186 号

2-2-22　焼け野原となった横浜中心部 1945 年 6 月　出典：米空軍図書館所蔵

最大の 103 万人を数えた。それとともに進行した住宅不足や住宅地の過密化に対しては殆ど無策であった。家賃統制令と増大する管理・修繕費等の相克の結果、「市営住宅一斉売却」を行い、低廉な共同住宅の供給が放棄された。また、労働者の遠隔通勤を軽減するための徒歩圏での職住近接推進を目的とした「住宅交換斡旋事業」も打ち出されたが、成立は僅かであった。

　空襲は 1944（昭和 19）年から始まったが、1945（昭和 20）年 5 月 29 日市街地の 42％建築物 19,000 棟余りを焼失する横浜大空襲に見舞われ、総人口の 45％に当たる約 40 万人が罹災し、死傷者が約 19,000 人にのぼった。都心部は中区 50％西区 77％を焼失して灰燼に帰し、横浜市は壊滅状態で戦後を迎えることになった（2-2-21、2-2-22）。

2-3　戦後の横浜の都市づくり

接収と戦災復旧期
長引く接収

　1945（昭和 20）年 8 月 30 日、マッカーサーが厚木に降り立ち、ホテルニューグランドに居を定めて、米軍による日本各地の接収が始まった。政府は「帝都東京の占領軍進駐阻止」の方針をとったため、当初横浜海運局に置かれた GHQ（連合国最高司令部）はその後東京に移ったものの、第 8 軍司令部が横浜税関に本拠を置き、さらに沖縄を除く全国の占領軍戦闘部隊及び国内各地方の戦後改革・民主化を統括する軍政部が日本郵船ビルに置かれ、横浜経済の生命線ともいうべき横浜港の約 90％が東日本占領軍兵站基地として接収され、占領軍全体の約 1/4 に当る 9 万人余りの将兵が進駐して、横浜は日本占領の軍事的拠点となった（2-3-1、2-3-2）。1946 年には市域全体で 921ha が接収され、中区は業務・商業地区を中心に 392ha、関内・関外地区の 74％が、建物も 256 件が接収され、焼け跡であった接収地は道路も宅地も区別無く一面に整地されてカマボコ兵舎が建ち並んだ。経済活動は麻痺し都市活動に決定的な打撃を受けた結果、戦災復興は 1955（昭和 30）年前後まで停滞し、他都市に大きく遅れを取ることになった。

　戦災で疎開していた関内・関外地区の事業者や住民は元の土地に戻ること

2-3-1　横浜市街地接収地状況図／横浜接収
跡地復旧復興建設計画図 1951（昭和 26）年
出典：神奈川県立公文書館所蔵

2-3-2　接収された横浜都心部／1950（昭和 25）
年　出典：『港町横浜の都市形成史』

が出来ず、それらの多くは接収地に隣接する桜木町の南、大岡川の西の野毛
地区に集まってきた。

　1950（昭和 25）年朝鮮戦争が勃発、横浜は国連軍の兵站基地となり、都
市経済が特需景気による歪んだ形で回復する一方、接収解除は延期され、商
業・業務機能の市外流出が続いた。

　1952（昭和 27）年のサンフランシスコ講和条約の発効によって日本は主
権を回復したが、日米安全保障条約によって米軍は引続き駐留することに
なった。横浜都心部では同年より関内地区を皮切りに順次一部接収解除が進
んだが、日米地位協定により、県内への基地の拡散と周辺地区の接収の長期
化・無期限化という事態が生じた。また、解除されても、土地の権利関係の
複雑さ等で土地利用は容易に進まず、「関内牧場」とも呼ばれる鉄条網で囲
まれ雑草が生い茂る空地が広がっていた。

　中心部の接収地が全面的に解除されたのは 1955（昭和 30）年頃であった。
そのため、他の戦災都市では戦後復興が一段落しようという時期に、横浜市
はようやく戦後復興が始められるという状況だった。

戦災復興計画

　1945（昭和 20）年 9 月に「横浜市復興対策本部」が設けられ、政府も 11
月に「戦災復興院」を発足させ、1946（昭和 21）年には「横浜市復興計
画」が作成される。そこには、旧市街地内一円に総延長 120km に及ぶ防災機
能を兼ねた 25 〜 100 m の広幅員道路網計画が示されていた。しかし、接収

地に手を付けられなかったこと、接収解除地内は関東大震災後の区画整理事業の都市構造への原形復旧に留まったこと、土地区画整理を行う接収解除地整備事業の施行地区は中心市街地周辺に分散されたことなどにより、一体的な整備ができなかった。復興事業は戦後の経済疲弊、財政悪化等により遅れ、1958（昭和33）年に一応収束し、戦災関連都市改善事業に引き継がれたが、その後の横浜を支える適正な街区区画、街路、公園、下水道等の骨格を形成することが出来ずに終わった。しかし、防火建築帯造成事業を皮切りに都心復興は進み、徐々に今日の関内・関外地区の街並みが形成されていく。

防火建築帯の造成──接収解除地の復興

耐火建築促進法

　戦災復興を機に戦前の火災に弱い木造都市の脱却を目指して、本格的な都市不燃化の動きが起きる。1950（昭和25）年に建築基準法が制定されると共に、国は1952（昭和27）年に耐火建築促進法を制定した。発想自体は戦前の市街地建築物法の時代にもあった路線式防火地域を受け継いでいるが、幹線道路沿いに奥行き11ｍ（6間）の範囲を「防火建築帯」と名付け、3階建て以上のRC造を始めとする耐火建築物を連担的に建設して防火建築帯を造成することにより、都市災害、特に大火災の被害を局部に止め、土地の高度利用の促進、木材の消費節約に資することを目的としていた。

　そして、この防火建築帯指定区域内に一定規格の耐火建築物を建設する者に対して、国と地方公共団体（県市）から建設費の一部を補助金として交付し、これを促進しようとする制度であった。助成はするものの、あくまでも民間の建設に期待するというもので、官民双方にとって使い勝手の良い制度であったと思われ、戦災を受けた都市を中心に復興から高度経済成長への橋渡しの時期の都市を造っていった。

横浜の防火建築帯

　マスタープランとしての「横浜市復興計画」は都心部の大規模かつ長期の接収によって画餅に終わったが、横浜市では1950（昭和25）年頃から関内・関外地区の接収解除跡地の復興について検討を行う中で、都市の不燃化を達

成する絶好の機会であるとの認識と、官民共に防火建築帯造成を接収解除地復興の起爆剤にとの期待から、国の耐火建築促進法制定の構想をもとに、防火建築帯造成の考え方を全面的に取り入れ、防火建築帯を極力密に面的に指定して復興を進める方針が決定された。

　その構想は、建設省から移籍した横浜市建築局長内藤亮一を中心に、ハンブルグ市の復興計画を参考にして、幅員8m以上の道路沿いに防火建築帯を指定し、防火建築帯に囲まれたほぼ100m四方となる中庭を持つ生活街区が形成されるよう、ヨーロッパ型の囲み型生活街区による市街地整備構想が計画された（第1章1-1-7参照）。防火建築帯指定は、法律により防火地域を重ねて指定されることになっていたので、路線型防火地域の大幅な追加指定を合わせて、関内・関外地区では延長37kmに及ぶ防火建築帯が指定された。他都市の防火建築帯が目抜き通り一本という線的計画であったのに比べ、横浜市のそれは都心部全体を網羅する面的計画であったところにも大きな特徴がある（口絵11横浜市防火建築帯造成状況図参照）。通りに沿って一定の賑わいをつくりだす店舗が1階に並び、上層に事務所や住居を積層する街並み型の建築は多様な用途が立体的に共存するための世界共通の都市建築である。高さと壁面線を揃えながら通り沿いに水平線を強調しつつ、敷地条件や建築主・設計者などの違いから様々なデザインが展開されて、関内地区の街並み景観を形成していった。

　しかし、公共事業ではなく、単独あるいは複数の地権者によって造られる民間建築であるため、防火建築帯がすべて実現したわけではない。模型写真に見るような防火建築帯と呼べる連続する路線型建築群は、吉田町、福富町、弁天通三丁目などごく一部に留まり、多くは街並の中に単体として立地することにとどまっていることから、防火帯建築とも呼ばれるようになっている。

　また、防火建築帯の指定区域内に自己資金のみで補助対象（3階建て以上）にならない低層建築物を建てる地権者もあって、十分な建築帯を形成するには至らない街区が増えた。そこで1957（昭和32）年には関内・関外地区に都市計画として最低限高度地区を指定して、積極的に市街地の高度利用を図り、防火建築帯の形成を誘導しようとした。関内・関外地区と横浜駅前地区（東口及び西口）を対象に幹線道路や駅前広場に面する宅地の道路境界

線から18mの奥行きで14mないし12mの最低限高度地区を指定した。

併存アパート

　防火建築帯を造成するために、横浜市は横浜市建築助成公社を設立するとともに、耐火建築助成計画、耐火建築助成規則を定めた。また、商業業務機能だけでなく、当時喫緊の課題であった住宅不足に応えて、都心部に多くの人口を誘致していくために共同住宅を建築できるように、横浜市建築局、横浜市建築助成公社、神奈川県住宅公社（現神奈川県住宅供給公社）の3者が協議し、併存アパートの建設を盛り込んだ「復興建築取り扱い方針」を定め、住宅金融公庫融資と公社融資の併用をできるようにした。地権者が単独でビルを建設するには資金的にも店舗営業面でも容易ではなく、公的資金を導入して、上層階に多数の住宅を併存させることにより店舗経営を楽にし、集団的に建設することにより復興の拠点とすることができると共に、効果的な防火建築帯を造成でき、住宅政策にも適合する、という戦略であった。

　併存アパートとは、内藤亮一の発想になるもので、彼は「都市住宅のうち相当部分はこれを都市の中心部少なくも既成市街地の部分に求めるべきである」（接収解除地を中心とする建築復興計画について／「新都市」都市計画協会編、1953.10）と述べ、欧米の中心市街地のように都心部に人が住む24時間都市を構想したのである。併存アパートは下駄履きアパート、即ち土地所有者や借地権者が建設する長屋型の店舗や事務所の上層部3階から上に共同住宅を載せた共同建築である。1950（昭和25）年に設立された神奈川県住宅公社が所有し経営する賃貸住宅を併存させ、同公社が一体的に計画、設計、及び施工を行った。

　共同化の基本は、隣り合う敷地の割り方はそのままに、境界線上に壁と柱を立て、構造物の共同化で連続建築とする方式である。権利関係も下層階は個別の土地権利に沿った個別所有で個別利用の棟割り長屋、上層階は一体所有利用の賃貸共同住宅で、その土地権利は個別に賃借権あるいは共有設定にしており、上下の権利関係が異なるところに特徴がある。

　併存住宅は、住宅経営の規模から考えて敷地は複数の土地権利者の土地を集約する必要があるが、神奈川県住宅公社は土地を買い取るだけの資金は無

いので、地上権を借りる必要がある。そこで、土地権利者から下層部の店舗ビルの屋上を共同住宅の敷地と見立てて、小額の「地代相当額」で借りる借地権（その後、共有地上権と呼ぶ）を取得する形とした。区分所有法のない時代の横浜方式ともいえる超法規的な水平区分所有の試みであった。

　区分所有については、1898（明治31）年に施行された民法で長屋形式の共同住宅を念頭に所有権の制定を認める規定があったが、戦後いわゆる分譲マンションが出現し、様々な用途が立体的に複合する都市建築が計画されるようになり、1962（昭和37）年に一棟の建物を区分して所有権の対象とする場合の各部分ごとの所有関係を定めるとともに、その建物と敷地等の共同管理について、区分所有法が制定された。

　個人や複数の地権者が自分の土地に建てる防火帯建築の上部に住宅を設置する併存アパートもあった。基本的に防火帯建築は民間事業であったので、住宅に関する共用施設を設ける例はなかったが、低層部の商業施設等は都心部住民の利便性にも寄与したわけである。県公社住宅との併存型ビルなどの防火帯建築が住居として人口回復の役割を果たし、中区では増加世帯数の半数が接収解除地における世帯数回復分を占める結果となった。

　しかし、関内地区が徐々にビジネス地区の性格を強めていくに従い、共同住宅の建設は減少した。また、経済成長とともに、個々の店舗が補助に頼らず自力で耐火建築の建設が出来るようになり、その結果、共同建築より個別建替えによる小規模雑居ビルが増えていった。

防火建築帯以降の都市建築——都市デザインの展開と共に
防火建築帯の終了と防災建築街区造成法施行
　1952（昭和27）年に施行された耐火建築促進法は、防火建築帯造成事業により全国的にも大きな成果を上げ、都市不燃化の必要性を認識させる大きな力となった。しかし、防火帯建築の後背地は通常準防火地域であり、零細な敷地も多く、木造建築が密集して駐車場や公的広場等に一体的に利用することが困難な状況であった。経済高度成長期に差し掛かり、従来の建築不燃化思想に加え、都市機能の向上、環境整備等より高度な都市計画の視点に立った街づくりが要請されることとなった。1961（昭和36）年に耐火建築

2-3-3　関内駅前防災建築街区基本計画図
出典：『横浜市建築助成公社 20 年誌』

2-3-4　関内駅前防災建築街区実施現況図
出典：筆作成

　促進法を廃止し、面状の街区形態に対象を拡大して個々の敷地の建築相互の
一体性を図ると共に、事業の集団的共同化を図るために事業組合制度を盛り
込んだ防災建築街区造成法が施行された。防災建築街区造成法は 1969（昭
和 44）年に都市再開発法の制定に伴い廃止された。
　横浜市の防火建築帯のうち、関内駅前地区約 1.5ha が 1963（昭和 38）年
に防災建築街区の指定を受け、基本計画に基づき地元地権者の 3 つの街区
造成組合が結成された（2-3-3）。1967（昭和 42）年に「横浜センタービル
（現セルテ）」、1970（昭和 45）年「関内駅前第 1 ビル」、1972（昭和 47）
年「関内中央ビル」、1973（昭和 48）年「関内駅前第 2 ビル」、1974（昭和
49）年「横浜関内ビル」と合計 5 棟のビルが竣工した。これらの建築には
住居は設備されず、高層化して、防火帯建築とは一線を画すものとなった。
戦災復興期を脱して関内は、業務商業地区として都心再生が企画されたので
ある（2-3-4）。
　共同住宅を都市建築という側面から見ると、戦前から戦災復興期の共同住
宅は社会事業としての性格をもち、公的賃貸住宅が主で、住戸規模も小さ
かったので住戸機能を補う供用施設が附置され、さらに近隣の利便性を補う
商業施設等を複合する例も多かった。しかし高度成長期になると、都心部の
社会事業的な公的共同住宅は、寿町総合労働福祉会館の上層に設置された市
営住宅や民間地権者の商業業務施設の上層に建つ公団海岸通四丁目市街地住

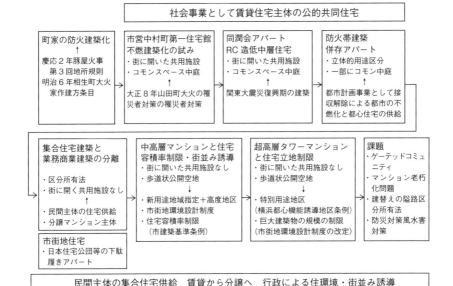

社会事業として賃貸住宅主体の公的共同住宅

町家の防火建築化	市営中村町第一住宅館 不燃建築化の試み	同潤会アパート RC 造低中層住宅	防火帯建築 併存アパート
慶応 2 年豚屋火事 第 3 回地所規則 明治 6 年相生町大火 家作建方条目	・街に開いた共用施設 ・コモンスペース中庭	・街に開いた共用施設 ・コモンスペース中庭	・立体的用途区分 ・一部にコモン中庭
	大正 8 年山田町大火の罹災者対策の罹災者対策	関東大震災復興期の建築	都市計画事業として接収解除による都市の不燃化と都心住宅の供給

集合住宅建築と業務商業建築の分離	中高層マンションと住宅容積率制限・街並み誘導	超高層タワーマンションと住宅立地制限	課題
・区分所有法 ・街に開く共用施設なし	・街に開いた共用施設なし ・歩道状公開空地	・街に開いた共用施設なし ・歩道状公開空地	・ゲーテッドコミュニティ ・マンション老朽化問題
・民間主体の住宅供給 ・分譲マンション主体	・新用途地域指定＋高度地区 ・市街地環境設計制度 ・住宅容積率制限 （市建築基準条例）	・特別用途地区 （横浜都心機能誘導地区条例） ・巨大建築物の規模の制限 （市街地環境設計制度の改定）	・建替えの隘路区分所有法 ・防災対策風水害対策

市街地住宅
・日本住宅公団等の下駄履きアパート

民間主体の集合住宅供給　賃貸から分譲へ　行政による住環境・街並み誘導

2-3-5　都市建築としての共同住宅の変遷　出典：菅作成

宅などしか見られなくなる。区分所有法も制定され、共同住宅事業は民間事業が主流となっていく。住戸規模も拡大し住機能の内製化も進み、共用施設は大きく縮小された。

　さらに、民間マンション事業では、住宅床（分譲による区分所有が大半）と商業業務床（賃貸が多い）の併設は、マンション維持管理の採算性の低下、住宅と商業施設等とのトラブル（騒音、臭気、不特定多数の人の出入りなど）回避などのために行われなくなった。その結果、関内のマンションの1階の用途は入居者の駐車場やトランクルームなどになり、都心の商業的な街並みの賑わいが分断されるようになった。近年は保安・防犯やマンションの商品価値向上のために入り口で入居者以外の人の出入りを規制するゲーテッド・コミュニティ化も進んでいる（2-3-5）。

都市デザインの発足

　1950（昭和 25）年に横浜国際港都建設法が成立し、市が都市計画事業の

主体になったが、1952（昭和27）年の日本の主権回復までは都心部や港湾の大部分は接収され手が付けられない一方で、周辺市街地では無秩序な工業化・住宅地化が進み、横浜の都市づくりは極めて跛行的な状況であった。

　関内地区が戦後始末型の都市づくりをようやく脱して、新時代に向けての都市整備が端緒についたのは、1956（昭和31）年地方自治法改正により政令指定都市になり、1957（昭和32）年の横浜国際都市総合基幹計画で人口250万人計画・港湾施設の拡充計画・臨海工業地帯造成計画などを定めた時からといってよいだろう。

　1963（昭和38）年に誕生した飛鳥田一雄革新市長は、1968年に都市問題研究者の鳴海正泰と都市プランナーの田村明を起用し、都市デザインという新しい手法を導入して都市整備が動き出す。

　6大事業（都心地区整備計画、港北ニュータウン計画、高速鉄道、高速道路計画、ベイブリッジ計画、金沢地先の埋立計画）といった公的開発プロジェクトをプロデュースした。関内地区の整備は都心地区整備計画に含まれている。これらの事業は飛鳥田、細郷、高秀の三代の市長が継続して取り組み、都市横浜の骨格を創っていくことになる。1973年には「横浜市総合計画1985」が制定されるが、この総合計画もまた、中田市長が2006年に新総合計画の策定を始めるまで続いた。

都心部強化と「横浜方式」の開発

　その後、都市デザイン行政が展開していく中、1966年には「宅地開発要綱」、72年に「まちづくり協議地区制度」、73年には都市美対策審議会、市街地環境設計制度、新用途地域指定＋高度地区指定、住居容積率制限（〜1992）などの都市デザインを推進していく基盤となる都市計画の諸制度を、国（建設省）からも民間事業者からも批判を受けながらも果敢に整えていった。都心部強化は横浜の都市デザインの主要なテーマであったが、東京への様々な都市活動や都市機能の集中の影響をもろに受ける地理的条件は、開港以来の大きなアキレス腱であった。

　関内・関外地区に関連する地域・地区制についてみてみると「最高限高度地区」「市街地環境設計制度」「用途別容積制」の3つが挙げられる。

関内・関外地区は全域商業地域であるが、都心の商業業務地区の住宅立地規制と街並みの賑わいの形成を目指して、「最高限高度地区」により建物高さは 31m（一部に 20m）に制限された。一方で、1974 年の都市計画の容積制の導入を受けて、横浜市は「横浜市市街地環境設計制度」をつくり、魅力的な広場や歩行空間を設ける建築には容積率や高さ緩和するなどのプラスボーナスを設けて、街並みの誘導を行うようになった。また、一定規模以上の開発にはこれらの規制誘導の法的な担保策として「地区計画」を併せて導入する方法も一般的となった。さらに、都心部などの特定地域における土地利用の規制・誘導施策の一つとして、用途地域の本来的な土地利用を計画的に誘導するために、横浜市建築規準条例による住宅容積制を定め、非住居系用途地域における住宅立地を極力抑制する仕組みをつくった。行政指導と都市計画制度と指導要綱、デザイン・整備基準を組み合わせて、法的規制の枠を超えて総合的に規制誘導していく「横浜方式」と呼ばれる手法を開発し展開していった。

　その後、横浜駅周辺地区と関内関外地区の 2 つの都心を連携させてより高度な都心を形成しようとする「みなとみらい 21 地区」の開発は、一方で関内地区の業務機能の縮小や MM 線開通による都心住宅需要の活発化を誘発した。2004 年の「みなとみらい線」の開通によって、関内のポテンシャルは大きく変わった。都市観光客が急激に増加する一方、業務機能のみなとみらい地区や東京への流出が加速され、その跡地の土地利用として超高層タワーマンションの建設も著しく増加した。

　都心部の超高層タワーマンションは都心居住スタイルの一つとなるものの、ビル設計の効率化の追求から建物の巨大化や単調化は都市景観に圧迫感や単調な印象を与えるだけでなく、商業的な街並みの分断も続いている。高層集合住宅の出現による地元経済の活性化を歓迎する一方で、居住と営業の相隣環境の悪化の懸念も出ている。住機能と業務商業機能の混在共存の仕方が問われているのである。

　2004（平成 16）年の景観法の制定を期に、都市デザインの新しい枠組みを創るために、2006（平成 18）年には「横浜市魅力ある都市景観の創造に関する条例」が制定された。それに合わせて横浜都心機能誘導地区建築条例

関内駅周辺

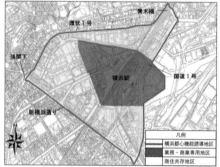

横浜駅周辺

2-3-6　特別用途地区指定図　出典：横浜市HP

により住宅不可の業務商業専用地区と商住共存地区の2つの特別用途地区が導入された。商住共存地区では、商業業務機能（誘導用途）の立地を誘導するために、住宅容積率を上限300％とし、誘導用途を設ければ誘導用途に供する部分の容積相当分を上限に加算を認めるとした（2-3-6）。

　改正横浜市市街地環境設計制度と関内地区都市景観形成ガイドライン（市街地環境設計制度の景観に関する指針）が制定され、市街地環境設計制度でも高層部の建物長さを70m以下とし、高さの緩和限界を75mに定め、巨大な共同住宅建築の立地を制限している。

新しい都心の姿の模索

　横浜の都市デザインは、個々の敷地単位の建築誘導だけではなく、街区・通り・地区レベルでの敷地計画や建築・オープンスペースの相互関係を調整することを意図して進められてきた。しかし、街区単位や地区単位での開発事業はみなとみらい地区や港北ニュータウンなどの面的開発に限られ、敷地単位での誘導に留まることが多く、都市デザインの意図するところが、その敷地から通りや街区に広がっていくかは、行政を始め関係者の調整意欲に依らざるを得ないのが現実である。

　一方、建築単体への規制誘導だけでは不十分であるとの声もある。用途配分や建物規模の規制だけでなく、人口減少期の家族形態や国際化を考慮に入れて、職住近接・職住一体型の住戸・住棟計画や居住サポート機能の複合化など、横浜の都心居住のあり方を考え、街づくりとして誘導していく必要が

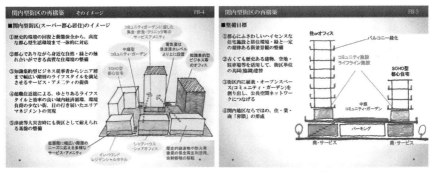

2-3-7　関内型街区の再構築　　　　　　　　　　2-3-8　関内型街区の再構築
出典：横浜市平成 27 年度関内駅周辺地区再整備検討業務報告書

あるという考え方である。

　2014 年から 16 年にかけて行われた関内・関外地区のこれからの街づくりについての「横浜街づくりラボ」では、関心の深い市民・地元商業者・市内外の企業人・建築や都市計画の専門家など延べ 600 人が 7 チームに分かれ 12 回に亘ってワークショップを行い、その成果を公表している。その中に「関内型街区の再構築」を提案したチームがあった。防火建築帯の考え方のように、単体ではなく少なくとも街区単位の都市建築群として、敷地の高度利用と都心居住環境の向上を目指す街区更新のガイドラインの必要性を提案していた（2-3-7、2-3-8）。このような議論がこれからも行われ、新しい都市デザインの手法に結実することを期待したい。

　また、文化芸術創造都市の観点から遊休不動産の創造的再生の動きとして、横浜ならではの倉庫や防火帯建築の空き室のスタジオやアトリエへのリノベーションと若手アーティストやクリエイターの入居による街の活性化を目指す芸術不動産事業や、中小中古ビルをマスターリースしてリノベーションし、起業者・個人事業者向けのタイムシェアオフィス・スモールレンタルオフィスを賃貸し、共用会議室やコピー機などを備えたコミュニティスペースを提供する民間事業が始まっている。防火帯建築のリノベーションの動きは、泰生ビル、弁三ビル、泰生ポーチ、新井ビル、常盤不動産ビル、関内モダンビル、徳永ビル、吉田町第一名店ビルと広がっている。これらのリノベーションビルには入居者だけでなく一般市民も自由に利用できるフリースペー

スが設けられることが多く、これも一つのコモンスペースと言えよう。関内
外オープンというアーティスト・クリエイターと市民や企業との交流のイベ
ントも併せて行われている。

　2020年の新市庁舎完成に伴い、これまで関内各所の複数の民間ビルに入
居していた市役所機能が新市庁舎に移転する訳で、現市庁舎を含め発生する
大量の空室をどう活用し、街の活性化に寄与させていくか、「創造都市」政
策の真価が今後問われる。

　2019年には横浜市も人口減少期に入るとの予測もあり、SDGsへの対応
模索も含めて関内・関外地区の旧都心再生は、これからの都市と建築につい
てどのような新たな価値観を構築するのだろうか。

　関東大震災、大戦時の横浜大空襲の被災と敗戦による都心部接収からの復
興を見事に成し遂げ、みなとみらい21地区開発により都市間競争に伍して
きた横浜は、高齢化・人口減少社会下の経済鈍化や世界的な都市間競争の中
で、IR開発による起死回生に乗り出そうとしている。すでに「みなとみら
い21地区」というIR（カジノは無いが）が開発されている中、21世紀中
前期の野心的な都市開発となるのか、今後の動向が気になるところである。

防火帯建築の評価

　本章の終わりに改めて、横浜都心部における防火建築帯造成事業の意義と
その評価について都市デザインの視点から考えてみたい。

　まず、横浜の都市づくりの仕組みとして4つの視点で評価しておきたい。

　第一に、戦後の復興都市計画として基盤整備だけでなく建築物までもコン
トロールして都市の不燃化を進め、一定の都市景観の形成を意図していたこ
とである。それも他都市の防火建築帯のように目抜き通りの商店街を線状に
整備して終わるのではなく、長屋型共同建築や中小規模の単体雑居ビル群を
街路に沿って連担させ、計画的な建築群で都心部全体の都市空間を形成しよ
うという、日本では画期的な都市づくりを目指していた。ハンブルグの復興
計画を参考にしたと伝えられるが、ドイツのBプランを彷彿させる計画で
あった。我が国ではニュータウンや既成市街地の一定規模の街区開発で、マ
スタープランに建築の配置や形態形式を描き込み、それに準拠しながら建築

計画を具体化することはみられるが、このような例は聞かない。全体として
は未完に終わったが、ヨーロッパの旧市街地のような街区の中庭を囲む一定
の高さの建築群が道路に沿って壁面とスカイラインを揃えて立ち並ぶ都市建
築の街並みを意図したことが窺え、吉田町、弁天通り、福富町などでその片
鱗を見ることができるが、元町商店街、馬車道商店街の街づくりなどにその
思想は継承されていると考えたい。

　第二に、１階を店舗、２階を事務所、３階以上を住居として、一つの建物
に都市の基本機能を立体的に収容する立体的な用途誘導により積極的に住宅
を都心に立地させ、仕事と暮らしの場を近接させ、街に開いた複合的な都市
建築のモデルを示して、24時間人々が活動する都心の形成を目指したこと
を評価したい。現在、さまざまな関係者が関内・関外地区の将来像を議論し
ているが、横浜都心の活力の一つとしてそこに住民が暮らしていることが大
切であると思う。高度成長期以降の商業業務ビルとマンションに分離された
モノ・ファンクションの建築による平面的な土地利用区分ではなく、現在の
ゲーテッド・マンションを街に開いた都市建築にするには、低層部は商業業
務、上層部は住宅という立体的土地利用にもう一度注目していきたい。

　第三に、街区内に中庭、共用通路、屋上テラス（主に洗濯物干場として機
能）など、立体的なオープンスペースとしてのコモンスペースが計画された
ことである。これらは住戸住棟の通風採光、アクセス、サービスヤード、交
流空間として使われ、住・商・業機能を補完する中間領域として都市に開か
れた防火帯建築の性格を明示している。こうしたコモンスペースの思想は、
山下公園通りの産業貿易センターと県民ホールのペア広場、馬車道常盤通交
差点の４つのビルの公開空地を始め、いくつもの公開空地に継承されている。
ただし、公開空地の活用については、日常の通行とは認められない行為の禁
止や管理者の管理コスト増・責任問題になりそうな行為の過度な規制を改め、
もっと個人が自由に休息できるベンチの設置や緑陰の提供、アーティストな
どによるライブパフォーマンスやビルオーナーやテナントによるオープンカ
フェ・マルシェの開催など多彩な使い方との調整が行われるべきと思われる。

　第四に、地権者の共同により長屋形式や併存アパートによる共同建築、さ
らに中小規模の単体ビルの連担を図って、街区あるいは通りの街並み空間を

形成する街づくりに地権者、横浜市、神奈川県住宅公社がスクラムを組み、官民連携してリスクを負い、共同化して一体的な秩序ある都市建築を都心部で広範に展開した協働事業の智恵を評価したい。こうした協働は都市デザインでも重視され都心部の再整備・再開発で展開されている。

こうして官民一体となって都市建築群を造った経験が、その後の都市デザイン行政の成功に繋がっていったと思われる。

しかし、固いRC建築と共同化による複雑な権利関係は、その後の高度経済成長期に建替えの足枷になり、横浜駅周辺やMM21地区などに都心の優位性を次第に奪われていくことになった。現在、かなりの防火帯建築が建替えもせず現存しているのは、特に権利関係の複雑な状況がその大きな要因になっているのではないかと推測される。近年、団地再生などで区分所有共同住宅が建築物の更新ひいては都市の更新を妨げる要因の一つに指摘されているが、防火帯建築もその部類にあるともいえよう。

経済成長と共に関内地区が中心市街地として再生してゆくに従い、共同住宅併存から業務商業ビルへ、共同建築から個別地権者による建築へと都市建築は変貌し、防火帯建築の時代は終わっていったのである。しかし、今も残る防火帯建築は、芸術不動産事業など官民の取り組みを通して、新しい街の担い手の活動拠点として注目され始めている。

【参考文献】
1) 横浜市『横浜市史』有隣堂、1971～
2) 横浜市企画調整局『港町横浜の都市形成史』都市形成史調査研究委員会（入沢恒委員長）、日本都市計画学会、1981
3) 梅津章子「港都横浜の都市形成」『日本の美術№473』至文堂、2005
4) 亀井伸雄「近代都市のグランドデザイン」『日本の美術№471』至文堂、2005
5) 岡本哲志＋日本の港町研究会『港町の近代——門司・小樽・横浜・函館を読む』学芸出版社、2008
6) 『写真集　甦る幕末　オランダに残されていた800枚の写真から』朝日新聞社、1986
7) 岩壁義光『横浜絵地図』有隣堂、1989
8) 横田洋一『横浜浮世絵』有隣堂、1989
9) 半澤正時『横浜絵葉書』有隣堂、1989
10) 横浜市歴史博物館『絵地図・浮世絵に見る開港場・横浜の風景』2009
11) 川崎・砂子の里資料館『横浜浮世絵——近代日本をひらく』2009

12）神奈川県建築士会『神奈川県建築史図説』技報堂、1962
13）神奈川県建築士会『図説近代神奈川の建築と都市』2013
14）水沼淑子「関東大震災以前の横浜市営住宅館に関する研究（その1〜その4）」日本建築学会計画系論文報告集、1986〜1989
15）小沢朝江・水沼淑子『日本住宅史』吉川弘文館、2006
16）内田青藏・大川三雄・藤谷陽悦『図説・近代日本住宅史』鹿島出版会、2008
17）内務省横浜土木出張所『横浜港震害復旧工事報告』1929
18）横浜市港湾局臨海開発部『横浜の埋立』技報堂、1992
19）運輸省第二港湾建設局京浜港工事事務所『横浜港修築史——明治・大正・昭和前期』1983
20）高村直助『都市横浜の半世紀——震災復興から高度成長まで』有隣新書、2006
21）（公財）横浜市ふるさと歴史財団近現代歴史資料室『震災復興と大横浜の時代』横浜市史資料室、2015
22）（公財）横浜市ふるさと歴史財団近現代歴史資料室『占領軍のいた街——戦後横浜の出発』横浜市史資料室、2014
23）初田香成『都市の戦後——雑踏の中の都市計画と建築』東京大学出版会、2011
24）越澤明『復興計画——幕末・明治の大火から阪神・淡路大震災まで』中公新書、2005
25）㈶横浜市建築助成公社『横浜市建築助成公社20年誌』1973
26）神奈川県都市部都市政策課『神奈川県都市政策史料第1集〜第4集』1985〜1989
27）NPO日本都市計画家協会横浜支部関内デザイン研究会『横浜関内都心地区——その歴史的形成過程とデザイン再生モデルの研究』2006
28）神奈川県住宅供給公社『横浜関内地区の戦後復興と市街地共同ビル』2014
29）NPOアーバンデザイン研究体『横浜関内関外地区・防火帯建築群の再生スタディブック』2009
30）神奈川大学中井研究室『BA　横浜防火帯建築研究』№1〜13、2015〜
31）横浜国立大学大学院イノベーション学府建築計画研究室『Study Book 戦後復興モダン建築再生スタディ』2016
32）「ハマの建物巡り」『季刊誌横濱 vol.44』神奈川新聞社、2014
33）「BnkART news 特集号 vol.12」BankART1929、2018.3.31
34）田村明他市職員「自治的地域空間の構造化・行動する自治体＝横浜からのレポート」『SD』鹿島出版会、1971.10
35）田村明他市職員「横浜＝都市計画の実践的手法 その都市づくりの歩み」『SD 別冊 №11』鹿島出版会、1978.11
36）高秀秀信他市職員「都市デザイン横浜 その発想と展開」『SD 別冊 №22』鹿島出版会、1992.3
37）横浜市都市整備局都市デザイン室『横浜の都市デザイン』2012
38）横浜市「平成27年度関内駅周辺地区再整備計画検討業務報告書」2016.3

コラム ....

歴史資産としてみた戦後建築——都橋商店街ビルを例に

桂 有生

1 横浜の都市デザインにおける「歴史を生かしたまちづくり」

　歴史的建造物保全に際して横浜市では、文化財に加えて、都市デザインの文脈から「歴史を生かしたまちづくり」を行うことで、より複合的に横浜らしい建造物や土木遺構を後世に伝えるよう努めてきた。横浜の都市デザインは「魅力と個性ある、人間的な都市の実現」を目標に、1971 年から専門部署を設置して先駆的に取り組んできたもので、高度経済成長期当時、ないがしろにされていた歩行者や地域の文化、地形、交流といった人間的価値を徹底して擁護してきた。車や経済ではなく「人間」が主役である都市をつくるために、当初から「歴史」も横浜らしい大切にすべき価値の一つに挙げてきた。歴史的建造物は、開港都市としての出自を今に伝える生き証人として、また震災・戦災を潜り抜けてきた希少性の意味でも価値の高い横浜の魅力と個性そのものと言えよう。

　「歴史を生かしたまちづくり」の制度としての誕生は 1988 年。文化財のように建築そのものの価値ではなく、市民に長年親しまれてきた「景観的価値」とその公共性に着目し、「外観の保全」を支える仕組みとなっている。現在の損保ジャパン日本興亜横浜馬車道ビル（旧川崎銀行横浜支店）を認定第 1 号として歴史を生かしたまちづくりはスタートするが、その背景には歴史的建造物を残したいという地元・馬車道商店街の強い要望があった。

　また、建築を後世に残していくには何よりも使い続けることが昨今、特に重要で、そのため場合によっては内部や設備の更新が必要となるが、外観保全を目的としている「歴史を生かしたまちづくり」では内部の改変に対して

柔軟である。保全の方法も現地・現物保全から、復元・移設についても許容し、増築による高度利用など多様なメニューを用意することで、歴史的建造物の所有者に出来るだけ寄り添うことを旨としている。

　また、歴史を生かしたまちづくりでは、文化財とは違い、必ずしも建築的な価値は高くなくても良い。むしろ、「横浜にとって重要」な建築や土木遺構を扱えることがその特徴となっている。「歴史を生かしたまちづくり」の歴史的建造物には、景観上価値がある歴史的建造物として台帳に掲載する「登録」と、その中でも重要な価値があり、所有者の合意も得て、横浜市が助成を行うことの出来る「認定」の二種類がある。

2　「歴史を生かしたまちづくり」の戦後建築への取り組み

　2000年代に入って都市デザイン室でも、歴史を生かしたまちづくりでの戦後建築の認定を視野に入れ始めた。その時点で戦後50年以上が経過し、「広島平和記念資料館」や「世界平和記念聖堂」「日土小学校」といった文化財指定の事例が出てきたことも後押しとなって、横浜でも村野藤吾や坂倉準三、前川國男など著名建築家による「モダニズム建築」や、戦後・接収解除後の復興期を支えた「防火帯建築」、「米軍住宅」といった戦後建築への登録・認定への気運は徐々に高まっていった。国立西洋美術館を含むル・コルビジェの建築群が世界遺産指定されたことも、モダニズム建築への一般的な理解度向上に繋がった。

　ただ、それでも戦後建築の装飾を排除した意匠や、工業製品の組合せであることによる再現可能性、淡白で一般受けしない外観、そもそも残されている戦後建築の多さ、さらにはいつからが「歴史的」と言えるのか（例えばオリンピック以前？）といったモヤモヤとした説明の難しさが山積している状態の続くことで、戦後建築の歴史的建造物への登録・認定は遅々として進まなかった。

　その間、都市デザイン室では地道な取り組みとして、市の都市整備局と建築局職員有志による戦後建築研究会を行い、do・co・mo・moをもじった「yo・co・mo・mo・25選 [1]」とその選考基準を示すなどして、まず庁内で

の気運を高めようと試みた。25選には村野藤吾による現在の市庁舎や県立図書館・音楽堂、横浜中央病院といったモダニズム建築だけでなく、蒔田小学校の円形校舎、一連の防火帯建築や野毛都橋商店街ビル、柳宗理による野毛のつり橋と市営地下鉄の一連のデザイン、クリフサイドといった横浜の戦後を語る上で重要な建造物を、文化や都市デザインの担い手といった、多様な視点から選定した。こういった取り組みは一見して地味ではあるが、重要な意味を持つ。と言うのも横浜市の庁内で、例えば防火帯建築という言葉を知っている職員は、芸術不動産事業[2]などで実際に関わったことがある者など、かなり限定的であるというのが当時の状況であり、まずは庁内の各部署が戦後建築の様々な存在を知る、という意味で一定の効果があった。その他にも庁内や一般の方々を対象とした戦後建築の講演会（都市デザイン研究会）で、日本近代建築史に詳しい吉田鋼市先生（横浜国立大学名誉教授）に登壇して頂いたり、近代建築を対象としたまち歩きを開催するなどして、少しずつ庁内外の気運を高めていく作戦をとった。

　一般的に歴史的建造物の保全については「守る」というイメージを持たれるかと思うが、実際の現場には「守る」にはそのための新しい価値観をつくるという積極的な「攻め」の意識があることはあまり知られていない。歴史を生かしたまちづくりも、当時は開発圧力にさらされ、価値を認められていなかった歴史的建造物を実験的にライトアップし、文字通り光を当てることで市民にもその価値を再認識してもらいながら、制度化を進めていった経緯がある。つまり、歴史的建造物は良いもの、残すべきものである、という価値観をつくることで、結果守ることにつなげてきたのだ。

　戦後建築に関しては、2014年にホテルニューグランド本館（1992年に認定）の屋上看板（東京オリンピックに合わせて設置したもので、戦後の構造物）復元を保全部位に加えて、戦後建築認定へのリトマス試験紙とした。この看板は既にそれを含めた景観が市民権を得ていたものではあるが、山下公園通りでは海に向けた広告が禁止されているため、屋外広告物審議会による特認も合わせて取得している。その他、この時期は神奈川県による新庁舎（坂倉準三）の免震化とブリーズソレイユの更新、増築がオリジナルの設計者である坂倉事務所によって行われ、横浜市の創造都市・芸術不動産（民間

主導による活用の検討）では防火帯建築が対象となり、市庁舎移転に伴う現庁舎街区の利活用検討が加速するなど、戦後建築は少なくとも重要な変化の時期を迎えていた。

3　野毛都橋商店街ビルの指定と今後への展望

　そのような状況下の 2016 年、野毛都橋商店街ビルを戦後建築初の歴史的建造物として登録することとなった。少し唐突ではあったが、結果としてモダニズムのようなネームバリューに頼ることなく、「横浜にとって重要」な建築である野毛都橋商店街ビルが先陣を切ることになったのが興味深い。

　野毛都橋商店街ビルは大岡川沿いに細長く連続する建物で、何となく防火帯建築と似たような街並みを形成してはいるが、防火帯建築とはまた違った状況で誕生している。先の東京オリンピックの開催に向けて、戦後の混乱期から続く 60 数店の露店が移転に合意し、その収容のために建設されたのが

野毛都橋商店街ビル外観

野毛都橋商店街ビル外飲食街入口

野毛都橋商店街ビルである。河川敷と道路を占用してつくられていることに当時の苦労がしのばれるが、この敷地の特異性により、一度解体すれば二度と建てることのできない建物となっている。川側から見ると大岡川の流れに沿って緩やかに弧を描きながら逃げていくので、先が見えずどこまでも続いていそうな雰囲気がある。飲食店のサインや窓からの漏れ光が川面に映って、美しいとまでは言わないまでも、独特の風情がある。元が露店だった店舗なので1軒1軒は極端に狭く、多くは10人と入れないような店舗だが、それが多様で個性的な店舗の集積につながって、一帯の飲み屋街の象徴的な建物、野毛らしい賑わい、景観として市民からも愛されている。1階にはかつて物販が入っていたが、現在ではほとんどが飲食に様変わりしており、道路側から見れば2階の飲食店の看板が弓なりに連なっているのも面白い。聞けばこの内／外で異なる外観は、設計時に既に美観を意識して1、2階の入口をそれぞれ道路側、川側にと振り分けたことによるのだそうだ。

　2度目の東京オリンピックを控えたこの時期に戦後建築初の登録となった、このどこからどう見ても立派な飲み屋ビルは、建設の経緯から公益財団法人横浜市建築助成公社の所有であったが、登録と時期を同じくして公益社団法人横浜歴史資産調査会に譲渡されている。市の財政状況からも今後無尽蔵には歴史的建造物の保全に対して市費を投入出来ない中で、戦後建築に保全の対象を広げるに当たっては、これまでよりも活用や運営といった視点が重要となる。そういった意味でも、野毛都橋商店街ビルはある種の試金石である。また、同様の文脈から、時期を同じくして歴史的景観保全事業をふるさと納税のメニューに追加もしている。賑わいも景観のひとつと考える横浜の都市デザインにおいて今後、防火帯建築が歴史的建造物に認定されていくことになるならば、建築的なオーセンティシティよりもむしろ、1階飲食店の変遷

による増改築の積層や上層階のコワーキングスペースなど様々な用途へのコンバージョンといった、新たな活用状況も合わせて評価していくことになるだろう。

4　戦後建築におけるモダニズムの状況と現庁舎街区活用事業

　実のところ、歴史を生かしたまちづくりの戦後建築の認定・登録の検討は、必ずしも野毛都橋商店街ビルを当初からメインターゲットとして進んでいた訳ではない。むしろ、その価値が理解されやすいのは著名建築家によるモダニズム建築たち、例えば前川國男による神奈川県立図書館・音楽堂、坂倉準三による神奈川県庁新庁舎やシルクセンター、それに村野藤吾による7代目横浜市庁舎などであろうと考えていた。モダニズム建築の多くは公共建築であり、歴史を生かしたまちづくりの考える景観の公共的価値を、ある意味では率先して担うべき存在でもあったからだ。また、神奈川県立図書館・音楽堂は、老朽化による建替えが検討された90年代、むしろその過程で市民の支持が明らかとなって危機を乗り越えた事例である。2000年代以降は、7代目横浜市庁舎や神奈川県庁新庁舎のように、耐震・免震工事などの長期活用を目指した改修を行う事例も出始めていたため、これらモダニズム建築のどれかを、と考えることは自然な流れでもあった。

　ところが2014年、横浜市は新市庁舎の建設、北仲地区への移転を決め、その後には現庁舎街区の活用を民間提案に委ねることを決めたため、保全という意味では一歩後退する形となった。そんな中、横浜市建築助成公社の将来的な解散をにらんで、野毛都橋商店街ビルの横浜歴史資産調査会への譲渡が急浮上、戦後建築として初の登録歴史的建造物となった話は先

7代目横浜市庁舎（現庁舎）

述のとおりである。

　一方、現庁舎街区検討に際しては、市として7代目市庁舎を保全活用するという明確なビジョンを打ち立てるまでは至らなかったものの、その建築の貴重性や街区自体のまちづくりにおける重要性、果たすべき役割を記載した「関内駅周辺地区エリアコンセプトブック」を策定し、事業者選考基準の中で現庁舎の価値を説き、事業者の提案を保全へと誘導することに最後まで諦めずトライしたことは、都市デザイン室らしい粘り腰であったと思う。

　その後、2018年12月には現庁舎街区の活用検討を契機とした戦後建築の評価基準の制定（歴史を生かしたまちづくり要項の改定）を行うこととなった。基準自体は戦前の建築物と同様、横浜の魅力、特色を生み出している建造物を対象としているが、横浜の都市デザインを語る上で欠かせないストリートファニチャーなども対象に追加、その上で戦後建築に関して「建造物的価値」については特徴的な設計思想を表す意匠などを、「歴史的価値」については地域の経験・特色を表し、都市発展史や文化・生活史において顕著な役割を果たしたもの、「景観的価値」は市民に愛され使い続けられている街並みを構成するもの、と詳細を記載して、「築造後概ね50年を経たもの」と戦後の時間的な評価基準をようやく明記することができた。これによって著名建築家によるモダニズム建築はもとより、防火帯建築についても、特に歴史的・景観的価値について評価することが出来るようになったと言えよう。

　そして2019年9月、現市庁舎街区活用の事業予定者として三井不動産を代表とするJVが選定された。懸念の現庁舎建物については行政棟を保全、一部改修の上、JVに参加する星野リゾートが観光回遊拠点としてレガシーホテルに活用する、という提案も評価の大きな要素となった。まさにまちづくりの文脈の中で、戦後建築に発展的な命が吹き込まれるような期待の持てる提案となっており――もちろん市会棟や、特に市民広間といった現庁舎の建築的な価値を支えていた空間が失われてしまう喪失感もあるものの――想定されうる限りではベストに近い提案となったのではないかと考えている。7代目市庁舎は職員退去の後、オリンピック・パラリンピック関連施設として使用された後に工事期間に入り、2025年の新規開業が見込まれている。

5 防火帯建築の残し方

　ここまで、戦後建築として初の歴史的建造物として登録となった都橋商店街ビル、モダニズム建築、特に執筆時点で現庁舎と呼ばれる7代目横浜市庁舎を事例に、横浜市都市デザイン室の戦後建築における保全／活用に向けたトライアルを見てきた。防火帯建築の保全を考える時に、面的に計画された防火帯建築のつくる関内・関外地区の低層で整った街並みが、他都市や、横浜都心部の他のエリアとも違う、地域の特徴をつくってきたことは評価につながる一方で、その量と均質性が希少性の低さへとつながり、これまでの歴史的建造物のような形で残していくには障害となることが予想される。端的に言ってしまえば、全ての防火帯建築に税金をつぎ込んで残していくのは現実的ではない。

　その状況下で防火帯建築をある一定量、街並みとして後世に残そうとするならば、例えば吉田町が行っているようにユニークベニューの資源として着目し、まちづくりの文脈の中で「活用」していく他にないだろう。その取り組みは民間不動産会社などでも既に始まっているし、横浜市でいえば、文化観光局の芸術不動産事業や経済局のヨコハマ・イノベーターズ・ハブといった取り組みが、関内地区のストックとしての防火帯建築に注目している。まちづくりや都市デザインの観点からも、これらの取り組みに公共空間利活用やエリア・ブランディングの視点を加えて、三局一体で取り組んでいこうと模索を始めたところである。この模索の先に、活用や運営との組合せによる戦後歴史的建造物や防火帯建築の「横浜らしい残しかた」がきちんと育つようにしていきたいと考えている。

　また、神奈川県立図書館・音楽堂や都橋商店街ビルのように、市民の支持を得た建造物というのはやはり強い。防火帯建築にも今後同じようなファンをつくることが、多くの防火帯建築を残すことに繋がるだろう。

【注】

(1) yo・co・mo・mo・25選：戦後から30年の1975年までに建てられた建造物で、①横浜のランドマークになっている②横浜の歴史・文化を継承している③意匠・工法が特徴的である④希少性が高い、のいずれかに該当する以下の建造物。（研究会に参加した職員有志による選出）

1．クリフサイド（不詳）、2．リスト本社ビル（山下寿郎）、3．神奈川県立図書館・音楽堂（前川國男）、4．シルクセンター（坂倉準三）、5．横浜市立蒔田小学校円形校舎（建築総合計画研究所）、6．7代目横浜市庁舎（村野藤吾）、7．横浜中央病院（山田守）、8．マリンタワー（清水建設）、9．神奈川県青少年センター（前川國男）、10．横浜市立大学本校舎（村野藤吾）、11．都橋商店街ビル（創和建築設計事務所）、12．神奈川県新庁舎（坂倉準三）、13．桜台ビレジ（内井昭蔵）、14．かをり本社ビル（不詳）、15．桜台コートビレジ（内井昭蔵）、16．野毛山公園の吊り橋・案内板（柳宗理）、17．こどもの国皇太子記念館（浅田孝）、18．KRCビル（レーモンド建築事務所）、19．市営地下鉄ブルーラインのサイン・ファニチャー・色彩計画（榮久庵憲司／柳宗理／粟津潔）、20．保土ヶ谷の家（清家清）、21．吉田町の防火帯建築、22．馬車道の防火帯建築、23．三井倉庫（不詳）、24．大さん橋近辺の小建築群、25．神奈川県警察本部・尾上町分庁舎（不詳）

(2) 芸術不動産事業：横浜市が進める文化芸術創造都市（クリエイティブ・シティ）の理念のもと、その担い手であるアーティスト・クリエーターの集積によるまちの活性化の取り組みとして、関内・関外地区の遊休不動産のオーナーの方々と協働し、民設民営型の活動拠点を創出する事業。

第3章　横浜防火帯建築の空間を読む

中井邦夫

　本章では、防火帯建築そのものの実体的、空間的なデザインに焦点を絞り、その実像から今日的意義を読み解くことを主眼とする。とくに防火帯建築の「都市建築」としての特質、すなわち建物単体であると同時に都市の部分であることに着目する。まず、横浜防火帯建築の一般的なデザインの特徴について述べ、次に横浜の防火建築帯計画が未完に終わったことで、「帯」ではなく各地域に「点」として散らばっていることなどに注目し、それぞれの地域における街並みやオープン・スペース、持続性の基点としての防火帯建築の特徴について述べる。そして最後に、周辺の都市空間を再編する新たな都市建築類型の仮説として、「コア・ビルディング」の考え方を提示し、その可能性について考察する。

3-1　防火帯建築のデザイン

全国の防火建築帯
　戦後に各地で建設された防火建築帯は、大火や震災、戦災に悩まされてきた日本の都市の不燃化を主目的として構想され、街路に沿って帯状に建ち並ぶ耐火建築による延焼防止壁を形成しようとしたものである。防火建築帯建設の契機となった1952年制定の「耐火建築促進法」は、その耐火建築物の具体的な形状を規定している。すなわち規模は地上3階建て（3階建てを前提とした2階建ても含む）以上、奥行き11ｍ（約6間）以上とし、また間口長さをできるかぎり確保するために、複数所有者の共同ビルが推奨された。
　防火建築帯の代表的な事例としては、大火による災害復興のため、同法適用第1号として建設された鳥取市若桜街道（1953～54）や、当時日本建築

3-1-1　鳥取市若桜街道（2016年現在）

3-1-2　沼津市アーケード名店街（完成当時）出典：沼津市役所HPより

3-1-3　魚津市の中央通り名店街（完成当時）出典：『燃えない商店建築図集』（不燃建築研究会、1959）

学会賞（行政）を受賞した静岡県沼津市のアーケード名店街（1953）、こちらも大火復興のために建設された、長大な規模と統一感あるデザインで知られる富山県魚津市の中央通り名店街（1957）などが挙げられる。

　これらの防火建築帯が建てられた場所は、もともと数多くの店舗が建ち並ぶ街道筋が多く、基本的にその街道筋沿いだけの「線」的な計画であった。そのため、防火建築帯は沿道型あるいは街区型建築に近い形式を前提としており、道に沿った水平方向のつながりが強調されたデザインの外観が特徴的である。あまり意識されていないが、こうした建物は、敷地ごとに高い建物が建ち並び、垂直方向が強調される傾向にある現代の都市では、もはやほとんど建てられることがないので、実は貴重な建築の形式である。また当時は区分所有法も大手デヴェロッパーもなかったこともあり、防火建築帯の平面は、各店舗の所有区分を反映したかたちで分割され、また断面的には1階を店舗、2階以上を住居とする、いわゆる店舗付住宅の長屋形式になる場合が多かった。こうした各地の防火建築帯は、現在でも数多く残されており、戦後からこれまでの各都市の骨格をかたちづくってきた。防火建築帯の建設は、歴史的にあまり語られることが少なく、建築や都市デザインの専門家の間ですらあまり知られていないが、国家や自治体による法律や補助金などの整備のもと、公社や民間が主体となって推進された、戦後の画期的な官民共同の復興建築プロジェクトであり、知られざるユニークな都市建築運動として位置づけられるだろう。

横浜の防火建築「帯」と防火帯「建築」

　主要な通りに沿って「線」状に造成された全国各地の防火建築帯に対して、横浜の防火建築帯は、約100〜200ｍ四方の街区を囲むように、いわば「面的」に計画された点に大きな特徴がある。当時の文献に掲載されている横浜防火建築帯の模型（3-1-4）は、未完に終わった防火建築帯の完成予想形も表現されているが、そこには、街区の外周部分を防火建築帯が囲み、その内側には中庭が設けられ、中庭にもいつくかの耐火建築が建っている。その解説にはハンブルグの復興計画（3-1-5）が参照されたとあり、そのことに触れている当時の建設省住宅局建築防災課長であった村井進の論説からもわかるように、欧州の伝統的な都市によくみられる街区型建築をベースにした、新たな横浜の都市像が描かれたのである。ただし、横浜で指定された防火建築帯総延長37kmのうち、実現したのは３割にも満たない９km程度に留まった。このことは、横浜における防火建築「帯」の計画が未完に終わり、結果的に防火帯建築のほとんどは「点」として各所に分散して存在することとなったことを意味する（わかっているだけで440棟を超える防火帯建築が建てられ、その半数近くが現存するといわれる）。

　こうした横浜防火帯建築のデザインを読み解く上で、まず本節では、その一般的な形式や特徴について明らかにしておきたい。本書で防火帯建築と呼んでいる建物は、鉄筋コンクリート造３〜５階建ての沿道型建築ということはほぼ共通であるが、平面や断面、外形の構成、構造形式などにおいて、それぞれいくつかの異なった特徴がみられる。たとえば平面においては、土地所有権に応じた空間分割の有無が、その形式の違いに大きく関わっている。また断面的には、１階を店舗、上階を店主の住宅とした「店舗付住宅」の形式のほか、その上にさらに

3-1-4　横浜防火建築帯の模型
出典：『横浜都市計画概要』横浜市建設局計画課、1953、横浜市中央図書館所蔵

3-1-5　ハンブルグ市中心部の復旧計画
出典：『建築雑誌』1953年8月

賃貸アパートが載った、いわゆる「下駄履きアパート」が特徴的である。また建物の外形も、街区のいくつの辺やコーナーを占めるのかによって特徴が異なるし、構造形式にもそれぞれ工夫がみられる。以下ではまず、平面的、断面的な所有形態（区画）および構成の違いによるいくつかのタイプを説明し、そのあと外形および構造形式についての特徴について述べる。

単独ビル

　平面的な区画割りもなければ上下層の分割もない、単独の区画による比較的シンプルな構成のビルである。内部や出入口を所有者ごとに分ける必要がない単一所有者によって建てられたものが多く、大中小さまざまな規模のものがあるが、一般的には、地上階にはオーナーの店舗や事務所、あるいはテナントが入り、上層階には賃貸事務所や所有者の住居が積層するものが多い。防火帯建築の多くが助成を受けた横浜助成公社の融資リスト（以下、助成公社リスト）を見る限りでは、1952年頃の初期の防火帯建築は、中小規模の単独ビルが多い。同リストにおける防火帯建築第1号は、建築面積121㎡、3階建ての万国貿易ビル（築1952、すでに解体）（3-1-6）であり、また同じ年に建てられた堀越ビル（現存）（3-1-7）も建築面積98.6㎡の小さな3階建てのビルである。一方、中規模といえるものでは、同リストによれば1952年に建てられた沼田ビル（現・平山ビル、建築面積253.0㎡、地上4階、地下1階）（3-1-8）が比較的初期のものといえる。

　なお、単一所有者のビルは、助成公社リストに記載されている約500棟の

3-1-6　万国貿易ビル
（1952）　出典：『融資
建築のアルバム』

3-1-7　堀越ビル（1952、左：現況（現・早川ビル）、右：古写真）
出典：『融資建築のアルバム』

うちおよそ8割を占めている（そのなかには単独ビルのほか、後述する下駄履きアパートなども含まれる）。

3-1-8　沼田ビル（1952、左：現況（現・平山ビル）、右：古写真）
出典：『融資建築のアルバム』

長屋ビル

　複数所有者の店舗付住宅などが連なる、分割所有の長屋式共同ビルで、全国の防火建築帯に最も多くみられる形式でもある。俗に「コンクリ長屋」とも呼ばれる。一棟の所有者数は多いものでは、10名前後のものもみられる。助成公社リストによると、横浜における長屋ビルの初期の事例は、伊勢佐木町2丁目に現存する5者による共同ビル（現・キヨビルほか、建築面積390.52㎡、地上4階、地下1階、1953）（3-1-9）や、同じく5者による末吉町共同ビルディング（同340.35㎡、地上3階、1953）（3-1-10）であるが、とくに伊勢佐木町通り沿いには、長屋ビルが数多く建てられた。これらは、構造的には一棟の建物でありながら、内部は所

3-1-9　伊勢佐木町2丁目共同ビル（1953、左：現況、右：古写真）　出典：『融資建築のアルバム』

3-1-10　末吉町共同ビルディング（1953、左：現況、右：古写真）　出典：『融資建築のアルバム』

有者ごとに明確に分割され、各区画に独立した縦動線を有し、原則として相互の行き来はできない。また外観は、建設当初は統一された外装によってひとまとまりの建物としてデザインされているものがほとんどであるが、その後の改修・改装はオーナーが個別に実施するため、現在では所有区画ごとに別々のビルであるかのような外装となっている場合が多い。

下駄履きアパート

　下駄履きアパート（または下駄履き住宅）とは、「下層階（1〜2階程度）が店舗や事務所などの非住宅部分、それ以上の上層階が共同住宅で構成された建築物」（『図解建築用語辞典』理工学社）とされ、長屋ビルとともに全国の防火帯建築によくみられる形式である。ちなみに、当時の下駄履きアパートとしては、耐火建築促進法施行以前の1950年から建設が始まった京都の堀川団地（1953年完成）が、初期の鉄筋コンクリート造のものとしてよく知られている。また防火建築帯における下駄履きアパートとしては、大垣市住宅協会のもとで1952年に第一期着工した、長大な沿道間口をもつ大垣駅前通りの建物（地上3階、1955年完成）（3-1-11）が比較的初期のものといえる。また1954年着工の大阪市住宅協会による川口ビル（1956年完成）（3-1-12）は地上5階、地下1階、総床面積7,232㎡、住戸数82戸、店舗46区画といった大規模なもののひとつで、街区の角をL字型に囲み中庭を有していた。

　横浜における下駄履きアパートには、貿易商であった新井清太郎による新

3-1-11　大垣駅前通り防火建築帯（1955）　出典：大垣図書館所蔵

3-1-12 大阪市西区川口ビル（1956）
出典：「川口ビルアーカイブ事業報告書」

3-1-13 新井ビル（1961、現・住吉町新井ビル）

井ビル（現・住吉町新井ビル）（3-1-13）のような、純粋な民間ビルのほか、民間ビルの上層階が、神奈川県住宅公社（以下、県公社、現・神奈川県住宅供給公社）のアパートとなっているもの（以下、県公社住宅との併存型ビル）や、住宅公団（現：UR都市機構）による市街地共同住宅がある。以下それぞれについて説明する。

県公社住宅との併存型ビル

　横浜中心地区には、県公社住宅との併存型ビルが56棟建てられた（第4章コラム参照）。全体の規模としては、前述の単独ビルや長屋ビルよりも比較的大きなものが多く、その分街路に面する壁面も長く、かつ街区の角や2辺以上を占める事例も多いため、街並みに対するインパクトも大きい。また建物背後の街区内側には、通路や裏庭的な外部空間を持つものが多く、都市におけるオープン・スペースの形成においても重要な性格をもつタイプといえる。

　低層階の店舗群と上層階アパートは動線的に明確に分離され、かつ街路に面した低層部のファサードをできる限り店舗の構えのみとするため、アパートへの直通階段入口は、建物端部や敷地の裏に設けられた通路からアクセスする形式がとられる。アパートへの直通階段は通常建物の両端近くに配置されるが、敷地条件によっては階段をひとつとし、バルコニーや廊下などに避難ハッチを設置する例もある。アパート部分は通常片廊下方式で、共用廊下と住戸のバルコニーとが、それぞれ建物の街路側あるいは街区内側を向くかたちになる（3-1-14）。

56棟のうち、約半数の26棟が県公社と民間単一オーナーによる。その例としては、原三溪こと富太郎の次男、原良三郎が県公社共同ビル第1号として建てたことでも知られる弁三ビル（弁天通3丁目共同ビル、1954）（3-1-15、16）や、材木商で政治家でもあった小此木彦三郎による末吉町第一・第二共同ビル（現・小此木第一・第二ビル）（3-1-17）、建設業の徳永恵三郎による山下町共同ビル（現・徳永ビル）（口絵4、5）など、横浜の復興や発展に寄与した実業家、企業が所有者に多く含まれていることも、このタイプの特徴といえる。

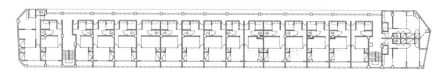

3-1-14　県公社アパートの平面例（吉田町第一名店ビル）

3-1-15　弁三ビル（1954）外観写真

3-1-16　弁三ビル古写真　出典：『公社住宅の軌跡』

3-1-17　末吉町第一共同ビル（上）、第二共同ビル（下）（1956、57）
出典：『融資建築のアルバム』

また、県公社単独による下駄履きアパートも4棟あり、このうちのひとつは弁三ビルに隣接していた県公社自社ビル（弁天通3丁目第2共同ビル、1958）（3-1-18）、残りの3棟は山田町共同ビル（すでに解体）のものである。なお山田町には一部いわゆる団地アパートのような住宅のみの棟も含まれていた。

3-1-18　神奈川県住宅公社ビル（1958）
出典：『横浜市建築助成公社20年誌』

残りの26棟は、複数オーナーが共同した長屋ビルの上に県公社アパートが載る形式のものである。単一オーナーの場合とは異なる問題として、長屋ビルと同様、各所有者の敷地間口に合わせた低層部の区画に対して、それとは本来無関係な上層部アパートの住戸割があり、さらにそれら全体

3-1-19　山田町共同ビル（1958）
出典：『神奈川県住宅公社10年の歩み』

に関わる建物の構造躯体が重なり合うため、全体の構成が複雑になる難しさがある。この点については後述する。

住宅公団の市街地共同住宅

　住宅公団が、従来のいわゆる団地形式のアパートとは別に、県公社共同ビルと同様の形式で建てた下駄履きアパートである。時代的には上述の各タイプよりもやや後発で、全般的に敷地および建物の規模が大きく、その分、街区の外周部を住棟が囲む構成が分かりやすい点が特徴である。こうした点から、当時のマスタープランが描いていた防火建築帯によって囲まれた街区の在り方が比較的分かりやすく示されている事例も多い。たとえば福富町市街地共同住宅（1960）（3-1-20）は、一街区のほぼ全体を占め、46住戸を含む住棟がコの字型に中庭を囲んでいる。また松影町団地加藤アパート（1961）（3-1-21）では、75住戸（うち7戸は民間管理）を含む5階建て住棟がほぼロの字型に中庭を囲んでいる。これらのほか、常磐町（1959）、福富町西通第一（1961）、若葉町（1961）、福富町西通第二（1963）、長者町九

3-1-20　福富町市街地共同住宅（1960）
出典：Google Map

3-1-21　松影町団地加藤アパート（1961）
出典：Google Map

3-1-22　常磐町市街地住宅（1959、左：現況（現・東邦ビル）、右：古写真）
出典：『建築融資と譲渡建築』

丁目（1964）が現存している。常磐町の建物は民間に払い下げられて、現在「東邦ビル」（3-1-22）となっている。そのほかは現在（2019 年時点）も、住宅公団の継承組織である UR 都市機構によって運営されている。

構造的な特徴

　全国の防火建築帯の一般的な構造形式は、基本的には鉄筋コンクリート（RC）のラーメン構造が主体であるが（大垣の例のように鉄骨鉄筋コンクリート造のものも一部にはみられる）、横浜の防火帯建築についても同様で、防火帯建築はほぼすべて RC の純ラーメン構造である。そのもっとも一般的な形式は、奥行（梁間）方向を 1 または 2 スパン程度、間口（桁行）方向は、上階アパート住戸間口や土地の所有境界などに合わせたスパン割として、約 50cm 角の柱を並べるものである。とくに長屋の場合には、各地主の土地の間口幅はまちまちなので、柱スパンもそれに合わせてまちまちになる場合が多いが、こうした長屋の上にアパートが載る場合は、柱スパンを低層部の

土地所有境界に合わせる
か（後述する吉田町第一共
同ビル（吉田町第一名店ビ
ル）など）、上層階アパー
トの住戸割りに合わせるか
（商栄ビルなど）など、構
造と平面計画との調整が必
要になり、そうした柱スパ
ンを外観上どのように表現

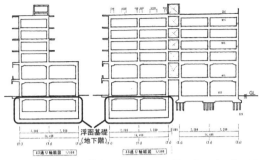

3-1-23　浮函基礎（「横浜弁天通３丁目第２共同ビル竣工図
面」より（筆者加筆））

するかが、デザイン上の重要な課題のひとつとなる。

　また、アパートが上層階に載る場合には、通常は住戸の外壁ラインに柱を
並べ、そこから片持ち梁でバルコニーや共用廊下をはねだす例が多い。スパ
ンが小さくて済み経済的だからである。またアパートの戸境壁はコンクリー
トブロック積みで、撤去すれば住戸が拡張できるように配慮されていた。実
際、払下げを受けた所有者のなかには、アパートの戸境壁を撤去する者もい
た。たとえば県公社共同ビルの商栄ビルでは、３、４階の隣接する２住戸ず
つ、計４住戸を払い下げられた所有者が、４階住戸の床に穴を空けて、階段
を設置し、かつ戸境ブロック壁を撤去するなどして、全４住戸を繋いだメゾ
ネット住戸として使用していた（詳しくは第４章参照）。

　さらに基礎については、横浜のほとんどの土地は埋立地で地盤が悪いため、
浮函基礎や直接基礎、松などの杭基礎を用いた例が多くみられる。浮函基礎
（3-1-23）は、1951年に当時の大阪建築事務所（1948年設立、現・大建設
計の前身）が特許を取得した工法で、建物が沈下する重みと地下ピットに
よって得られる浮力とをバランスさせる基礎方式である。横浜中心市街地は
ほとんどが埋立地なので、吉田町第一、第二共同ビル、福仲ビル、商栄ビル
など、県公社住宅との併存型ビルをはじめとする相当数の防火帯建築がこの
工法を採用していた。

外形の特徴

　基本的に奥行11ｍの路線防火地域の帯に沿って建てられる防火帯建築の

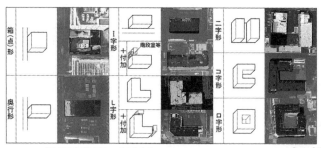

3-1-24　横浜防火帯建築の外形形状

3-1-25　第三伊勢ビル（1957）
出典：『融資建築のアルバム』

　外形は、道路に面する間口長さおよび街区のいくつの辺を占めるのかによってその形状がおおよそ決まるため、いくつかの外形タイプに分類することができる（3-1-24）。すなわち小さな敷地に建つ「箱（点）形」のほか、街区の一辺あるいはその部分を占める「Ⅰ字形」、街区の隣り合う二辺にまたがる「L字形」、街区裏表の二辺にまたがる「ニ字形」、街区の三辺（四辺）にまたがる「コ字形（口字形)」などである。また、通常は道路沿いに限定されている防火地域を超えて、街区の奥まで伸びる長い形状をもつ「奥行形」もみられる。箱形や奥行形以外の、道に沿って線状の外形をもつものの多くは、その背後に敷地内の裏路地や裏庭のような外部空間をもつものが多く、後述するように、それらは都市のオープン・スペースとしての役割を担い得るポテンシャルを有している。

　また、街区の辺の中間に立地するもの以外、多くの防火帯建築は交差点に面している。幹線道路の交差点に面した街区角は隅切りがあるため、防火帯建築の多くは隅切り合わせたさまざまなデザインのコーナーがみられる。たとえば長者町7丁目の交差点に面する第三伊勢ビル（3-1-25）には、交差点へ向いた時計塔が建っていた。このように、交差点に直接面するコーナー部は道に沿って建つ防火帯建築の意匠上の重要なポイントのひとつである。

　以上のように、ひと言で防火帯建築といえども、そこには形状やコーナーのデザインなどにより様々な外形のタイプがある。それらによって横浜の街並みや街区内の外部空間の多様性が生み出される。

多彩な設計者

　横浜防火帯建築に関するもうひとつの特徴として、当時横浜だけでなく全国的にも活躍していた多彩な設計事務所が参画していたことが挙げられる。県公社住宅との併存型ビルの設計者を見るだけでも、久米建築事務所（久米権九郎）や創和設計（吉原慎一郎）、建築工学研究所（今泉善一）、宮内建築事務所（宮内初太郎）、柳建築設計事務所（柳英男）、日建設計工務などが名を連ねている。こうした建築家たちと共同する方針は設計の元締めであり発注者でもあった県公社の当時の工務部長であった石橋逢吉の考えや力が大きかったと思われる。民間の建物も含めて、防火建築帯という特定の形式を踏まえつつ、立地や条件、建築主や設計者などの違いからデザインの多様性が生み出されていった状況は、基本的に主要な通りに沿って、ほぼ一様な建物が建ち並ぶ傾向にある他都市の防火建築帯とは大きく異なる独自の特徴とい

3-1-26　久米権九郎
出典：久米設計 HP

3-1-27　吉原慎一郎
出典：水煙会会誌

3-1-28　今泉善一
出典：『建設グラフ』1 号（1964）

3-1-29　宮内初太郎
出典：畔柳大会論文

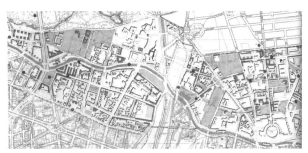

3-1-30　ベルリン国際建築博覧会（IBA、1987 ～）
出典：『IBA ベルリン国際建築展都市居住宣言』

える。

　ちなみに多数の建築家が設計してひとつの都市の建築群をつくるという
手法は、シュトゥットガルト（ドイツ）のヴァイゼンホフ・ジードルング
（1927）や、それを手本としたベルリンのインターバウ（1957）および国際
建築博覧会（IBA、1987）（3-1-30）などの例が知られるが、横浜の防火帯
建築も、インターバウよりも早い時代に実践された同様の方向性をもつプロ
ジェクトとして、世界的に見ても先駆的な試みと位置づけることができるだ
ろう。

3-2　都市空間の基点としての横浜防火帯建築

　前節では、横浜防火帯建築の一般的な特徴について述べたが、実際に横浜
中心部の馬車道や弁天通り、吉田町、伊勢佐木町、福富町、長者町通りなど、
異なった条件の場所に立地する防火帯「建築」群を観察して気づくのは、現
在もなおそれらの建物が、それぞれのまちの都市空間を特徴づける主要な役
割を果たしていることである。

　ここで改めて、横浜における防火建築「帯」の計画が未完に終わり、結果
的に防火帯建築のほとんどは、「点」として各所に分散して存在することと
なったことを思い起こしたい。そこにこそ、現代の都市空間における横浜防
火帯建築の可能性を再考する意義があるように思われる。すなわち、都市の
広範囲にばらまかれている防火帯「建築」は、横浜の街中のさまざまな環境
や条件、コンテクストのなかに置かれることで、それぞれ異なったキャラク
ターをもつまちの「基点」となり、その周囲へといわば滲み出すように空間
がつながることで、元来の「帯」とは異なるかたちで、一見雑多で混乱した
ように見える空間をつなぎ、各地域の空間を再編する役割を担い得る可能性
がある。「防火帯建築」は、ひとつの建物であると同時に、「都市」というよ
り大きな全体の部分なのである。

　そこで本節では、横浜の個性的な地域に立地する、いくつかの実例を取り
上げながら、それらがつくりだしている街並みや空間について具体的にみて
いくことを通して、1節で述べた一般的な特徴を踏まえつつ、都市空間を再

編する「基点」としての役割に着目し、その実践と可能性について改めて検証してみたい。

なお、都市建築を考察する視点はさまざまあり得るが、ここではとくに都市空間のデザインに直接的に関わり、またその意味で防火帯建築に限らず都市建築に普遍的に問われるべき課題と思われる、①街並みをつくりだすファサード、②オープン・スペース、すなわち街区内の通路や中庭、または低層建物上空などの外部空間（ここではこれらを空所と呼ぶ）、③50年間以上の時間を経てきた持続性、の3つの視点から論じることとし、数ある横浜防火帯建築のなかでも、各視点に関して際立った特徴を有するいくつかの実例について個別に考察していく。なお、ひとつの建物にいくつかの視点に関連する特徴が複合的に表れている場合が多いため、その点も含めて総体的に論じることとし、かつ各地域のコンテクストや建築主および設計者の特徴、建設経緯などの背景も踏まえ、それぞれの建築デザインについて読み解いていくこととする。

街並みと賑わい

都市建築としての防火帯建築の特色のひとつは、街路に沿ったファサードがつくり出す街並みである。それは防火建築「帯」としての本来の在り方であると同時に、横浜防火帯「建築」としての、それぞれの個性が見いだせる部分でもある。以下ではこうした両側面を示す3つの事例を通して、街並みの基点となる防火帯建築の特徴について考える。

吉田町防火帯建築群：防火建築帯による記念碑的街並み

馬車道を関内から関外へと出る吉田橋を渡ると、伊勢佐木町に入るすぐ手前の交差点から右手斜めに、北の大岡川にかかる都橋へと至る吉田町本通りが続く。この通りに沿って、すぐに見えてくる赤い吉田町第一名店ビルをはじめとする防火帯建築4棟が、約200mに渡る通り沿いの街並みをかたちづくる（3-2-1、2）。沿道建築である防火建築帯の典型的な風景を体感できる貴重な事例が、この吉田町の防火帯建築群である。

吉田町第一名店ビル、別名第一共同ビル（3-2-3）は、竣工1957年、延

3-2-1　吉田町防火帯建築群配置図

3-2-2　吉田町防火帯建築群空撮
出典：Google Map

3-2-3　吉田町第一名店ビル（1957）外
観写真

床面積 3,680㎡ の、県公社と民間 10 者（14名義）による共同ビルで、全長約 90 m におよぶ長い直方体の建物が、そのまま一街区を占めるというめずらしい配置である。設計は宮内建築事務所で、1957 年度に神奈川県と横浜市から優良建築物表彰を受けている。宮内建築事務所は、大工の宮内半太郎が設立し、1924 年に息子の初太郎が継いだ会社で、山手にある横浜共立学園本校舎（1931 年、設計：W.N. ヴォーリス）をはじめ数々の洋風建築を手がけたことで有名である。宮内初太郎は、1914 年に東京高等工業学校（現・東京工業大学）を卒業し、蔵前工業専修学校講師や東京市技手などを務めたのち独立して設計事務所を開設したが、その後父親の事務所を継ぎ、設計および施工の仕事に精力的に取り組んだ。県公社共同ビルも、本ビルと以下に説明する第二、第三共同ビルの 3 棟を含めて 6 棟設計している。

　表通り側は、1 階には店舗のエントランスのみが面し、上階アパートへのアクセス階段や店舗の裏口などは、すべて裏通りから入る。階段室は後述する弁三ビルや福仲ビルと同様に、建物の両端から少し内側に配置されている。3、4 階のアパートは、北東側（表通り沿い）の共用廊下に住戸玄関が面するが、日本では一般的に外開きとする住戸の玄関ドアが、洋風住宅に多い内開きである。内開き玄関ドアをもつ県公社アパートは、筆者が知る限りこの建物だけであるが、もしかしたら、外国人の入居者を意識していたのかもしれない。

　南西側（裏通り側）の立面には、各住戸の窓やバルコニーの開口が開いている。バルコニーは、敷地の奥行きに余裕がなかったのか、他の多くの防火

帯建築にみられるようなはねだしスラブではなく、住戸ごとに壁面を穿つように設けられている点も特徴的であり、陰影のあるファサードをつくりだしている（3-2-4）。

　一方表通り側のファサードは、3、4階共同廊下のへこみと、低層部および角地コーナー部分を覆う壁面とのコントラストが基調となっている。現在は全体赤く塗り込められているが、当時の古写真をみると、全体が薄黄色か明るいベージュ色で、柱の面よりも少し奥まった腰壁だけは白く塗られて分節されていることから、柱を2層分通しのいわばジャイアント・オーダー的な列柱として扱っていることがわかる。さらにやや強引な見方をすれば、その上の屋根スラブの水平線がコーニスのようにも見えてきて、古典主義的な雰囲気すら感じられる。上述した内開き玄関ドアも含めて、さすが数々の洋風建築を手掛けてきた宮内ならではというべきデザインである。いずれにしても、このように列柱を強調したデザインは、一般的にスラブや開口部によって水平性を強調したモダニズム的な傾向が強い防火帯建築のファサード・デザインのなかでもめずらしい事例といえる。この長大な立面や通りに対応した、大きなスケールのシンボリックな構成が意図されていたことがわかる（3-2-5）。

3-2-4　吉田町第一名店ビル南側外観

3-2-5　吉田町通りの古写　　出典：『火事のない街』

　この第一名店ビルに続いて西隣りの街区に建つ建物は、一見1棟に見えるが、実は民間の吉田ビルと吉田町第二共同ビルという、接して並ぶ2棟の建物である（3-2-6）。このように2棟が壁を接して連なるファサードは、防火帯建築独特の街並みといえるだろう。両棟はデザイン的にも似せつく

3-2-6　吉田ビル（1959）と吉田町第二共同ビル（1957）

られており、コーナーの隅切り部分を壁面として、通り沿いの共用廊下のへこみ部分と対比させる手法は、第一名店ビルとも通じる。ただし、こちらは柱が前面に出ず、廊下スラブのラインだけがシンプルに表現され、どちらかというと下駄履きアパートによくみられるモダニズム的なデザインである。また第一名店ビルとは違って建物背後は隣地が接しているため、建物の裏側にはおよそ一間幅程度の路地が設けられ、店舗の裏動線が確保されている。3、4階のアパートにはそれぞれの建物の片側端部に設けられた階段室からアクセスするが、2棟の動線は明確に分離されて通り抜けはできない。街並みに関連して、第二共同ビルで少し注目したいのは外壁の色である。背面のややオレンジに近い明るいベージュ系の色は、そこに残された古い文字書きの痕跡などからほぼオリジナルと推測される。また共用階段や廊下の壁、天井のそこかしこには、レモンイエローや薄緑色のような、明るい塗装の痕跡が見え隠れしている。これらのどの色がオリジナルなのかは不明だが、先ほど触れたように、第一名店ビルの外壁は薄黄色か明るいベージュ系であったことも考え合わせると、本ビルもパステル系の比較的明るい配色であった可能性が高い。この建物に限らず、防火帯建築の多くは、古写真や現場の痕跡を辿ると、現在みられるような単調なモノトーンやくすんだ色ではなく、明るい色調でカラフルに塗装され、またエレメントごとに細かく色分けされていたことがうかがえる。残念ながらカラー写真資料は少なくその全貌はよくわからないが、防火帯建築が建ち上がっていた頃の横浜の街は、なかなかカラフルな色に溢れていたのではないかと想像される。

3-2-7　吉田町第三共同ビル（1957）

　さて、第二共同ビルのさらに西側には第三共同ビルが建つ（3-2-7）。この建物のファサードの構成は隣接する第二共同ビルとほぼ同じであるが、この建物のユニークな点は、三角形の不整形街区に建つことである。実は横浜中心部のほとんどの街区はほぼ四角形で、防火帯建築も不整形な街区に建つものはとても少なく、三角形の敷地に建てられたものは、本ビルと長者町1丁目の第二曙ビル（現存）、翁町一丁目共同ビル（今泉善一の建設工学研究所の設計、すでに解体）がある

ぐらいであろう。このため、防火帯建築のセオリー通りのプランでは敷地に
うまく収まらないことから、いろいろと工夫がみられる。まず目を引くのは、
西端部の鋭角コーナーのデザインで、塔のような印象を与える。この端部壁
面には「吉田町名店街」という文字が書かれ、ニューヨークのタイムズ・ス
クエアばりというと相当言いすぎかもしれないが、ちょうど吉田町本通りの
端部を飾るランドマークになっている。そして階段室は建物端部には収まら
ないため、背面中央あたりにずらされている。つまり長い建物の背後中央に
１か所だけ階段室が取りつくかたちである。これによって、本体と階段室と
にはさまれた三角の小さなニッチが生じるわけだが、そこは３階住戸の屋上
テラスとして利用されている。ちょうど背面の隣地が公園になっているので、
開放的な庭園となっている。
　以上のように、吉田町本通り沿いの４棟の長大なつながりは、規模の点で
も建築デザインの点でも、ひとつの建物が次の建物の「基点」となり連なっ
ていく防火建築帯の理念を具現化したモデルのひとつといえ、その街並みに
は、今見ても適度なヒューマンスケールと人が住む街の気配が感じられる。
また、こうした街並みの特徴のみならず、老朽化が進む数多くの防火帯建築
のなかで、リノベーションや活性化が推進され（口絵６）、賑わいを取り戻
しつつあることでも、モデル・ケースとして注目されているエリアである。

長者町八丁目共同ビル：渾身のルーバー・ファサード
　横浜の関外地区を南東の中村川付近から北西の大岡川まで貫く長者町通り
は、横浜の関外地区埋め立てとともに成立してきた主要な古い街道であるが、
戦後、防火帯建築が数多く建てられたモデル的な通りのひとつでもあった。
その通り沿いに、個性的なファサードで独特な街並みをつくり出していた長
者町八丁目共同ビルが建っていた（2018年解体）（口絵２、3-2-8）。街区の
一辺を占める６つの敷地にまたがって建つ４階建ての、１、２階が店舗付住
居、３、４階に県公社住宅が載った併存型ビルで、竣工は1956年、設計は
吉原慎一郎の創和建築設計事務所である。
　吉原慎一郎は1908年横浜市中区の生まれで、現在の横浜国立大学工学
部の前身である横浜高等工業を卒業後アメリカで働いたのち、1943年に北

京で「創亜建築設計事務所」を設立して設計を始めたが、戦後横浜に戻り、1945年改めて「創和建築設計事務所」を設立した。米軍関連の仕事で実績を積み、1949年横浜で開催された日本貿易博覧会の施設設計も担当したほか、現在の横浜スタジアム（1978）の設計でも知られる、当時の横浜を代表する設計事務所であった。当時の防火帯建築についても、この建物以外にも数多く設計しているが、それらの中でもこの建物は出色といえる。

　その最大の特徴は、3方の通り側ファサードを覆う竪ルーバーである（3-2-9）。当時としては珍しいプレキャスト・コンクリート製で、見込み幅310mm、厚さは80mmしかない。このルーバーは屋上の手すりのデザインにもなっており、立面の透明感を増している。3、4階の共用廊下を歩くと、騒々しい長者町通りから適度に隔てられ、その効果が確認できる。ところで長者町通り側の立面をよく見ると、ルーバー2枚がセットになった箇所が不規則なピッチでみられる。それらは不規則な敷地所有境界に合わせた柱ピッチによ

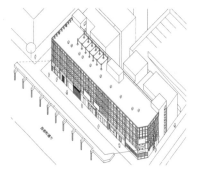

3-2-8　長者町八丁目共同ビル　アクソメ
（1956）

3-2-10　長者町八丁目共同ビル竪ルーバー

3-2-9　長者町八丁目共同ビル古写真　出典：『融資建築と譲渡建築』

るものなのだが、本建物は、そうした不規則な構造の
ピッチを、竪ルーバーのリズムとしてデザインに活か
していることが興味深い。さらに２階では、このルー
バー２枚セットの隙間に、袖看板取付用のブラケット
らしき金具が設置されており（3-2-10）、古写真をみ
るとたしかに袖看板がこの２枚ルーバー間にきれいに
収まっていることがわかる。このように、本建物の竪
ルーバーは、単なる目隠しではなく、不規則な柱ピッ
チや店舗の袖看板設置などといった、県公社住宅との
併存型ビル特有の課題に対するスマートな解答である
ことが分かる。その効果と明快さは、壁面に無造作に
袖看板が取り付けられている他のビル立面と比較すれ
ば一目瞭然である。３、４階の共用廊下（3-2-11）
と屋上の手すり下に取り付いている、継ぎ目がない
シームレスな帯は、一見乾式のボードのようであるが、
実は鉄網ラスにモルタルを塗り付けパネル状に固めた
ものであった。経年変化によって鉄網が錆びて爆裂し、
自重で垂れ下がっている箇所もあったが、取付け金具
も目地もなく、不思議な浮遊感がある。

3-2-11　長者町八丁目共
同ビル３階共用廊下

3-2-12　長者町八丁目共
同ビル階段室外観

　上層階のアパートへは、上述した下駄履きアパート
の典型的な形式通り、建物両端部の階段室からアクセスする。階段室は壁で
囲まれたタワー状のデザインになっており、ルーバーによる奥行きのある主
ファサードと明確に対比されている（3-2-12）。
　2018年に残念ながら解体されてしまったが、全体として老朽化が進んで
いたため、そういう風情のビルとしてドラマのロケなどもよく行われたらし
い。プレキャスト・コンクリート部材を大胆に取り入れた繊細なデザインは、
今みても新鮮であり、防火帯建築群のなかでも、また長者町通りの街並みの
なかでも、特別な存在感を放っていた。吉原慎一郎の作品としても高く評価
できる建築物といえる。

伊勢佐木町センタービル：伊勢佐木町らしいレトロモダン・コーナー

　角地に面する防火帯建築のコーナー（隅切り）のデザインは、近年主流となっている、道路側に公開空地を設けてセットバックして建てるビルではなかなか感じられない、交差点という重要な場所を含めた街並みの基点となるという、角地に建つ建物固有の役割を思いださせてくれるものである。ここではその一例として、伊勢佐木町センタービルを取り上げる。

　伊勢佐木町センタービル（3-2-13、14）は、長者町通りと伊勢佐木町通り（イセザキモール）の交差点に面して建つ。伊勢佐木町は、戦後横浜の中心的な繁華街であり、関外地区の主要幹線である長者町通りとの交差点は重要なノードのひとつである。この一帯（旧賑町＝現在の伊勢佐木町１〜４丁目あたり）には映画館や芝居小屋が多かったようで、本ビルの向かいには、オデヲン座（1911年開業した日本初の洋画専門館）、裏には横浜日活会館（元は芝居小屋の「喜楽座」）があった。本ビルが繁華街のど真ん中に建てられたことが実感される。

　本ビルは、建築面積765㎡、延床面積2,275㎡、地上３階、一部地下１階

3-2-13　伊勢佐木町センタービル（1955）
外観

3-2-14　伊勢佐木町センタービル　アクソメ

建て、民間６者によるＬ字形の共同ビルで、竣工年は1955年である。設計当時のものと思われる平面図には「昭和28年12月」とあり、助成公社リストには1954年とある。伊勢佐木町一帯の接収解除は55年頃なので、ちょうどその直後に建てられたことになる。所有者のひとりのお話によると、本ビルの建設にあたっては当時の伊勢佐木町商店街連合会の山本栄蔵氏が尽力したらしい。また図面には設計者として大石拓次郎という名前が書かれており、群馬の建築家とのことであったが詳細は不明である。

　外観で目を引くのは、竪ルーバーと細いガラス・スリットが組み合わされ

た、繁華街の交差点を飾るに相応しいデザイン性のあるコーナー隅切り部の意匠である（3-2-15）。いまはカバーされてよくわからないが、古写真でみると、この隅切り部1階上のカーブした庇には装飾的な欄干もついていたようだ（3-2-16）。とかくモダンでシンプルなデザインのものが多い防火帯建築のなかで、こうした装飾的な隅切り部のデザインは希少であり、現在でも伊勢佐木町商店街のアクセントとして効いている。かつて向かいにあったオデヲン座のコーナーは、曲面と縦長の大きな窓を用いた、アール・デコ調ともいえるデザインが特徴であったから、おそらくそれとの調和を意識したのかもしれない。いずれにしてもオデヲン座と本ビルが通りを挟んで建つこのコーナーは、当時の伊勢佐木町通りのランドマークになっていたであろうことが想像される。ちなみに、上述した時計塔をもつ第三伊勢ビルも、この交差点のすぐ脇に建っていたから、さぞかし賑やかな雰囲気であっただろう。

　また、今では看板や改修などであまりよくわからないが、本ビルの長者町通りと伊勢佐木町通りに面したファサードは、デッサウのバウハウスばり、というと言い過ぎかもしれないが、全面ガラス張りのかなりラジカルなファサードであった。しかも所有者の方のお話や外壁仕上げの痕跡を辿ると、も

との外壁はピンク色の塗装とモザイクタイル張りであったようで、現在でも竪ルーバーや外壁の一部に、当時の名残を感じることができる。

　民間6者の共同建築でありながら、よくある単純な長屋形式ではなく、長者町通りに面して共用エントランスと階段室をもつ点も、この伊勢佐木町センタービルの特徴のひとつである。その入口には「伊勢佐木町センタービル」というレトロな看板が今でも掛かっている（3-2-17）。個別の店舗にはトイレはなく、1、2階ともトイレが共用部分に集められ、所有者ごとに区画された2、3階の貸室へアクセスする共用階

3-2-15　伊勢佐木町センタービルコーナー部

3-2-16　伊勢佐木町センタービル古写真
出典：『融資建築のアルバム』

3-2-17 伊勢佐木町センタービル共用エ
ントランス

3-2-18 袴田他共同ビル（1956）古写
真 出典：『融資建築のアルバム』

段がある。つまりこの共用部分は動線・設備コアを形成している。また各階とも天井高が約4mと高いのも本ビルの特徴である。これは隣接する袴田他共同ビル（1956、現・HDイセザキビル他、ほぼ同時期に建てられた民間共同長屋の防火帯建築）の4階建て部分と、建物高さがさほど変わらないことからもよくわかる。そのため、階段の幅やホールの高さ、共用廊下も比較的ゆったりしたスケールを有している。高い天井高を利用して、角の区画は、元の3階部分が、内部を2層に区切ったメゾネット住戸になっており、1階のいくつかの店舗にも中2階が設置されている。また、3階のL字形に囲まれた内側には、2階屋上のテラスがあったようだが、現在は増築棟で埋められている。

　ちなみに、本ビルに隣接する袴田他共同ビルも、現在は外壁が大幅に改修されてしまっているが、元はシンプルな水平連続窓が美しい建物だった。またこの並びの少し先に、前述の長者町八丁目共同ビルが連なっていた。現在でも、これらの民間ビルが街区の一角を占めている風景は、市井の人々が力を合わせてつくりあげていった防火建築帯ならではのものであり、吉田町本通りや伊勢佐木町通りとはまた異なった雰囲気の、戦後復興期の横浜らしい都市建築の姿を感じることのできる貴重な場所といえる。

　以上、連棟によって防火建築帯らしい佇まいをつくりだしているもの（吉田町）、ユニークなデザインのファサードやコーナーによって、その街のシンボルとなるもの（長者町八丁目共同ビル、伊勢佐木町センタービル）といった、それぞれの地区の街並みの基点となるような事例をみてきた。これら以外にも、伊勢佐木町通りや馬車道、弁天通りなどに残された防火帯建築

が、様々な種類の建物が混在するなかで、それぞれの街並みにとって大きな役割を果たしている。

オープン・スペース

前項で述べた事例は、防火建築帯本来の特徴である長い立面がつくりだす街並みの好例であったが、防火帯建築の可能性はそれだけではない。前節の「外形の特徴」の項でも触れたように、奥行き11m程度の建物背後の街区内には、中庭や通路、低層建物の上空などといった、大小さまざまな外部空間がつくりだされている事例が多く、それらが魅力的な都市のオープン・スペースに寄与し得る可能性を秘めている。具体的には、それらは周囲の建物との間隔を保つ緩衝領域や店舗などのバック・スペースとなったり、より積極的に街路とつながるセミ・パブリックな空間にもなり得る。さらに複数の建物のオープン・スペースが連携することによって、街区内により大きなオープン・スペースが形成されることすらある。本節では、3つの事例を通して、こうした防火帯建築背後のオープン・スペースが有する多彩な可能性について考える。

商栄ビル：都市の空所をつくりだす街区型防火帯建築の傑作

馬車道は、明治に開港した横浜関内地区と、運河で隔てられた南側の関外地区とを結ぶ唯一の橋であった吉田橋から、港へとまっすぐ抜ける当時の目抜き通りのひとつであり、外国人が乗った馬車が往き交うことからその名がつけられたという。横浜正金銀行（1904、妻木頼黄設計、現・神奈川県立歴史博物館）や、川崎銀行横浜支店（1922、矢部又吉設計、現・損保ジャパン日本興亜横浜馬車道ビル）、生糸検査所（1926、遠藤於菟設計、現・横浜第二合同庁舎に一部復元）など、横浜らしい洋風の歴史的建造物が建ち並ぶ通りとしても知られる。海側の馬車道駅から吉田橋方向へ歩いて行くと、ちょうどそうした洋風建築群を通り過ぎたあたりに、古びた佇まいのモダニズム風の鉄筋コンクリート造4階建てのビルが建っていた。それが、惜しくも2017年に解体撤去されてしまった「商栄ビル」（別名「馬車道共同ビル」、1955）である（口絵1、3-2-19、20）。ちなみに馬車道沿いには、このほか

3-2-19　商栄ビル外観写真　出典：『融資建築のアルバム』

3-2-20　商栄ビル空撮
出典：Google Map

3-2-21　馬車道会館ビル

3-2-22　商栄ビル　アクソメ

にも堀越ビル（1952）や馬車道会館ビル（1953）（3-2-21）など、初期の
小規模な防火帯建築がいくつか現存している。

　商栄ビルは、1、2階が店舗付住宅、3、4階がアパートという典型的な
構成の、民間9者と県公社の共同ビルだが、その最大の特徴は、一辺が約
35mの街区の角三つを含む三辺近くを占める、ほぼコの字形の平面形を持
ち、その背後に空所をもつことである（3-2-22）。また解体されるまであま
り手が加えられておらず、当時の面影を強く残していた貴重な事例でもあっ
た。設計は横浜建築設計事務所であり、同事務所は県公社の共同ビルだけで
も、現存する「末吉町1丁目第一、第二共同ビル（現・小此木第一、第二ビ
ル）」を含めて計6棟設計している。

　まず平面をみると、1階プラン（3-2-23）からは、所有区画に基づく不
均等な壁位置と、柱スパンとの調整の苦労が見て取れる。たとえば東翼の中
央部には、柱が思いっきり部屋の真ん中に出てしまっている区画があるし、
北翼でも一部にイレギュラーな柱スパンが入り込んでいる。また県公社ア

3-2-23　商栄ビル1階平面図

3-2-24　商栄ビル住戸内部。間口いっぱいの開口部

3-2-25　商栄ビル空所パノラマ写真

パートの方は、基本的には2種類の住戸平面からなるものの、コーナー部やスパンが異なる区画はイレギュラーなプランを入れ込むなど、いろいろと苦心した様子がわかる。とはいえ、いずれの住戸も街路へ向かって、袖壁のない大開口とバルコニーをもち、街路樹を間近に見つつ街路とのつながりを感じることができる、いかにも防火帯建築らしいまちなかの居住空間が生み出されていた（3-2-24）。

　この商栄ビルで注目すべきは、建物背後に残された外部空間である（3-2-25）。本ビルの敷地内、ちょうどコ字のくびれたあたりには、各店舗の増築や別棟などが建てられて、複雑な路地が形成されていたり、増築部の上が屋上テラスのようになっていたりする。4階廊下から見下すと、これらの低層部分上空にぽっかりと空いた空間がある（私たちはこうした空間を「空所」と呼んでいる）。この空所は、隣接する駐車場や低層木造建物の空所とつながることで、街区をL字に貫通する、より大きな空所を形成している。この

街区では、これらの空所を歩いて通り抜けたりすることはできないが、これらの空所が連携することで、都市空間の一部となる空間的なつながりが生まれている。このように、商栄ビルの空所は、複数の敷地が連携しあってより大きな空間のまとまりを生み出し得る可能性を感じさせてくれる事例なのである。

　建物自体はなくなってしまったものの、こうした特徴からは、防火帯建築が内包する街区内の空所が、隣接する敷地との関係を取り結ぶ基点となり得ることがわかる。そこに今後の都市建築としての、防火帯建築の役割を見いだしていくことも可能なのではないだろうか。

徳永ビル：都市のオープン・スペースとしての防火帯建築

　徳永ビルは、横浜関内地区の海岸沿いの山下公園と、その南に位置する中華街といった、横浜の２大観光スポットの間に建っている。「徳永ビル」そのものは、正確には、本町通りに面する４階建ての建物（正式には「徳永ビルディング」、以下、本館）を指すが、全体としては、本館背後の中庭、およびその中庭に面して建つ別棟も一体的に構成されているので、ここではこれらの全体を「徳永ビル」と呼ぶこととする（口絵4、3-2-26、27）。

　本館は別名「山下町共同ビル」といい、当時の徳永組（現・徳永リアルエステート株式会社）と県公社との共同ビルとして1956年に竣工した。設計は久米建築事務所（現・久米設計、以下、久米）である。ちなみにこの頃の久米による横浜の建物といえば、徳永ビルと同じく山下町の海岸沿いに建っ

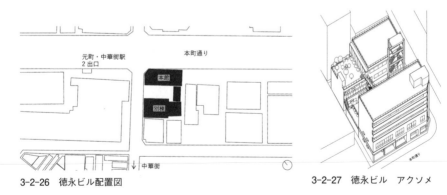

3-2-26　徳永ビル配置図

3-2-27　徳永ビル　アクソメ

ていた「横浜パイロットビルディング」（1954）がよく知られている。東京湾水先区水先人会といういかにも港町横浜らしい組織の建物で、シャープな水平連窓と美しいプロポーションをもつビルであった（2010年解体）。また県公社の資料によると、県公社住宅との併存型ビル全56棟中15棟を久米が設計している。これは次に多い創和設計（8棟）や宮内建築事務所（6棟）よりもはるかに多く、まさに横浜防火帯建築設計の中核を担っていた事務所といえる。しかし久米による共同ビルのうち、2019年時点で現存するのはこの徳永ビル本館のみであり、その点でも貴重な建物といえる。なお、久米はいうまでもなく久米権九郎（1895〜1965）が1932年に創設した組織だが、パイロットビルディングや県公社住宅との併存型ビルなどが紹介されている当時の雑誌をみると、クレジットに久米権九郎自身の名前がなく、筆頭で名前が記されている橋本英三郎らが横浜の仕事では中心となっていたと思われる。

　徳永リアルエステート株式会社のHPや徳永惠治氏（同社前身の徳永建設興業株式会社初代代表取締役）の話によると、徳永組は、惠治氏の父で創業者の徳永惠三郎氏が20歳ぐらいの頃、1923年9月1日に起きた関東大震災後の建設需要を見込んで、そのわずか1カ月後の10月に、出身地である山口から横浜に進出し、元町で建築請負業を開業したのが始まりとのことである。その後1935年に合資会社「徳永組」を設立し、戦後は中華街近くの土地に移転して、戦後復興の事業や在日米軍を中心とした外人向け住宅の建築・賃貸業などを展開していたが、1956年、接収解除された現在の土地に徳永ビルディングを建設し貸ビル業を開業した。建築時の図面によると、3〜5階は県公社の賃貸アパート、1、2階は「貸事務所」と記載されており、当時の外観写真をみると、他の防火帯建築でよくみられるような地上の店構えや袖看板がなくシンプルな外観をしている。上層階の賃貸アパートへは、背面道路寄りに位置する、大きな庇をもった階段からアクセスする（3-2-28）。比較的ゆったりとした階段や、その踊り場と庇との微妙なレベル

3-2-28　上階アパートへのエントランス

のずれなどのデザインによって、シンプルながらもエントランスらしい構え
がつくりだされている。

　一方、徳永ビルの背後に建つ別棟は、ほかならぬ徳永惠治氏の設計であ
る（3-2-29）。徳永惠治氏は神奈川工業高校、そして関東学院大学で建築を
学んだのち、上述の久米設計や宮内建築事務所などで設計の仕事をされてい
た。1966年徳永建設興業株式会社の初代代表取締役に就いた際、主な業務
内容を建築設計監理、及び貸家業に変更し、不動産部門も開業して徳永ビル
を本社とした。同社設立とほぼ同時期の1965年に建てられた別棟は、シン
プルな本町通り側の建物とはうって変わって、外廊下や階段が巡り、緑化さ
れた屋上や廊下の手すりの鉢植えなど、かなり複雑かつライブ感のある表情
をしている。これにはそのユニークな建設経緯が影響しているようで、すな
わち元々先に建てられていた敷地奥側の2階建てに接して、半ば覆いかぶさ
るように手前の4階建てを増築したのである。しかも奥の建物と手前の建物
は、敷地奥と道路面との微妙なレベル差を活かして、床レベルを半階ずらし
たスキップフロアになっている。手前の建物は地上階が駐車場、2階から上
がアパートで、4階には徳永惠三郎氏の住居があったが、スキップフロア構
成の結果、その住居から半階下りると、奥2階建ての屋上庭園につながるか
たちとなっている。惠三郎氏の銅像が置かれているこの屋上庭園からは、従
業員の詰め所になっていた本館3階一室のバルコニーに向かって中庭上空を
ブリッジが架け渡され、従業員が惠三郎氏宅へ仕事の相談などで行き来する
際に使ったそうである。別棟階段室前には、5段ぐらいの幅広い階段両側に、
造形的な鋭角の壁や狛犬が置かれており、それに向かい合う本館のモダンな

3-2-29　徳永ビル別棟

3-2-30　徳永ビル断面図。左：本館、右：別棟

エントランスとは対照的な、独特の佇まいを醸し出している。

　本館と別棟の間の中庭（口絵 5、3-2-30）は、主に両棟の上階アパートへのアクセス空間や駐車スペースとして使われているが、道路に開かれており、中庭に面する別棟の 1、2 階には、雑貨屋やアート・ギャラリー、レンタル・ショップなどが入居しているので、いわば敷地内に引き込まれた街路のように、外部からの訪問者も自由に出入りできる。つまりこの中庭は、いわばセミ・パブリックなオープン・スペースでもあり、雑貨やアンティークのフリーマーケットが開かれるなど、まちの広場としても利用され、人々からは「TOKUNAGA RETRO GARDEN」とも呼ばれている。そしてこの中庭を抜けてさらに奥までいくと、小さな平屋棟があるのだが、その脇の小さな階段を上ると、平屋棟の屋上がウッドデッキの敷かれたテラスになっており、さらにそこを経由して別棟の 2 階外廊下や屋上庭園にもつながっている。このようにそれぞれの建物の屋上や外廊下、ブリッジなどがつながっていくことによって、結果的に中庭を巡る立体的な回遊動線ができあがっている。とくに中庭に軽やかに浮かぶブリッジに立つと、中庭や両側の建物を見渡すことができて、なかなか面白い体験である。こうしたシークエンシャルな構成や、細かなエレメント、屋上庭園に生い茂った緑などの特徴が、他のビルにはない徳永ビル独特の魅力をつくりだしている。

　徳永ビルの例は、街区内の中庭やそれにつながる建物の屋上テラス、外廊下などのオープン・スペースが、パブリックな街路から緩やかに隔てられた、街区内のセミ・パブリック、あるいはセミ・プライベートな領域を多彩につくりだし、奥行きと襞のある都市空間を形成する基点となるポテンシャルを持つことを示している。

弁三ビル＋神奈川県住宅公社ビル：共同ビル連携による街区のオープン・スペース

　徳永ビルの中庭とその周りのテラスは、いわば 2 棟の建物が連携して形成されたオープン・スペースの例であったが、より大きな街区全体に及ぶオープン・スペースの例が、弁三ビルと神奈川県住宅公社ビルである（3-2-31）。

　弁三ビルは、その名の通り、関内の弁天通り 3 丁目に建っている。建設時

3-2-31　弁三ビル＋神奈川県住宅公社ビ
ル空撮　出典：Google Map

3-2-32　弁三ビル4階廊下

のオーナーが、原三溪こと原富太郎の次男である原良三郎であったこと、そして彼が横浜の戦後復興のために困難な条件のなかで建設に踏み切った、記念すべき県公社住宅との併存型ビル第1号であることなどから、防火帯建築のなかでもひときわ有名な建物である。設計は前述の長者町八丁目共同ビルと同じ、吉原慎一郎の創和建築設計で、1954年竣工、全長約80 mの4階建てビルである。

　1、2階は店舗付住宅、3、4階が県公社のアパートで、その後数多く建てられることになる県公社住宅との併存型ビルの典型的な構成を有する。上階のアパートへの階段入口が建物背後の敷地内通路に配置されることで、表通りに面したファサードはすべて店舗の構えとなるように配慮された。なお、敷地内通路は同時に1階店舗のバックヤードにもなっている。階段を2層分上ると、3階アパートの弁天通りに沿った共用廊下へ出る。幅1間ほどある共用廊下は広くゆったりとしており、かつ弁天通りの街路樹が間近に感じられ、住人がプランターを手すりに掛けているところもあり、とても雰囲気がよい開放感とまちとの一体感がある空中歩廊となっている（3-2-32）。住戸はいずれも南側でもある街区内側を向いているが、防火帯建築としてはめずらしくバルコニーが付いていない。一方で店舗2階の住戸は、街区内側の1階屋上に広いルーフ・テラスをもつが、現在ではその多くに小屋が増築されている。建築的には、プランニングおよび各部のスケール、プロポーションなど、全体的にバランスよくまとめられ、共同ビル第1号にふさわしい品格と落ち着きに満ちている。

　この弁三ビルに隣接して、関内大通り沿いの一角を占めていたのが、残念ながら2015年に解体された神奈川県住宅公社ビルである。こちらも設計は創和建築設計で、竣工は弁三ビルの4年後の1958年、地上6階、地下1階

建てでコ字形の平面をもつ。横浜中心地区の大半は埋立地で地盤が悪いこともあり、当時の建築はあまり階数を積んでいないが、本ビルは地下階を設け、浮函基礎と一部杭基礎とすることで階数の上積みが図られたようだ。防火建築帯における共同ビルを推進する県公社の自社ビルだけあって、いろいろな試みがなされているが、そのひとつは、他の県公社アパートには見られないメゾネット住戸である（3-2-33、34）。延床面積16坪（52㎡）程度であるにもかかわらず、8坪×2層のメゾネットを提案している。玄関が無い上階には道路側と街区内側の両側に居住者専用バルコニーがあり、採光、通風の面でメリットは大きい。また和室の収納下には、通気のための地袋を設けるなど、居住性に対する細かな配慮がなされている。いずれの住戸も、コンパクトな室内に比して十分すぎるぐらいの半外部空間を伴い、通りとの一体感と、コモン・スペースとしての落ち着いた中庭側とのつながりが両立されているためか、数字以上の広さや開放感がある。通りの並木が目の前に見えて街との一体感を感じられること

公社アパート住戸タイプA（メゾネット 3K型

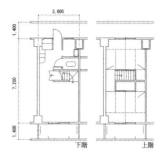

3-2-33　神奈川県住宅公社ビルメゾネット住戸　平面図

3-2-34　神奈川県住宅公社ビルメゾネット住戸　内部写真（下階と上階）

は、こうした沿道型建築ならではの心地よさである。こうした提案には県公社の意地と執念すらも感じる。

　しかし、なんといってもその最大の特徴は、コ字形の平面によって囲まれた中庭をもつこと、そしてその中庭が、隣接する弁三ビルの裏路地とも連続して、やや横長な街区全体に及ぶ大きな中庭空間を形成していることである（3-2-35、36）。中庭へは、建物両端の階段室内通路を抜けるか、弁三ビ

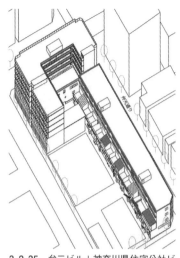

3-2-35　弁三ビル＋神奈川県住宅公社ビル　アクソメ

3-2-36　弁三ビル共用通路と神奈川県住宅公社ビル中庭

ルの裏路地からアクセスする。このように、所有権を異にする隣接建物どうしが連携し、街区内に空間的、動線的なつながりをもつ中庭を形成する手法は、防火帯建築ならではの、ひとつの理想的なあり方ともいえる。また、２階屋上に設けられた物干し用のテラスや、車庫上の屋上テラスなど、県公社職員や住人たちが中庭を活用できる配慮もなされている。このように、パブリックな街路空間から適度に隔てられた、街区内のコモン・スペースの形成という、防火帯建築の描く都市建築のあり方が、かなり明快なかたちで具現化されている貴重な事例といえる。つまり弁三ビルと公社ビルは、まさに欧州都市の街区型建築のように、一体化して建ち、街区を大きく囲い込んでおり、個々の防火帯建築が独立した単体物ではなく、街区を形成するひとつの構成要素、すなわち都市において連携したり集合することを前提につくられている「都市建築」であることを象徴的に示している。

　以上みてきたように、防火帯建築がつくり出すオープン・スペースは、建物の規模や形状、敷地条件や周辺環境の違いによって、それぞれ個性的なキャラクターが生みだされていることも面白い。この点は、上述したように、通り沿いに「線」状に延びるだけの他都市の防火建築「帯」に比べて、町のいたるところに「点」在している横浜の防火帯「建築」に、より顕著に見いだされる特徴といえるかもしれない。そして、防火帯建築のオープン・スペースが、近年一般化している箱型やタワー型の都市建築モデルにおける、孤立的、硬直的な公開空地のあり方とは対照的に、連鎖的かつ柔軟な都市空

間の一部として周囲の通りや建物との関係を再定義することによって、地域におけるオープン・スペース形成の「基点」となり得るポテンシャルを秘めていることを、これらの楽しげな実践が理屈抜きに示してくれている。

3-2-37　1961 年以前の福富町国際通り
出典：『火事のない街』

持続性

防火帯建築の多くは、築後 50 年以上を経ている。こうした長い時間を生き抜いてきた建築だけに、そこにはその時間の痕跡がさまざまな形で刻み込まれている。長く存続して使われ続けることが都市建築に求められる条件のひとつだとするならば、こうした痕跡を観察することによって、都市

3-2-38　福富町国際通り空撮
出典：Google Map

建築がもつべき特徴が浮かび上がってくるのではないだろうか。ここでは、当時としては全国的にも先駆的な建築協定によるまちづくりが実践された福富町（第 4 章 2 節参照）（3-2-37、38）の 2 事例と、関内で進む再開発の荒波のなかで生き残る事例を通して、こうした特徴について考える。

福仲ビル：協定と混沌の共存

伊勢佐木町通りの北西側に隣接する福富町は、米軍接収時にはいわゆるカマボコ兵舎が建ち並んでいたエリアである。接収解除後、日本で 2 番目となる建築協定に基づき、防火帯建築による当時としては先進的な新しい街づくりが行われた。とくに町の中央を東西に貫く福富町国際通りは、現在でも数多くの防火帯建築が残されている貴重な通りである。「福仲ビル」は、その名前でもわかるように、この通り全体のほぼ中央付近にあたる福富町仲通りに建つ。（3-2-39、40）民間 6 者と神奈川県住宅公社との共同ビルであり「福富町第二共同ビル」ともいう。竣工は 1958 年、地上 4 階建てで延床面積 1,633㎡、1、2 階が店舗および店舗付住宅、3、4 階が県公社アパート

3-2-39　福仲ビル（1958）外観

3-2-40　福仲ビル　アクソメ

3-2-41　福仲ビル　協定通路

3-2-42　福仲ビル南側現況

である。ちなみに「第一共同ビル」は、福富町東通りのイセフクビル（竣工
1957年）である。

　福仲ビルの動線計画は前述した弁三ビルと同様の形式をもち、アパートへ
の階段入口が裏側の路地（協定通路という）に面している（3-2-41）。設計
者は弁三ビルと同じ創和建築設計であることも無関係ではないだろうが、し
かし数ある創和建築設計の共同ビルのなかでも、こうした形式のものは数少
ない。現在の１階店舗は、アジア系、エスニック系の飲食店が多い。現在建
物の過半は韓国人の方がオーナーになっているし、階段室のゴミの出し方掲
示などを見ると、中国語とハングルでしか書かれておらず、入居者の大半は
外国人であると思われる。だがこれは福仲ビルだけではなく、福富町全体が
コリアン・タウンとも呼ばれるような街になっているのである。

　敷地は街区の一辺を占め、両端が角に面している。そのファサードは現在
ではかなり改変されてしまっているが、当時の写真をみると、各階のスラ
ブ・ラインや２階の水平連窓等によって、建物全体が水平に分節されつつ、

両角地に面した部分の壁面に対して、上階共用廊下のへこみが対比されたデザインになっている。一方背面側は、こちらがちょうど南向きでもあることから、塔のようにそびえる2つの階段室以外は、各階住戸バルコニーのスラブ・ラインが水平方向を強調するデザインであった。ただし現在は、バルコニー部分にさまざまな増築がなされ、植物なども繁茂しており、外壁が所有区分ごとに個別に改修や塗装が行われていることも重なり、その様相はまさにアジア的な混沌とした状態になっている（3-2-42）。後述する長屋ビルの早川他共同ビルとは違い、敷地の奥行きにさほど余裕がないものの、協定通路と3階以上のわずかなセットバックが、こうした増築のための余白を生み出している。2019年時点では、ちょうど背後に隣接する敷地が空き地になっているため、こうした興味深い立面がまちなかに露わになっているが、もしこの隣接敷地などにも防火帯建築が建ち並べば、各住戸の開口が向いた、プライベートなたたずまいの中庭になり得るものと想像できる。

　建築協定によってつくられた表側の秩序と、増改築を繰り返してできた裏側の混沌が、都市建築に必要とされる時間と時代の変化を受け止める、空間の表と裏の重要性を示唆している。

早川他共同ビル：拡張、改変の基点となる純粋コンクリ長屋

　福仲ビルと同じ通りに面して建つ本ビルは、民間5者の長屋ビルであり、竣工は1957年、延床面積約950㎡、施工は宮内建設とある。設計者も同じである可能性が高いが、正確には不明である。建物全体を指す名称はとくになく、当時のオーナー名を並べると、早川・斉藤・太田・横山・芹沢ビルであるが、ここでは便宜上「早川他共同ビル」と呼ぶ（3-2-43）。この早川氏は、福富町の戦後復興と上記の協定を定めるにあたり尽力した、当時の福富町復興会建築協定委員会会長、早川実氏の家系である。1965年の住宅地図では、この早川氏の区画1階が「早川自転車販売KK」となっているほか、順に「斉藤洋裁店」「大田屋そ

3-2-43　早川他共同ビル（1957）現況外観

ば」「ユキヤ洋裁生地」「セリザワ薬局」とあるが、2019年時点ではセリザ
ワ薬局の看板のみが残る（営業はしていない）以外は、すべて飲食店などの
貸店舗となっている。

　建物の外観は、アーケードの庇や水平連窓、さらに屋上の庇のような手す
り等によって、水平方向が強調された統一感のあるファサードが特徴的で、
正統的なモダニズム建築の影響が色濃い印象である。しかし内部は、敷地ご
とに明確に分割されており共用部分はまったくない。外壁も、竣工時の写真
（3-2-44）では全体一色だったと思われるが、現在は所有者ごとに異なった
色に塗り分けられ、建具の色やサイズもまちまち、さらに庇の軒裏天井まで
異なった仕上げになっている。また現地で確認するかぎり、セリザワ薬局以
外の区画は、敷地ごとに街路から直接上階に繋がる階段を有し、1階とは独
立した使用が可能である。

　一般にこうした長屋ビルの多くは、元々間口が狭く奥行きが深い敷地をい
くつかまたいで建っている。その結果、建物の背後にはそれぞれの敷地の余

3-2-44　早川他共同ビル古写真
出典：『融資建築のアルバム』

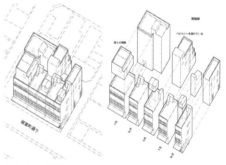

3-2-45　早川他共同ビル　アクソメ

3-2-46　早川他共同ビル　屋上の現況

白が残され、そこには敷地ごとに木造の別棟が建てられたり、後年増築されたりする。その結果、防火帯建築からいわばタコ足状に、いろいろな建物が増殖する状況が観察できる（3-2-45、46）。本ビルにはそうした状況が典型的にあらわれており、背後の敷地や屋上に、それぞれの本体部分からバラバラに建物が継ぎ足されている。背後から見た建物の様相は、表通りとは一転して、各敷地が勝手に建てた建物が無秩序に並び、一見混乱しているだけのようにも見えるが、少し見方を変えて考えてみると、そうした混乱を引き受けることができる余白や余裕が予め確保されていたからこそ、この建物が現在まで持続できているともいえる。つまりここでは防火帯建築が、長い時間の持続性における「基点」としての役割を担っているのである。そのような拡張のためのゆとりを予め確保しておくことが、長く持続することを期待されている都市建築には重要なのではないだろうか。このように、この早川他共同ビルは、ごくシンプルな長屋ビルではあるが、そのシンプルさゆえに、多様な都市建築の性格が反映された、示唆に富んだ建物となっているように思える。

金港他共同ビル：空所を担保するネガポジ反転ビルディング

　関内地区のほぼ中央部を海岸と平行に走る弁天通り東寄りの1丁目に、戦後から現代に至る都市の目まぐるしい変化をそのまま刻印したような防火帯建築が、ひっそりと残されている。ビル全体を指す名称はとくに無いようなので、ここでは現存する主要な部分の名称「金港ビル」に因んで、仮に「金港他共同ビル」と呼ぶこととする（3-2-47）。

　助成公社リストによると、同ビルは1954年に融資を受け、三井建設㈱の施工で建設された（設計者は不明）。建物は竣工当初は2階建てで、上記リスト内ではその時点までで最多の民間8者による共同長屋形式ビルであった。建設当初のオーナーのなかには、たとえば1880年に「後藤絹店」としてこの地で創業し、後に3丁目の県公社ビ

3-2-47　金港他共同ビル（1955～1968）外観

3-2-48 金港他共同ビル古写真
出典：『融資建築のアルバム』

ルに移って 2012 年まで続いた老舗「後藤惣兵衛商店」なども含まれていた。1 階はすべて店舗であったようだが、2 階は住戸や店舗、事務所などが混在していたようである。オーナーが多いだけに、建物の間口長さは 60 m 以上に及んだ。外観デザインはいたってシンプルで、1 階は所有境界に合わせたと思われるまちまちなスパンで界壁が並ぶものの、2 階は床から天井までの大きなガラス開口が、端から端まで一様に途切れなく続き、それに加え 2 階上下の細長い壁によって、横長の立面の水平性がさらに強調されている（3-2-48）。

　このビルの最大の特徴は、築後 60 年余の間に、増改築や分割解体、建替えなどが繰り返されてきたことである。まず、一番東の区画「金港ビル」は、1955 年竣工から 61 年までの 6 年間に、平面拡張と 3 階増築が行われ、現在我々が目にする規模になった。一方、西端の交差点に面した区画は、1962 年住宅地図には「観光ビル」と記され、1968 年に 4 階建てに増築された。そもそも、このように増改築を繰り返すことは、「防火建築帯」建設において当初から想定されていたプロセスである。近年、災害復興の仮設住宅のつくり方などで提案されている「コア・ハウス」でも同様の発想がみられるが、防火帯建築は、予算が乏しい当初は小さくつくって、後に拡張、増殖するという考え方に基づいているのである。

　さて、時が流れ、横浜関内の衰退や経済状況の変化によって、他の防火帯建築同様、再開発の波が押し寄せ、2000 年代に入り金港他共同ビルにも大きな変化が生じる。2004 年 7 月、昔の写真で「LORD」という看板が掲げられている一区画が分割、解体され、地上 10 階、地下 1 階の鉄骨造ビルに建て替えられた。ちなみに、このビルのように、間口が狭く奥行が深い形状の小規模鉄骨造雑居ビルは、戦後主流だった RC 造建築と入れ替わるように 1970 年代末から増加し一般化したもので、現代的な建築類型のひとつである。さらに、ほぼ同時期の 2004 年 8 月には、西側約半分の 5 者の区画すべてが、まとめて SRC 造地上 11 階建の賃貸マンションに建て替えられた。こうし

た中・大規模 RC ／ SRC 造の集合住宅は、1980 〜 90 年代初めにかけての
バブル期に数多く建てられたのち一旦収束するが、また 2001 年頃以降建設
数が増加しており、いわば現在最もポピュラーな建築類型のひとつといえる。
大手業者による典型的な民間マンションなので、容積率いっぱいに建てられ、
防火帯建築にみられる裏庭のような「無駄な」空所はほとんどなく、1 階は
玄関のほか駐車場、機械室などが占め、店舗もない住居系単一用途ビルのため、
弁天通りに面する壁面沿いには自転車や自動販売機が置かれ、裏のよう
な雰囲気になっている。このように、こうしたマンション建築は、様々な側
面において防火帯建築と対照的な性格をもつ。

　以上述べてきたように、増改築や分割、解体、建替えがなされた結果、
2019 年時点では、東端の「金港ビル」と、中間あたりの区画だけが現存し
ている（3-2-49）。ただし、本ビルにおいて考えるべき興味深く重要な論点
は、上述したような本ビル自体の変化もさることながら、本ビルとその周囲
の建物も含めた街区全体の構成にこそ見いだすべきと思える。そもそも防火

3-2-49　金港他共同ビル　現況のアクソメ

3-2-51　太田一ビル外観

3-2-50　金港他共同ビルを含む街区の空撮　出典：Google Map

帯建築は、周囲にほとんど何もない戦後の焼け野原に、当初は近代的な建物
＝「オブジェクト」として建ち現れた。ところが現在では、2、3階建ての
本ビル自体は周囲の中高層建築群の間に埋没し、むしろその上空の何もない
空間の方が、周囲の建物間の空隙＝「ヴォイド」として存在感を放っている
（3-2-50）。たとえば前述の10階建て鉄骨造ビル周囲には、金港他共同ビル
のみならず、同じく防火帯建築の「太田一ビル」（近年解体）（3-2-51）が
接し、それら上空がヴォイドとなって隣地側の三壁面が開放されている。ま
た金港他共同ビルの一部は前述の11階建賃貸マンションの背後にまで回り
込み、同マンションと南側高層ビルとの間にヴォイドを挿入し、さらに太田
一ビルは、両側の10階建ホテルと7階建オフィスビルの隣棟間隔を担保し
ている。また、金港ビル背後の裏庭が隣接する駐車場と連続したヴォイドを
形成し、弁天通りまでつながる奥行のある都市空間の一部をなしている（3-
2-52）。このように、まばらに残る防火帯建築上空のヴォイドが保持される
ことによって、周囲の高層ビルに通風や採光を供給し、また都市空間の一部
として視覚的な抜けや開放感をもたらしている。つまり、都市空間におけ
る本ビルの役割は、オブジェクトからヴォイドへと、いわば「ネガ-ポジ反
転」し、結果として多様な種類の建築群の間に一定の関係性ができあがって
いるのである。

　もし、建設の経緯などを考えずに見るならば、上記の高層ビル群の間に低
層棟（＝金港他共同ビルの残部や太田一ビル）を挟んで千鳥配置とすること
で、相互の隣棟間隔を保つようにはじめから計画されたようにも見える。つ

3-2-52　金港他共同ビル裏庭

まり、多様な建築タイプの組合せや配置による関係性は、現代の都市空間デザインにおいて重要かつ有効な手立てなのである。そうしたなかで、金港他共同ビルや太田一ビルなどの防火帯建築は、高層ビルが都市に建ち並ぶことを予見し、それらの間に適度なヴォイドを担保することをも目的としていたのではないかと妄想したくなる。金港他共同ビルは、都市建築としての防火帯建築の役割が、単に増改築による建物自体の持続力だけではなく、それが分割されて建て替えられることや、残った部分が都市のヴォイドを創出することなども含めた、周囲との関係による持続的な都市空間の創出であることを、その切り刻まれた身体で、たくましくも健気に私たちに伝えている。

　以上述べてきた、防火帯建築背後や周囲の混沌とした状況は、都市計画史的には、街区内の混乱とみなされ、その後の「防災建築街区造成法」(1961)のように、街区全体の面的な開発へと移行するきっかけともなった。しかし一見混乱と見えるこうした様相は、少し違った見方をすれば、都市活動の変化や用途の更新に柔軟に対応し得えた結果ともいえる。また、防火帯建築のように中小規模の建物が連携し、集合することによって、都市空間全体を構成していくあり方は、都市活動の変化に対する部分的な対応や更新を可能とする柔軟性も有する。都市空間は、ある一時点でなく、過去から現在、未来へと続く時間の持続性を含みこむものでなければならない。何もかもがきっちり計画されてしまった環境にいると、ふと息苦しく感じたりするが、その一方で敷地内のオープン・スペースや建物の増改築、建替えなどの雑多な様相が、一見混乱のようでありつつも、見ていてなぜかユーモラスで親近感がわくのは、こうした都市の変化や更新に対応するゆとりと逞しさを感じるからではないだろうか。ここで紹介した防火帯建築群は、都市建築には将来の持続性を担保するゆとりと寛容さが不可欠であることを教えてくれる。

3−3　コア・ビルディング
──防火帯建築に学ぶ新たな都市建築タイポロジー

　ここまで、防火帯建築が横浜のまちの街並みや賑わい、オープン・スペー

ス、持続性といった多様な側面において、周囲の建物や外部空間との関係を再編する「基点」となり得る特質を備えていること、そして今日の横浜の都市空間においても重要な役割を果たしていることを、具体的な事例を通して見てきた。本節では、こうした横浜防火帯建築の特質を踏まえ、未来へと活かす視点から改めて考察してみたい。そのためにまず、まちづくりにおいて重要な役割を果たす都市建築類型としての横浜防火帯建築の意義について確認し、それらから学んだ新たな都市建築への可能性を「コア・ビルディング」の条件として提示し、本章のまとめとしたい。

防火帯「建築」が単体の建物であると同時に、「都市」というより大きな全体の部分であることを踏まえた都市建築であることはすでに述べたが、このことは防火帯建築が、都市の中で特別な存在感を放つ単体の建築作品というよりも、都市の広範囲を占める多数の、いわばありふれた建物群であることを意味している。こうした建築群は、たとえば日本の古い町家群（3-3-1）や、欧州の歴史的な都市にみられる、中庭をもつ街区型の中層建物群などのように、多くの事例に共通する特徴から定義される、都市建築の「類型（タイプ）」として捉えられる。横浜防火帯建築も、それらほど長い年月を経たものではなかったにせよ、当時の法規や社会的背景に基づく都市建築の類型のひとつといえる。

近現代の日本においては、著名な建築家が設計するような単体の公共的建築や住宅が注目されてきた一方で、都市の「地」（いわゆるアーバン・ファブリック）をなすような類型的な都市建築にはあまり関心が向けられてこ

3-3-1　町家が連なる通り（愛媛県内子町）

なかった。一方たとえば欧州では、19世紀初頭のフランスにおいて、すでにA.Ch. カトルメール・ド・カンシーなどによって建築類型への関心が示され、近現代ではとくに1950〜70年代にかけて、欧州各国で都市建築の「類型学（タイポロジー）」が注目されてきた。1966年に『都市の建築』を著したイタリアの建築家アルド・ロッシは、都市建築が本来的

3-3-2 街区型の中層建物群（パリ）

3-3-3 マセナ地区の街区（パリ、1994〜95、基本計画：クリスチャン・ド・ポルザンパルク） 出典：Google Map

に類型的な存在であること、およびそれが各時代の建築技術や権力（法規）、経済、土地形態（所有区分等）のなどの影響を受けて成立することを指摘し、都市形成における建築類型学の重要性を説いている。またフランスの建築家クリスチャン・ド・ポルザンパルクは、「オープン・ブロック」というコンセプトのもと、欧州の伝統的な街区を開く都市建築の類型を提案、実践している。ちなみにその実例（3-3-3）をみると、建物と空所の関係などが、前節で紹介した横浜防火帯建築を含む街区の現況にも似ており、現代における横浜防火帯建築の可能性を考えるうえで興味深い。

　現代の都市では、ロッシが挙げた都市建築の条件、つまり技術や経済が発展し、土地形態も多様化しているため、都市建築の類型も多様化し、都市景観も一見雑然としたものとなっている。とくに日本の都市では、短期間における経済的な発展や都市政策の転換などを背景に、都市内に見いだせる建築は、木造低層住宅から中層雑居ビル、超高層ビルまで、世界的にも例をみないほど種類も建設年代も多様化、混在化している。このような状況のなかでは、もはやかつての町家や街区型建築のような、統一的な形態に基づく都市建築類型は想像しにくいし、想像する必要もないのではないかと考えたくなる。しかし、たとえばスペインを代表する現代建築家のひとりであるラファエル・モネオが、類型学とは、都市空間について、それを成立させている建築そのものを通して理解し、今後の計画へと活かす認識を得るための方策である、と書いているように、現代の都市建築が多様化すればするほど、そこに生み出されているさまざまな建築群を類型的に捉え、理解することが、今

後の都市建築、ひいては都市空間をつくるうえでより一層重要といえるだろう。

　現代の日本では、都市空間の形成において、本来補完関係にある建築設計分野と、主に都市のオープン・スペースを扱う都市デザイン分野とが共通の言語を持てず、それぞれ個別化しがちな傾向にある。そのような状況のなか、建築単体であると同時に都市空間の部分でもあることを前提とした都市建築類型は、これら双方のデザインにおける思考や実践をつなぐ共通の言語となり得る可能性をもっている。横浜防火帯建築が示した意義のひとつは、それがまさに、単体の建築が集合、連携することによって都市空間を形成することまでを射程に入れた、実践的な都市建築の類型であったこと、そしてもうひとつは、横浜という現実のまちづくりにおいて、それらが魅力ある都市空間を実現する重要な役割を果たし得ることを実際に示した点である。このように防火帯建築は、戦後日本の都市において、まちづくりを都市建築の類型から構想しようとした稀有な試みだったのである。

　より複雑になっていく現代の都市空間の未来を考えるうえで、私たちが横浜防火帯建築の特質から学ぶべき重要な視点は、それら自体がもつ多様性や柔軟性のみならず、そこにバラバラに混在する大小さまざまな建築、そして公開空地やビルの隙間、暫定・未利用の土地などといった小さな外部空間などをつなぎ、関係づける「基点（コア）」となる役割を果たすことで、その周辺の都市空間を再編する建築の重要性である。ここでは、横浜防火帯建築から学んだこうした視点を踏まえ、これからの都市空間形成のコアとなる特徴を備えた新たな都市建築の在り方を「コア・ビルディング」と呼ぶこととし、これからの都市空間を再編し得る建築類型の可能性として位置付け、その条件をいくつかのポイントとして整理しておく。

　（1）**多様性・共存**：現在の都市では、用途別ゾーニングや分譲志向が絡み合い、単一用途の大型建築が増えている。一方防火帯建築では、たとえば県公社共同ビルのような、いわゆる「下駄履きアパート」が、人が住む中心市街地の実現に大きな役割を果たしたといえるが、これらにみられるように、居住と業務・商業との複合、共存によって生み出される街並みの賑わいの重要性に改めて気づかされる。また、個性的な建築家たちの参画により、それ

それの環境や条件に応じた多様性のある建築群が共存していたことも重要であり、かつ建物一つひとつが小さすぎず大きすぎず、そうした中規模の建物群の集合で街区やまちができていることは、それらの部分的な建替えや更新による都市の持続性を可能にするという点でも有効である。

（2）表と裏／手前と奥：多くの横浜防火帯建築から気付かされることのもうひとつは、建物およびその敷地内に、表と裏および手前と奥を定義することの重要性である。たとえば店舗であれば表の接客と裏のサービス、集合住宅やオフィスなら、表のメイン・エントランスと裏の駐車場出入口、また最近では空調室外機置場や喫煙スペースのような場所も必要とされる。また手前と奥は、動線的な奥行きの違いであり、通常ならパブリックな空間が手前で、奥へ行くほどプライベートになる。近年よくみる公開空地を周囲にもつ独立型のビルは、外壁面がすべて街路に面した「表」になってしまうが、いずれかの面にはどうしても駐車場入口や喫煙スペースなど、本来裏に置くべき要素を配置せざるを得ず、また街路沿い＝手前に置きたい店舗も公開空地の奥に配置せざるを得ない。また通り沿いの地上階に、プライバシーが必要な住戸が面することも多く、遮蔽のための壁やフェンスによって「表」の賑わいが形成されにくい。一般に、都市空間におけるパブリック／プライベートといった領域の在り方は重要な課題とされるが、それは個々の建物において定義された表と裏、あるいは手前と奥といった小さな領域がつながっていくことで成立するのである。

（3）空所の創成と連携：多くの横浜防火帯建築の背後には、路地や中庭、低層建物上空などの空所が残され、採光通風のための外部空間、アクセスやサービス・ヤード、増築のための予備スペース（早川他共同ビル）、街区内の通路や中庭といった開かれた空間（徳永ビル）、さらには高層ビル群の隣棟間隔を担保する防火帯建築自体の上空（金港他共同ビル）など、さまざまな役割を担っていた。こうした空所が余白として残されることで、将来の増築などが可能となり、建物自体の持続性が担保される。また隣接し合う建物の空所が関係づけられ、連携することにより、より大きなスケールの空所を生み出し、都市のオープン・スペースに奥行きと多様性を生み出し得るのである。

都市は、その空間的な側面からみれば、隣接し合う建物群やオープン・スペースの具体的な連なりにすぎない。日本の都市計画は、戦後復興期から現代に至るまでの短期間に、防火帯建築のような「線」的な開発から、街区の「面」的な大型開発へと転換していった結果、現代都市には、新旧の多様な建物やオープン・スペースが敷地ごとにバラバラに混在、散在している。こうした状況のなかで、防火帯建築から学んだ特徴を受け継ぐ「コア・ビルディング」は、ある一定の形式によって定義されてきたこれまでの都市建築類型とは異なり、固定的な形式に囚われすぎることなく、様々な周辺環境に対応する柔軟性と多様性を有し、既存の建物群やオープン・スペースを再編し有機的に関係づける「基点」となり得る、新たな都市建築類型の可能性を示唆するものである。それは、現在次々と解体撤去されているとはいえ、建設から半世紀以上を生き抜いてきた横浜防火帯建築群が、現代に生きる私たちへ残してくれた、未来へ向けたメッセージであるように思える。

【参考文献】
1) 岡田昭人、阿部俊彦、米田論史、岡田春輝、佐藤滋「鳥取市における防火建築帯再生に関する研究（1）：地方都市中心市街地における防火建築帯造成の実態について」日本建築学会大会学術講演梗概集（都市計画、建築経済・住宅問題）、383-384、2010-07、ほか
2) 初田香成「沼津本通防火建築帯について：都市不燃化運動の地方都市における事例研究」日本建築学会大会学術講演梗概集（建築歴史・意匠）、333-334, 2006-07、ほか
3) 原誠、岡田啓佑、中井邦夫「魚津市中央通りの防火帯建築を含む街区の構成（1）・（2）」日本建築学会大会学術講演梗概集（建築歴史・意匠）、447-450、2015-09
4) 日本建築学会編『店舗のある共同住宅図集』1954
5) 村井進「耐火建築促進法施行の第一年を終へて」『建築雑誌』「都市不燃化特集」、No. 801、1953-08
6) 「団地百景」WEB サイト：http://danchi100k.com/genkyo/kanto.html
7) アーバンデザイン研究体『横浜関内関外地区・防火帯建築群の再生スタディブック』2009
8) 中井邦夫「横浜の防火帯建築おける空所の構成」日本建築学会計画系論文集、708 号、323-330、2015
9) 水煙会（横浜国立大学建築学教室系同窓会）会報、第 39 号、2009
10) 岡田義治、畔柳武司「宮内建築事務所と宮内初太郎について（その１）」、日本建築学会大会学術講演梗概集、767-768、1987
11) 横浜市建築助成公社『横浜市建築助成公社 20 年誌』1973
12) Ikaputra, "CORE HOUSE: A STRUCTURAL EXPANDABILITY FOR LIVING Study

Case of Yogyakarta Post Earthquake 2006", *DIMENSI TEKNIK ARSITEKTUR* Vol. 36, No. 1, Juli 2008: 10-19

13) 横浜市建築助成公社『融資建築のアルバム』1957

14) 藤岡泰寛「横浜の防火帯建築と戦後復興」web サイト、2013 〜、http://bokatai. blogspot.com/2013/08/lord.html

15) 松政貞治「A. Ch. カトルメール・ド・カンシー及び G.C. アルガンの類型概念について――都市建築における沈澱された意味の蘇生とその脱構築（3）」、日本建築学会計画系論文集、488 号、237-246、1996 ほか

16) アルド・ロッシ（翻訳：大島哲蔵、福田晴虔）『都市の建築』大龍堂書店、1991（原著：1966）

17) Rafael Moneo *On Typology, OPOSITIONS*, MIT press, Summer 1978

18) 大阪市住まい公社「川口ビルアーカイブ事業報告書」2016

19) 横浜市建築助成公社『融資建築と譲渡建築』1959

20) 神奈川大学中央研究室「BA ／横浜防火帯建築研究」シリーズ、2015 〜

21) 日本建築学会『IBA ベルリン国際建築展都市居住宣言』1988

22) 横浜市建築助成公社『火事のない街』1961

23) 岡絵理子、鳴海邦碩「大阪市における公的セクター供給の「併存住宅」の形態的類型化に関する研究」日本建築学会計画系論文集、525 号、97-103、1999

24) 百瀬大地、中井邦夫「隔切りをもつ横浜防火帯建築における立面構成：横浜防火建築帯に関する構成的研究（2）」日本建築学会大会学術講梗概集（建築歴史・意匠）、631-632、2015

25) 原誠、中井邦夫「横浜の防火帯建築と隣接要素がつくる空間構成：横浜防火建築帯に関する構成的研究（1）」日本建築学会大会学術講演会（建築歴史・意匠）、87-88、2013

26) 鈴木成也、中井邦夫「都市中心市街地における建物の外形タイプとその立地および建設年代―横浜市伊勢佐木町一帯を対象にして―」日本建築学会計画系論文集、754 号、2313-2323、2018

27) 神奈川県住宅供給公社『神奈川県住宅供給公社 20 周年記念誌』1971

28) 神奈川県住宅供給公社『横浜関内地区の戦後復興と市街地共同ビル』2014

街並みに界隈性と懐の深さをもたらした防火帯建築

黒田和司

1　防火帯建築の可能性

　横浜においては終戦間際の大空襲により、関内・関外地区、横浜駅周辺等の臨海中心部のすべてが焼き尽くされ、またその後の連合国進駐軍の 10 年近くにわたる接収は、復興事業、区画整理を遅らせ、他の戦災被災都市に比べほとんど進まなかった負の歴史がある。戦災被害に加え、長期間の接収は地域経済を疲弊させ、一から地権者だけでの再建は経済的に難しいものがあったと思われ、個別の脆弱な建物が立ち並ぶ恐れもあった。その中で、被災した都市の中でも最大規模となった 440 棟を超える防火帯建築群が、関内・関外地区を中心に整備された。この復興事業が実現されたのも、復興に向けた公共・民間関係者の創意と熱意、復興の遅れた更地に当時の横浜の実情に相応する前向きなビジョンを思い描く先見があったからこそといえる。

　このような当時の状況を俯瞰してみて強く感じることは、復興住宅としての役割も担ったといわれる横浜の防火帯建築の価値および概念は、今後どこにでも起こりえる災害後の復興まちづくりを考えるなかで、大きな示唆に富む建築形式となりえるのでは、ということである。さらに言えば、横浜の防火帯建築を再考することは、今後必ず生じてくる人口減少による都市のスポンジ化、それに対応する都市構造の再構築等、まちづくりを考える際に、共通して生じるであろう建築的課題に対応することでもある。

　ここでは、これからの都市建築の新たなる形式となる可能性について、また都市建築で形成されるまちの景観形成の観点から、横浜防火帯建築が備える、次代に引き継ぐべき DNA を抽出し論じたいと考える。

2　建築群の公共性、建築群の集合性

　都市におけるまちづくりには長い時間とプロセスが欠かせない。同時に地域の地形、風土、歴史の文脈などに裏付けられた地域性・独自性と、新たなものを受け入れる多様性・寛容性を担保することも欠かせない要件である。都市を形成する建築は、一方向からの恣意でできるものではない。またその存在は、社会や環境、人々の心に対して与える影響には計り知れないものがある。それゆえ都市建築は、実現されるまでに時間をかけて多方面からの思惟を深めるプロセスの担保が必要な、極めて公共性の高い存在である。

　都市には労働力の受け皿としてタウンハウス、共同住宅が造られてきた。西欧の多くの都市は古い街並みの区画街路に沿った中低層の不燃建築群の集合で構成され、都市建築として住職近接の街区型建築形式が発達してきた。そこでは建築群により都市を構築することが必然であり、街並みの表層にも公共性としての規範が求められることが一般的であった。

　日本では戦前までは都心部でも低層の木造中心の街並みが一般的であり、火災による災害が絶えなかった。それが戦災により壊滅的被害を受けたことから、不燃化とともに職住分離が進み、高度成長期の持ち家政策にもよって郊外団地、戸建て住宅の供給が中心となったといえる。その反面、分譲マンション等の市街地共同住宅建築は公共性より私権が優先され、都市建築としての質が深まることなく、量だけが拡大する結果となった。

　一方、都心部では街並みの表層の多様化が進み、私権が露出する商業記号、ノイズの集積として、世界にも類を見ない混沌とした様相を呈している。このことが西欧の

私権が優先される日本の市街地

公共性が優先される西欧の市街地

都市の成り立ちと日本のそれとが根本的に異なるところであるともいえる。

　このような歴史的経緯の中で見ても、横浜の防火帯建築は日本では特異な建築群であり、そこでの建築群の公共性、集合性の視点は、都市建築として再評価できるものと考える。

3　横浜防火帯建築が織りなす街の様相

　1950年代初頭、横浜都心部の関内・関外地区では、他の都市での復興が進む中、手付かずの更地が広がる状況であった。その後、接収解除に伴い遅れた復興を取り戻すべく、早急に復興ビジョンを描く必要があり、また地域での生業を持続可能にするまちづくりを実現させる政策的な観点からも、それは不可欠であった。このように当時の緊急的な状況から、ハンブルグ市の復興計画から規範を得たといわれる職住近接の複合建築による不燃化街区を形成する建築群の集積が注力された。

　一方、開港以来の関内・関外地区の街の構造は江戸の町割りに近い、奥行の狭い区画で形成されており、そのことが震災、戦災後のまちづくりにも大きな影響を与え、西欧の街並みとは異なる、人間的尺度をもった街並みを創ったといえる。また、目抜き通りを整備するにとどまる日本の他都市の路線型防火帯建築と大きく異なり、横浜の特徴的なことは、関内・関外地区のほとんどの区画街路に沿って防火建築帯を指定し、面的に不燃化街区としたことである。そして中小の個人商店の集積にとどまらず、その屋上の利用権を設定した上層階に共同住宅を設け、低層部の区画には生業を営む地権者の店舗を連担し、下駄履き共同住宅として、まちの賑わいを街路に取り戻したのである。

　当初の計画では関内・関外地区の街路ブ

ハンブルグ復興市街地

横浜復興市街地・防火帯建築

ロックすべての防火建築帯に沿って不燃建築群を形成する計画であったが、地権者の所有権の調整には時間がかかることもあり、それは指定間口の約4分の1と、未完成であったことも事実である。しかしながら、そのことは後のまちづくりの多様性を受け入れる余地を残すことにもつながったといえる。最盛期にはわかっているだけで440棟を超える規模となった横浜防火帯建築群は、明治期の歴史的建築物、震災復興建築群、戦後の中低層建築群とともに、関内・関外地区の景観を特徴づける街並みの形成に大きく寄与し、また防火帯建築が内包するコモンスペースはまちの中間領域を形成していき、都市建築群として、みなと横浜の独特な様相となったといえる。

4　まち・建築の中間領域と街並み景観

中間領域の形成

　横浜防火帯建築から抽出すべきDNAの一つに、中間領域の形成がある。日本の歴史的都市は、都心部でもせいぜい2、3層の木造建物が中心で、微地形をまちづくりに取り込んでいく自然重視の空間形成や、軒を揃える表通りの様相とは異なる、路地裏の突き当たりの井戸端に至る懐の深い中間領域などが、まちづくりの作法であったように考えられる。また、建築における深い軒先の縁側空間なども同様に中間領域といえる。この中間領域は日本の街が本来もっていた緩やかなヒエラルキーを内包する、公共空間から私空間にいたる濃淡のある多様な、曖昧な空間であり、表通りの賑わいとプライベート空間との緩衝帯となるコモンスペースといえる。

　開港当時の関内地区の市街地絵図の中でも描かれている表通りの店構いの奥にも、建物で囲われたこの中間領域を見て取れる。奥の中庭に面した居住空間や蔵構など、これらを立体的に構成したものが、防火帯建築にも見られるコモンスペース「中間領域」に繋がると考えられる。これらは小規模な木造建築で街並みをつくるときの日本古来の作法で、京都などの町家の路地裏にも見られる領域であり、西欧の中庭を持つ中層建築とは根本的に異なる様相となっている。

　横浜防火帯建築の特性である低層部の構成、住居部分の構成は、日本の街

が持っていたこのコモンスペースを立体的に重ねた構成となっており、関内・関外地区の市街地に集合連携することで新たな空間、界隈性を形成し、当初は意図しなかった偶発的に生成した空間領域であると考えられる。そして、公共領域のアクティビティと生活領域のアクティビティが混ざり合う緩衝空間として、絶妙な距離感で中間領域を形成してきたといえる。この防火帯建築にみられる中間領域を計画論的にとらえると、次のように言い換えられるだろう。

①コモン空間に緩やかな階層を取り込む

　共用スペースの緩やかな階層は、まちづくりで最も重要な要素の一つである。それを構成する中間領域とは、例えば、人が座れる階段であるとか、小さな人だまり、まちに開く中庭、街路を見下ろす物見台、メザニンなど、誰が使用するか明確化されてない曖昧なスペースである。これらは日本の街が本来もっていた、公共から個にいたる多様な空間領域である。そこでは人々の活動が連続的に発生し、まちの賑わいをつくる場となる。

②無駄と思われていたことを再評価する

　使いづらさ、不便さ、余分なもの——これらの意味するところは、現在では排除され忘れ去られている。曲がりくねった長い動線、多数の階段、袋小路など、一見無駄なものとして見える曖昧な設えが、今まで意識せずに失ってきた何気ない日常を、記憶と共に呼び戻すこととなる。共用スペースは、プライバシーの濃度が徐々に濃くなるような、パブリックから住民だけのセミパブリックへと至るイメージである。防火帯建築はそうした中間領域、スペースで繋がっている。

③建物を街並みのスケールに近づける

　建築は技術の進歩により、大きなシステムとして形成されてきた。そのため以前から継承された、その場所にふさわしい街のスケールを超えたものも見受けられる。このことが街並みの連なりの調和を分断させる一端にもなっている。

　防火帯建築にみられる中間領域は、大規模建物をなるべく分節させ、建築形式を多様にすることで、また低層部に公共的機能、セミパブリックスペースを配置して積極的に街に開くことで、賑わいや界隈性を形成し、街並みと

防火帯建築の中間領域・中庭　　　　　テラス・物見台　　　広い廊下

連続させている。これは今まで評価されてない領域であるが、日本の都市建築を構築していく上では欠かせない視点であると考える。

　近年、都市部に集中する分譲マンションは、供用空間の充実よりも個的専有空間でのプライバシー、セキュリティが優先され、コモンスペースの醸成は望めないものとなっている。効率性を優先させたまちづくりは、日本古来の街並み、建築の曖昧な部分を捨て去ることで成り立っている。そこでは経済システムが優先され、中間領域の持つ多様性は排除されてきたといえる。

　これからの時代に欠かせないまちづくりの視点とは、まちの記憶を継続させ、そこにある地形、風土、歴史の記憶を繋げていくという想像力である。それは今まで時間をかけて築きあげられた街並みの記憶に日常を繋げ、賑わいが感じられる居場所をつくりだしていくことであると考える。これらの居場所は防火帯建築にも内包されている領域であり、生活の一部として受け入れられている。当初は意識されなかった中間領域となる供用部分も、新たな領域として認識され始め、プライベート空間とパブリック空間の接点となる。そこにこそ都市における人間のアソシエーションとアクティビティが生まると思われ、最近のリノベーション利活用においては積極的に空間利用されてきている。

　この中間領域の存在は、他の都市の路線型防火帯建築には見られない横浜防火帯建築の大きな特性であるといえる。この防火帯建築が内包する特性を、時代に相応して生成可能な「懐の深い中間領域」として更に進化させ、領域の密度を高めていくことで、将来の都市建築の形式として展開する可能性も

十分にあり、今後、日本の街並み・賑わい形成においても、その概念が大きな役割を担ってくると考えている。

景観の醸成

　横浜防火帯建築のDNAのもう一つに、横浜ならではの街並み、景観の醸成があげられる。戦後の大衆映画、記録映像などを見ると、その背景に繰り返し防火帯建築の風景が映し込まれていた。また、米軍の駐留は戦前の欧米文化の玄関口であった横浜の様相を一変させ、米国文化のショウルームとして大衆文化、風俗に大きな影響を与え、東京からも人が集まる米国的情緒の街へと変化していった。その様相は防火帯建築の店舗表層にも引き継がれており、同時代を生きた市民には、日常的に見慣れた横浜の原風景として記憶の中に刻まれたものとなっている。

　防火建築帯は1961年の法適用が終わるまで全国で300kmを超える指定がされ、実際に建築された間口幅は約39kmになると言われている。横浜では関内・関外地区に約37kmが指定され、そのうち非助成分も含めると間口幅約9kmの防火帯建築が建てられた。横浜の防火帯建築は全国の約4分の1にも達したのである。また、横浜の防火建築帯は東京、大阪など他の大都市では広範囲な幹線道路沿いの指定となっているのに対して、関内・関外地区の約3.2k㎡と狭いエリアに高密な街区型の指定となっている。このことが市街地街区形成にも独自の特性を持つことになったともいえる。

　さらに、他都市では道路拡張などの復興基盤整備が優先されたのに対し、横浜では接収により全面的に整地された影響で、震災復興当時の区画街路を復元する復旧整備にとどまった。反面、そのことは道路幅員による防火帯形成が望めないことでもあり、開港以来の区画街路沿いでの防火帯を形成する建築群による街区不燃化を進める結果となり、他の都市には見られない中低層建築の連担による異国情緒を感じさせる市街地が形成されたといえる。

　その後、耐火建築促進法は廃止され、1957年の関内地区への最低限高度地区制度導入などにともない、幹線道路沿では31mビルも建設されるようになるが、棟数としては数えるほどで、大きく変化することはなかった。また区画街路には防火帯建築から引き継がれて、それ以外の中低層ビル群も軒

を連ね、街並みもかなり整ってきていた。当初構想された大街区による防火帯建築群の街区形成は完成しなかったものの、駅前商店街の表通りだけの賑わいにとどまった他の都市と異なり、関内・関外地区での街並みは小さな中庭、背割り路地を取り込みながら、連続する中低層ビル群が創り出す横浜独特の景観となり、街区全体に広がる賑わいを取り戻していくこととなった。ここで戦後の復興期も一区切りされることになったといえる。

　この記憶に残る街並み景観も、1960年代からの容積制度、高度地区制度市街地環境設計制度の導入施行により、中心市街地での建替え、再開発が促進されることになり、大きく変化する時代を迎えた。1960年代中頃から横浜の商業中心は横浜駅周辺に大きく移動していき、加えて長引いた接収被害による大企業の東京移転、経済の東京一極集中の影響もあり、関内・関外地区の経済規模も往時の半分を下回ることになり、衰退を招いた。その結果、多くの中小業務用途のビルが不動産ディベロッパーにシフトされ、4、5層の街区型中低層建築群により形成されてきた関内・関外地区の街路景観も大きく変貌することになった。

　大通り沿いから始まり、80年代には区画街路、より狭い背割り街路にもマンション、オフィスが建ち始め、90年代には中小ビル群の再開発も進み、公開空地を前面に設けた高層ビルが、戦後築き上げてきた街並みの連続性を分断するように建設されるようになった。狭い区画街路沿いのビルは高層部セットバック、道路後退をして壁面線が不ぞろいになり、また街路沿いには非商業用途の駐車場、ゴミ置き場等、以前の街並みでは裏手にあった用途が前面に出てくるなど、より一層、街並みの連続性が混乱する結果となっている。同時期には防火帯建築も建替えが進んだが、多くは当初の敷地区画の所有分ごとに分割され、バラバラに建築される統一感のないものになっている。公社により建て替えられた防火帯建築の中には、低層部に街路型の街並みを継承するように計画されたものもあるが、広く展開されることはない状況である。

　2000年代に入ると75mの超高層オフィス、マンションも出現し、東京の縮図のような街並みへと変貌していくことになった。防火帯建築も半減し、替りに高層ビル群が連なり、どこにでも見られる特徴のない街並みに変貌す

高層建築群での混乱した街並み

中低層街路型建築群による街並み

ることになった。現存する防火帯建築も権利関係が複雑で、所有者だけでの再整備が困難な現実があり、新たな枠組みの再整備設計制度が求められる。

　街並み景観は市民が共有する貴重な公共財産の一つといえる。この防火帯建築群も、横浜に残る戦後の建築運動の貴重な生きた公共財産といえる。戦災から築き上げてきた都市建築群の再評価と、街並み景観保全が早急に求められる。横浜市では景観保全制度に関る所管として、都市デザイン室、横浜市都市美審議会がある。これらは都市景観形成に影響のある計画に対して審議、意見を述べる機関となっているが、現在、強い規制力はない。審議会をより発展させ、建築物や都市空間のデザインの向上を図る審査や技術的支援を行なうCABE（英国建築都市環境委員会）のような、許可制度を伴う評価委員会へと進化することが求められる。この議論はこれからの都市景観づくりにとって重要な視点だが、次の機会を待ちたい。

5　都市建築群による景観・賑わい形成

　建築家・槇文彦氏は、都市計画家ホセ・ルイ・セルトからの言葉「都市で道を歩く人間にとって最も大事なのは、建物群の高さ15 m位までの部分と人間のアソシエーションである」が一生忘れられないと記している。この言葉の意味するところは、高層、高密の街路型建築で形成されたヨーロッパの街並みでも、4、5階あたりまでがヒューマンスケールの限界であると、またそこでのアクティビティが街の様相を形成しているのだと、あらためて思いおこさせる。一方、日本においては古来より木造建築であることから、2、3層の低層建築がほとんどであったが、近年、急速に高層、高密の都市に変

156

貌してゆき、まちづくりの作法、まちとの関わり方の手法が確立しない中で、今日に至っているとも思われる。

　横浜に残る防火帯建築も4、5層、約15ｍ程度のスケールであり、その再評価により、日本型の立体的に住まう作法のモデルを提示することも可能かと思われる。これらの街路型、複合建築は街の賑わい、界隈性を低層階に創り出していく形式をもっており、まさにこの部分には「人間のアソシエーション」が展開されているといえる。これらは現在でも一般の人々にあまり認知されていないビルディングタイプであるが、横浜の原風景として人々の記憶の中に知らずに刷り込まれている景観となっている。すでに築後60年以上経過した防火帯建築群はいずれ朽ちて壊されていくと思われるが、今その姿を記録、評価することは、戦後の建築形式として、その概念を次の時代に伝え、活用することである。また、単に建築だけにとどまらず、この資産・概念をまちづくりに取り込んでいくことで、各地域の特色とすることも可能である。

　都市計画家 C. ランドリーは「都市づくりは複雑な要素が絡み合ったアート」であると提言している。この視点からすれば、地域ならではの魅力となる優れた景観・まちづくりとは、そこで生活を営む人々が作り出す多様な文化であり、創造芸術と同義であるとの認識を市民が共有することが求められる。それは地域に生きる市民が街の姿を介しておこなうソーシャル・コミュニケーションでもある。だれもが記憶するまちとは、幾重にも重ねられた歴史の上に形成された空間と、その土地固有の立地特性によって形成された空間とが、密度高く、バランス良く配置されている街でもある。

　開港してまだ160年に満たない横浜は、幕府の政策でつくられた急造都市であり、政経の中心として発展してきた他の大都市と異なり、自立的に発展する地政的条件にはなかったところがある。また幾度となく災害に見舞われ焦土と化し、歴史的に継続現存する街並みは失われ、残された歴史的建築遺構も限られている。反面、そのことが独自な特性となり、その都度新たなパラダイムを生み出し、横浜ならではのヒューマンスケールなまちづくりへと繋がったといえ、防火帯建築もその延長線上にあるといえる。

　これまでの都市形成の歴史は、経済優先の中で発展してきた都市が中心と

なっていたが、これからの成熟した社会のなかでは、独自性、創造性のある都市が中心になると推測される。また人口減少、経済偏在の時代を迎え、まちづくりも量から質へとパラダイムシフトが求められてくる。無制限に拡大を続けた大都市も、環境に配慮したコンパクトな都市構造へと変化する必要に直面してくる。この社会構造の変化を背景に、これからの社会にまず求められることは、現在までに築きあげられた社会資本の効率的な運用と維持管理に重点を置き、保全活用することだと言える。社会の大きな変革期をむかえた今日、都市がより自律性を高め、継続してゆくためには、新たな都市構造、都市ビジョンが求められている。次の時代の都市建築の可能性を探る試みは、今後の縮減時代に一番求められている課題であるといえるだろう。

第4章　生活の舞台となった横浜防火帯建築

藤岡泰寛

　横浜（関内・関外地区）では記録にのこるだけで440棟の防火帯建築が建てられ、半数近くが現存している。築60年を超えるものも多く、これだけ長く使われ続け住まわれ続けてきたRC（鉄筋コンクリート）造の住居系建築自体が、我が国では希有な存在である。

　第4章では防火帯建築がどのような生活体験の場であったのか、生活者や商業者の視点、時間変容の視点を加えながら、解像度を上げて評価を試みたい。つまり、生きられた空間として防火帯建築を捉え直したい、というのが本章のねらいである。つきつめると、モダニズムの限界が認識され始めた20世紀後半に、エドワード・ソジャ『ポストモダン地理学』（1989）や、アンリ・ルフェーブル『空間の生産』（1974）ら、哲学者や地理学者の関心が建築や都市空間に向けられたことに端を発するのだが、物理的な存在としての建築だけを論じるのではなく、時間軸を織り込みながら、多様なリズムやドラマを含む、いきいきとした生活世界として建築を捉え直したい。

　方法としては、建物オーナーや商業者への取材を元に、各種文献等の史実を組み合わせて筆者によるルポルタージュとし、プライバシーに配慮しながら、できるだけ作為を加えずに客観的に叙述することを目指した。

4-1　市街地共同ビルと生活者

　上層階に神奈川県住宅公社の賃貸住宅を持つ併存型の防火帯建築（市街地共同ビル）は、独立した階段室と片廊下が組み合わされた比較的規模の大きいものであることは第1章でも触れたとおりである。実際、『横浜市建築助成公社20年誌』（横浜市建築助成公社、1973）でも、「併存住宅の規模は、

住宅経営の規模からみて、最小限20戸以上とされていた」とあり、このため土地権利者が複数名となることも多かった。

さらに、「土地権利者には、10年以後における公社住宅の優先払下げ権、及び一定割合の公社住宅の優先入居権が認められていた」とあり、これはつまり、払下げ以前には下層部のみ分割所有（複数所有の場合）、払下げ後は所有区分に沿った縦割り型の共同建築になるとして、将来の所有権移転があらかじめ想定されていたことを意味している。

このように、将来の払下げが最初から想定されていたことと、優先入居が認められていたことは、住まい方にも大きな影響を及ぼしていった。

なお、県公社住宅との併存型ビル5事例については、いずれも2000～2001年にかけて実施された調査にもとづくものであり、詳細については拙著（「家族従業の安定性からみた居住・商業の場と集合のあり方に関する研究」藤岡泰寛、横浜国立大学博士学位論文、2005）を参照されたい。

①質屋業に不可欠だった住まい：長者町三丁目第一大場ビル（1954年竣工、2012年頃解体）

長者町三丁目第一大場ビルが建ったのは1954年。ここに当初テナントとして質屋が入居したのが1961年で、その後、もう一人のテナントであったカーディーラーと2者で前所有者からこのビルを共同取得したのが1970年ごろのこと。土地割合はカーディーラーが120坪、質屋が80坪であった（4-1-1）。

質屋業を営む家族の住まいとして、このころまだ高校生だった現社長は、結婚後に店舗2階の3戸分をつなげて、妻と子どもの3人で30歳を過ぎるころまでこのビルで暮らした。家族で住む以前には、しばらく従業員夫婦が2階に住んでいた。

4-1-1　長者町三丁目第一大場ビル

今でこそ、防犯カメラや施錠システムなどが発達してセキュリティが向上し、営業時間外は無人となることも

多いが、当時の質屋は、必ず誰かが常に目を光らせていなければならなかった。常にいる、ということはつまりそこに住んでいる、ということであり、質屋業と住まいとは、切り離せない関係にあった。その後、1997年に1階店舗を改装し、質屋とは思えないほど高級感をそなえたものとなった（4-1-2）。

4-1-2　表通りの質屋へ

表通りの質屋へ

　第一大場ビルに入居する前、この質屋は交差点を挟んではすむかいの建物（長者町四丁目第3ビル、1958年竣工、1999年頃解体）で、1961年ごろまで営業していた。

　先代社長が創業したのは、さらに1951年までさかのぼる。磯子の根岸橋で営業を始め、1957年ごろ長者町に支店として出店。当時まわりには何もなかった時期ではあったが、伊勢佐木町周辺が復興しかけていて、支店出店の機会と場所を探して長者町通りに目がとまった。

　一般的な質屋といえば、どこか人目につかないようなところに立地するのが当たり前だった時代。磯子の店舗もそうだった。しかし、市電が通る長者町通りは、どちらかというと表通りの雰囲気である。これからの質屋はもっと目立つところで商売をしなければならないという先代の考え方は、現社長にもしっかり引き継がれている。中古ブランド品の買取販売という新しいジャンルの開拓者として、横浜を代表する経営者の一人となっていった。

ビル内の親子近居

　現社長が、妻と子どもの3人でこのビルで暮らしていたとき、先代も最期までこのビルの3階に夫婦2人で暮らしていたそうだ。このころ、現社長の妻は2人のための食事もつくり、食事をするときには3階から2階に降りてきてもらっていた。妻は義母から食事の作り方なども教わっていた。親子つ

かず離れずの近居暮らしといえるだろう。ビルの２階と３階にまたがって、二世帯住宅が入っているような、あるいは、一軒家の下階と上階を行き来するような、そういう感覚である。

　その後、事業を拡大させてきた先代が亡くなり、母とともにこのビルから転居したのが1987年。このとき、長者町は以前とは比較にならないほど賑やかな場所に変わりはじめていた。1972年に市電・トロリーバスが全廃されたときには、すでに長者町通りは慢性的な交通渋滞で定時運行が困難になっていた。子どもを育てていく環境として、転居は苦渋の選択だったようだ。

共同ビルの解消へ

　2000年ごろの時点で、もう１人のテナントであるカーディーラーと話し合い、あと数年で建て替えようということになったとうかがった。

　質屋が所有していた上階の管理住戸は４階まであわせると全部で12部屋。入居しているのはすでに３部屋ぐらいにとどまっていた。当時、質屋の社員は65名程度。もし建て替えるとしたら独身寮を設けたりして、社員のために使いたいという考えもあった。

　共同所有者同士、お互い業績が良い状況であれば話し合いもうまくいくが、将来のことを考えるとやはり、もう一度共同で建てるというのは大変なことの方が多いのも事実。現在、この場所には2015年に建てられた分譲マンションが立地している。竣工から60年を超え、現社長にお話をうかがったときから数えても15年が経過していた。この間にも、さまざまな環境変化があったのだろうと想像する。

②商人家族の住みこなし力：馬車道商栄ビル（口絵１、1995年竣工、2017年解体）

　馬車道通りにひときわ大きな共同ビルが建っていた。建築主９名と神奈川県住宅公社の共同による併存型ビル（1954年度事業（1955年９月竣工））である（4-1-3）。街区をコの字型に囲む配置が特徴的で、この配置によって生まれた２面の隅切り壁面には、片方には大きな薬局の看板が掲げられ、もう一方はコンクリートむきだしで、どちらも存在感たっぷりだった。

話をうかがった料理店は1887（明治20）年創業の老舗。空襲で店舗が焼失し、戦後しばらく磯子区で移転営業していた。

先代の父は亡くなってしまったが、息子である現店主が店を継いでいる。磯子で生まれ、1歳のころに馬車道に来た。このころ、まだ電車は

4-1-3　馬車道商栄ビル　撮影：井上玄

桜木町駅までしか通っておらず、朝は桜木町駅に向かう人通りがすごかった。「関内にすごいビルが建った」と、はるばる見学に訪れるようなビルだったそうだ。

店舗裏8畳一間からの出発

建築当初は上階の県公社住宅ではなく、1階の店の奥に増築して家族で住んでいた。8畳ぐらいの部屋があって、店との間には調理場があった。店舗と住まいはできるだけ近い方が、店を営業するうえで都合が良かった。

その後、現店主が小学校1年生になったころ、妹が生まれるということもあり305室を、それから3年ほど経ってから304室をそれぞれ県公社から借りた。最初に移り住んだ305室は家族用として、そのあとに借りた隣の304室は子ども部屋のように使っていたそうだ。

子どもが成長してくると少し手狭になり、現店主が中学生の頃には411室を3年間ぐらい、高校1年生の頃には404室をそれぞれ借りて、離れの子ども部屋として使っていたときもあったそうだ。県公社住宅との併存型の防火帯建築の特徴として、上部住戸が将来県公社から払い下げられた後は、自己所有が可能な住宅となる。このため、居住者が入れ替わるタイミングにあわせて少しずつ借り進め、いつでも買い取れるようにしていたようだ。

高校生2、3年生の頃にはさらに405室を子ども部屋に。つまり、現店主は小学生になってから、子ども部屋として、304 → 411 → 404 → 405と高校生まで4室を渡り歩いていたことになる。

中学生・高校生ぐらいになると、家庭内での親と子どもの距離感も大変難

しいものがある。子ども部屋のレイアウトをどうするか、頭を悩ませている家庭がほとんどであろう。家族の住まいでも学校でもないもう一つの居場所をビルの中で獲得し、小学生のころからごく当たり前の環境として育った店主は、その後結婚してこのビルに戻ってきてから抜群の住みこなし力を発揮することになる。

住みこなす力

　現店主が18歳の頃には、すでに304、305、404、405の4室を使っていたわけだが、まだ住戸間の壁はそのまま残された状態で、バルコニーづたいで行き来していた。その後、結婚して5年ほど別の場所での生活を経て、先代夫婦が磯子に転居したことを機に、生まれ育ったこのビルに家族を連れて戻ってきた。1990年ごろのことだった。

　戻ってきてまず行ったことは、304と305の間の壁を撤去してひとつにする2戸1化のリフォーム。さらに1998年ごろには3階と4階を階段でつなぎ、404と405の壁も部分的に撤去して計4戸をひとつの住宅にした。4戸分を合算すると全部で140平米（10坪×2、12坪×2）ぐらいの床面積だから、なかなか立派なメゾネット住宅（2階建て住宅）である（4-1-4）。

　店の上に住んでいるというのはやはり便利で、何があればすぐに降りてこられるし、少し暇になれば上にいって休むこともできる。ここまで改造する

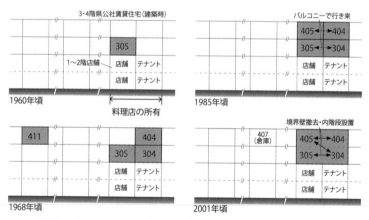

4-1-4　料理店家族の住みこなし（居住用途を強調して表記）

と、子どもが自立するなどして生活の拠点が将来3階に集約されることになった場合、4階住戸をその後どうするのか気になるところだが、4階は愛犬の居場所にもなっているようで、余計な心配は当分必要なさそうだった。

老舗商人の葛藤

　地権者会議は3年に1回ぐらい、思い出したように集まるという。

　2000年ごろの時点で、建て替えることを念頭にして、更地にした後どうするか、という話に移りつつあった。しかし、建替え後は建物を後退して歩道を広げる取り決めがあり、行き詰まっていた。

　全員同意でないと県公社から払い下げできないのだが、地権者が9人いるため、利害関係などで合意形成がうまくいかない。たとえば地権者が3人の土地の上に公社住戸が4つ割り当てられている箇所もあり、こうした複雑な事情が所有者間の合意形成を困難なものにしていた。

　馬車道通りは戦後、昭和40年代ごろまでは歩道にアーケードがかけられていて、日本で最初に街路樹が植えられた面影は失われていた。その後、商店街活性化を目指した活動が展開し、アーケードが撤去、歩道が拡幅され、街路樹・街路灯やストリートファニチャも整備され、現在のような特徴のある街並みに生まれ変わった。馬車道通りに面した部分は建物を後退させて歩道を広げ街並みを整えていくという決断も、商店街が生き残っていくために、このころ商業者たちが苦労してたどり着いた合意だった。

　2017年、商栄ビルは解体撤去され、部分的にオフィスや店舗併設のマンションが建ち始めている。まちづくり推進の原動力に、開港以来の横浜関内の賑わいを支え続けてきた横浜の老舗商人の葛藤が垣間見える。

③界隈の再建：吉田町第一名店ビル（1957年竣工、現存）

　伊勢佐木町通りから、野毛本通りにかけて向かう途中に4棟の防火帯建築が帯状に連なっている地区がある。このうち吉田町第一名店ビルは、最初に建てられたもので、8人の建築主と神奈川県住宅公社による併存型ビルであり、1957年3月から入居が始まった（4-1-5）。

　この吉田町第一名店ビルが建っている場所は、一帯が占領軍によって接収

4-1-5 吉田町第一名店ビル 撮影：井上玄

されキャンプコウと呼ばれた米軍キャンプ地となっていた場所。吉田町本通りの反対側（北側）は、かろうじて接収からはずれており、吉田町本通りは接収の境界線でもあった。

　呉服商を営む店主は、先代が1934（昭和9）年にこの地に店を移転してきた同年に生まれ、吉田町で育った。1934（昭和9）年以前は関内地区の尾上町に店を構えていた。終戦後、占領軍による接収が始まるが道路向かいの土地が接収から免れたため、通り沿いの商店主は皆、道路の向かい側に仮店舗、仮住まいを構えた。つまり、商店街がそのまま仮移転して営業を続けることとなった。

商業者の繋がりが創り出した「防火建築帯」

　仮設ではあったものの、商店街としてまとまって営業を継続できたことが、商業者の繋がりを維持することに貢献していた。接収が解除され、この呉服商の先代店主が商店街のとりまとめ役、代表者として吉田町第一名店ビルの建設に関わった。周辺は関内牧場と言われるぐらい閑散としていて、ビルらしいビルもまだぽつりぽつりとある状態であったのに、吉田町だけ4棟の防火帯建築が帯状に連なり、まさに防火建築帯を成すことができたのは、このような背景もあったのである（4-1-6）。

　第一名店ビルについては、計画の工夫も随所にみられる。

　1階と2階は内階段で接続され、かつ、2階は商業者の住まいとして計

4-1-6 仮設商店街の向かいに竣工間もない吉田町防火帯建築群が見える（1959年）写真：神奈川新聞社提供（複製禁止）

画された。つまり、従前の商店のような、店舗併用住宅がそのままビルの下層階に再現された。いわば立体町家型の防火帯建築となった。さらに、2階の天井裏（3階の床下）には、40㎝程度の余白が設けられた。これは、「もう一階分のお店や事務所を必要としてきた場合、充分の天井高を確保しているという副次的効果」を生むものであり、このため意図的に「住宅最下階の階高を四〇センチ程高くして床下に束立て」（石橋逢吉「併存アパート五年の回顧」『雑誌住宅』日本住宅協会、1957.6）したものであった。

　商業者ならではの、店舗と住まいが一体となった暮らしへの要望を商店街のとりまとめ役であった先代が県公社に伝え、設計担当の石橋が将来を見据えた工夫を加え、これに応じた。現在の第一名店ビルには、2階まで店舗や事務所スペースを拡張している事業所もある。設計当初の、将来変化を見越したゆとりの空間が、この建物を長く使い続けることに貢献している。

立体町家の住み働き方

　こうした計画の工夫もあり、商業者家族は2階に住まいを構えながら1階で店を再開していった。呉服商も、しばらくは家族以外に従業員が3人いて皆このビルに住んでいた（従業員は3、4階の県公社住宅に住んでいた）。しかし、周りの環境が少しずつ賑やかな繁華街へと変貌し、店主家族も1975年ごろには磯子に引っ越すこととなった。子どもが2人とも中学生になったことも転機となった。

　店主が子どもの頃は、店の前で遊んだり、ビルの裏通りで遊んだり、屋根から屋根へ飛び回ったりするような場所だったそうだ。商店街ではあるけれども、生活空間でもある（店主曰く）「やわらかい場所」として、日用品を売る店もあれば、裏道の食堂街からは三味線の音も聞こえてくるような、そういう場所だった。娘が小さかったころまでは、まだビルの裏道で子どもたちが遊び、子どもを介したつきあいも日常的にあったという。

　しかしその後、次第に夜間の営業店舗が増え、賑やかになり、変わっていった。やはり、子どもを育てる環境としては良いとは言えない。

　ただ、磯子に引っ越してみてあらためて思うことは、やはり店と住まいがいっしょにあるのはとても都合が良かったということ。子どもといっしょに

いるのが当たり前だったから、仕事で出かけて帰りが遅くなると、娘から
「どうして今日は家にいなかったの」と聞かれるぐらい。夫婦どちらかが必
ず家の方にいられるので、子どもが鍵っ子にならずにすんだし、子どもが寝
込んだときもいっしょにいてあげられた。

親族の入居

　呉服商家族が磯子に引っ越す前、店主の姉夫婦が10年間ほど、3階（店
の真上にあたる3階住戸の隣りの住戸）に住んでいたそうだ。店主が言うに
は、「一応公社の抽選に当たったということにはなっていたが、優先的に入
居させてもらったのだと思う」とのこと。これはおそらく特定入居者（共同
建築主の推薦による入居者）のことを指しているものと思われる。

　1987年の調査によると、調査対象となった未償還16団地388戸のうち、
一般入居者は101戸、特定入居者は287戸となっており、築年数経過とと
もに特定入居者の増加傾向が指摘されている（『市街地共同住宅の再生』神
奈川県都市部・㈳日本住宅協会、1987）。このように、3、4階に建築主の
知り合いが多く住んでいたことも、県公社住宅を併存する防火帯建築の特徴
となっていた。

　娘が2人とも小学校にあがってからは、店の真上にあたる3階住戸を子ど
も部屋として使っていた。このとき、2階と3階を内階段でつなぐ工事を
行っているので、さながら3階建ての町家である。このような経緯もあり、
県公社から買い取る際には、隣の地権者との話し合いで、3階と4階を1室
ずつ縦に持つのではなく、3階または4階の2室をそれぞれ横に持つことに
なった。つまり、隣の地権者は4階の2室を、そして呉服商はこれまで子ど
もと姉家族が暮らしていた3階の隣り合う2室を持つことになった。

受け継がれる建築へ

　時間が経ち、呉服商の娘2人も嫁いでいった。店主自身も磯子に引っ越し
ているので、2階は休息所兼荷物置場として、あまり積極的に活用されてい
るわけではなかった。

　建物を今後どうするかについては、地権者の間でビル会をつくって、2ヶ

月に1回程度話し合いをしている。今後のことについても議論があるが、維持費がかなりかかっているので、いろいろな意見がありまとまらない。ただ、地権者同士の人間関係はとても良いそうだ。

　その後、呉服商は店を閉めたが、吉田町第一名店ビルは、2011年度の芸術不動産リノベーション助成事業（公益財団法人横浜市芸術文化振興財団）の助成対象に選ばれ、建築設計事務所や演劇スタジオが移転してくることとなった。また、地元町内会の若手リーダーが中心となり、新しく出店してきた飲食店オーナーを巻き込みながら、個人店舗が集積している防火帯建築の魅力を活かしたイベントをしかけていくことになる。

　吉田町第一名店ビルを含めこの一帯の防火帯建築群は、接収前のつながりが仮設商店街を経て継承された、希有な例となった。

④事業再開の喜び：長者町四丁目長者ビル（1954年竣工、2017年解体）

　長者町四丁目、このあたりは市電が往来していたこともあり、県公社住宅を併存した防火帯建築が集中しているエリアでもある。

　1954年に竣工した長者ビルも比較的初期に建てられた防火帯建築のひとつ（4-1-7）。1階理髪店の店主は3代目で、竣工当時は先々代の祖父が地権者4人のうちの1人として参加していた。県公社住宅との併存型ビルであるから、県公社に土地を供託しつつ、祖父も設計協議に臨んだ。

　戦前から祖父はこの土地で理髪店を営んでおり、戦後には伊勢佐木町にあった占領軍のサービスクラブ理髪部に、2階に住み込みながら接収が解除されるまでしばらく働いていた。先代の父は1949年に末広町に店を借りて、一足先に理髪店を始めていた。

　祖父が長者ビルで理髪店を再開して少し経った1958年ごろ、県公社の自社ビルが弁天通り3丁目に完成し、祖父自ら県公社ビル内での支店開業に乗り出す。長者ビル建設の際に、県公社とのつながりができたこともきっかけとなっていた。このとき、3代目の現店主はまだ幼く、長者ビルの理

4-1-7　長者町四丁目長者ビル

髪店はしばらく理容師を雇い入れて営業していたそうだ。

仕事ができる喜び

　つまり祖父は、戦前に長者町４丁目に理髪店を営み始めてから、空襲で店を失い終戦後に占領軍のサービスクラブへ。その後県公社と共同で建てた長者ビルに移り、すぐに県公社ビルへ、ということになる。

　空襲で焼け出された人たちが、終戦を経て占領軍の接収期間中にどのような生活をしていたのかはっきりと分からないことも多い。この理髪店のように、戦後をたくましく生き抜いてきた人たちがたくさんいた。

　この長者ビルは、理髪店をのぞいて基本的に店舗は１階のみで、２階から４階は県公社の賃貸住宅とされた。地権者は上層階の県公社住宅に優先的に入居することができるとはいえ、当然のことながら家賃が必要となる。一方で、２階まで店舗とする場合、家賃はいらないが借入金が増えて経営の負担となる。２階を店舗とするか賃貸住宅とするか、４人の地権者は大いに悩んだに違いない。

　当時、風呂付き、水洗トイレ付きの鉄筋コンクリート造の集合住宅は珍しく、人気もあったそうだ。長者町通りは市電が往来するような表通りだったから、将来、上部住戸が払い下げられることも考えると、２階から上は賃貸住宅にしておいた方が経営判断としては合理的かもしれない。

　理髪店以外の３人の地権者が、そろって１階店舗としていたのはこうした

4-1-8　店舗（事務室）仕様の
２階角住戸

理由があったと考えられるが、理髪店だけは祖父の考えから２階の角住戸を店舗（事務室）仕様とした（4-1-8）。床が広くとられ、バルコニーが省略されているのはこのためであり、外観からもその違いを見ることができる。

　当時まだ幼かった現店主に、立派な理髪店を残したいと考えたのかもしれない。この２階の角住戸、実際にはすぐに畳敷きに改変して従業員住居として使うなど、店舗として使うことは一度もなかったそうなのだが、接収解除を求める陳情書

（43 ページ参照）にあるように、1 日でも早く自分の土地に戻って事業を再開したいという願いがこめられていたのである。

払下げのタイムリミット

　1990 年代に建替えの話はあったのだが、地権者の足並みが揃わず計画の段階で滞ってしまった。それ以後は、賃貸入居者を少しずつ減らしながら、建替えを念頭に置いてやり過ごしてきた。ただ、実際に建て替えるとなった場合、県公社との権利調整が必要になり、複雑になってしまう。売却してしまう方が簡単なのだが、先代の父が亡くなった時もこのビル（土地）は決して売却しなかった。この場所に思い入れがあったからだ。

　築 60 年というのが、公社が定める最終的な期限として示され、それ以上の保障はできないと伝えられた。理髪店の現店主の息子は会社勤めだという。このままだと、三代続いた理髪店を閉めることになるだろう。それでも、どうしても建替えには前向きになれない。タイムリミットが近づいていた。

　いま長者ビルは取り壊され、元あった場所に 10 階建の分譲マンションが建てられている。

⑤技術者のまち：長者町二丁目第二共同ビル（1960 年竣工、2010 年頃解体）

　高層マンションに建て替わるまでは、長者町 2 丁目で第一共同ビルと併せて約 100 m にわたる帯状の防火帯建築として存在していた（4-1-9）。1959、1960 年度の融資を受けた事業として、いずれも施工は関工務店によるもの。関工務店はヘルムハウス、山手カトリック教会などのほかに長者町通りを中心に多くの防火帯建築も手がけた 1885（明治 18）年創業の老舗工務店だが、2009 年に残念ながら倒産している。

　長者町 2 丁目付近はこれまで、4 つの異なる表情を見せてきた地域といえる。

　最初は 1882（明治 15）年に遊郭移転地として永楽町、真金町が指定されたこ

4-1-9　長者町二丁目第二共同ビル

とに始まる。移転までの仮営業地として長者町1、2丁目付近に店が建ち並び、水天宮周辺で爆発的な賑わいを見せ始めた盛り場としての表情（水天宮は戦災被害と境内接収のため、現在は南区南太田に移っている）。

次に1919（大正8年）に発生した埋地火事（3,248戸焼失、罹災・負傷者23,000人）の復興過程で、道路が拡幅整備され延焼防止が図られた市内有数の防火地区としての表情。

そして、関東大震災後の復興過程で電車軌道が敷設され市電網が整備された交通の要衝としての表情。埋地地区とその周辺地域は、次第に輸出関連業者や洋服布地の問屋などの職人町として根付いていく。関内や伊勢佐木町界隈が産業や娯楽の最先端の町になっていったとすれば、こちらは貿易商業都市の発展を陰で支えてきた労働者、技術者の町になっていったわけである。

過渡期の建築

そして4つ目に、戦災復興でつくられた防火帯建築としての表情。

入居していたあるピアノ店は、販売業から音楽教室へと事業改革を進めながら、一方でピアノ技術者の父から受け継いだ技能を活かした中古ピアノ販売を続けていた。この店主の父親が、1958年にピアノの販売業として長者町二丁目第二共同ビルに店を構えた。自分の技術を生かし、ピアノ屋として新しい商売も始めることを考え、当時としては珍しい音楽教室という形で事業を拡大していくことにした。この店舗は1962年まで父の代であったがその後、引き継がれた。

1階の店舗部分は、もともと表側の店舗スペースとは反対の裏側に3畳間があったそうだ。住むにはとても狭すぎるので、おそらく休憩室のような小上がりの場所だったと考えられる。翁町に建っていた翁町1丁目共同ビル（1955年11月竣工、設計は県公社と建設工学研究会による）は、1階店舗スペースの奥に6畳間が設けられていた（「建築と社会」1957）が、こうした例をのぞくと関内・関外地区の防火帯建築のなかに1階店舗奥に住居スペースが設けられている例はほとんど見当たらない。京都・堀川通りに建つ堀川団地（1950年から1953年にかけて建設）には、1階店舗奥のスペースに4.5畳と6畳の二間と台所、土間が備えられており、こちらは明らかに店

舗併用住宅として計画されている（4-
1-10）。

『横浜市建築助成公社20年誌』（横
浜市建築助成公社、1973）に、「併存
アパートは、古くからヨーロッパの諸
都市でみられ、戦前同潤会アパートの
一部に、店舗や事務所等の施設を設け
たものがあった。戦後では、昭和25
年に京都市堀川通りの疎開跡地に、京

4-1-10 堀川団地（京都府住宅供給公社、現存）

都府住宅協会が数棟を建設しているが、一般民有地を対象として建設したの
は、昭和28年度より横浜市中心部の接収解除地に建設されたのが、最初の
ケースである。」とあり、防火帯建築の計画に際して、堀川団地の計画が参
照された可能性もある。

　当時、不燃建築の中にどのように個人商店を収めていくか、さまざまな考
え方が共存していた。吉田町第一名店ビルでは1階店舗と2階住居が内階段
で接続された店舗併用住宅として計画されており、同じ店舗併用住宅であっ
ても、長者町2丁目や翁町1丁目、あるいは堀川団地のように同じ階で表と
裏（奥）との関係として考える方法もあった。いずれにしても、戦後しばら
くの間は店舗と住まいは不可分のものとして考えられており、長者町二丁目
第二共同ビルは、こうした過渡期ならではの建築だったと言える。

ピアノ屋から音楽教室へ

　2階の県公社住宅は、以前は社員寮のような場所だったが、1968年頃か
らは音楽教室として使ってきた。広さとしてもちょうど良いので、畳をフ
ローリングにした程度で十分に住宅から教室に用途を変えて使い回せている。
　業界の競争は激しく、商売をするには厳しい状況が続いていた。周囲の
テナントの入れ替わりも激しくなった。長者町2丁目には商店街組合もな
く、つながりの弱さも弱点として表れてしまっていた。電子ピアノが台頭し
て、ピアノの生産は全盛期の18万台をピークに6万台まで下がってきてい
た。販売だけではやっていけず、1968年頃に弘明寺にもう一店舗出店した

が、やはり音楽教室が中心になった。しかし、中古ピアノ販売は続けている。

　販売業から音楽教室へと事業改革を進めながら、技術者の町の姿も少しずつ変容しつつあった。

新しいまちの表情へ

　建物はかなり老朽化していた。下水道の整備が進んでいなかった時期の建築だから、地下に浄化槽が設けられている。その後、下水道は整備されたのだが、浄化槽は地下に残され、これが経年劣化で老朽化し、毎年5月頃から蚊が大量に発生するのだそうだ。

　生活者、商業者の感覚からすると、やはり早く建て替えたいのが本音だろう。実際、バブル景気の時代に高層ビルへ全面建替えする計画も持ち上がったが、景気後退とともに、いつの間にか計画も立ち消えしてしまっていた。

　現在、長者町二丁目第二共同ビルは、地上10階建の分譲マンションへと姿を変えている。この町はこれからどのような表情を見せてくれるだろうか。

4-2　共同建築型、町家型ビルと生活者

　県公社住宅との併存型ビルに比べると、建築1つひとつの規模は小さいものの、複数の土地所有者による長屋のような共同建築型、または、1名の土地所有者による町家（単独建築）型の防火帯建築が建築数としては多い。

　防火建築帯を造成するためには、帯状の建築である必要があり、このためできるだけ多くの土地所有者の参画が望ましいことは言うまでもないが、第1章でも触れたように、横浜の場合には接収解除の時期と重なったことと、解除そのものが段階的なものとなったため、部分的に解除された土地でできるだけ多くの土地所有者の参加を得て建てるしかなかった。接収解除される毎に建築局職員が土地所有者に共同建築の働きかけを行っていたが、実際は1名の土地所有者によるものが最多で、次いで2～4名程度の少人数による共同建築となった。

　また、もともと個人商店が建ち並んでいた土地への再建でもあるため、不燃建築となってからも住居併設となることが多い。昭和32年度からは、住

宅金融公庫の「中高層耐火建築物融資」が建設促進の仕組みとして加わり、この仕組みは、「市街地の高度利用、公害の防止及び住宅難緩和を図ることを目的として、住宅つき店舗、事務所ビルの建設資金を貸し付けられる制度」として、貸付対象建築物が「3階建て以上」「住宅部分が延面積に対しおおむね 1/2 以上」「建物面積が 100 平方メートル以上」とされ、ますます住居併設型の建築が主流となっていった。

なお、共同建築型、町家型の防火帯建築 5 事例については、いずれも2016 〜 17 年にかけて実施された調査にもとづくものであり、（未発表のため）承諾を得て掲載している。

①無国籍なまち：早川他共同ビル（5者共同）（1957 年竣工、現存）

伊勢佐木町と対岸の宮川町を結ぶ宮川橋の通行禁止が解除されたのは終戦から 11 年以上が過ぎた 1956 年 10 月 15 日のこと。このあたり一帯は商店と住宅地からなる繁華街だったが広域に接収されており、橋の通行も禁止されていたため、まさに近づくことさえできない区域だった。

接収解除と同時に地元では復興計画が協議され、この協議によって福富町東通りから宮川橋に至る延長 120 ｍの道路の両側の地区について、モデル商店街建設構想が打ち出された。建築物の形態を統一し、防火建築帯の理念にも沿う街並みをつくり出すため、横浜市初の建築協定（全国では 2 番目）が結ばれた。来街者に安心して買い物を楽しんでもらうために建築壁面線の後退も取り決められた。

その後、横浜市建築助成公社から 1957 年度融資を受けて、最初の防火帯建築が 5 人の共同建築主によって建てられることになる（4-2-1）。この 5 人のうちの 1 人、早川実氏は、地元土地所有者の代表として福富町建築協定委員会の会長を務めていた人物だった。

4-2-1　早川他共同ビル（早川ビルは写真一番奥の部分）

商店街共同建築

　早川ビルは5者共同の一番奥の部分（大岡川側）を構成している。今はビル内で営業していないが、以前は自転車屋として3階まで自己使用していた。そのころは1、2階が自転車の売り場、3階が自転車を組み立てる小さな工場のような場所だった。福富町で営業する前は英町で卸売業を行っていたが、現オーナーが高校生のころ（1972年）に火事に遭い、早川ビルの裏側に2階建てを増築して、移ってきたそうだ。今は5階まで床を増やしている。

　しばらくして自転車屋は磯子に移転し、以降早川ビルは貸しビルとして経営している。2階は1店舗、1階は5店舗、裏側増築部分には12室ある。特に1階の店舗部分は、1つひとつはそれほど大きな区画ではないものの、裏通りまでの通り抜け道がビル内に設けられており、現在はここに居酒屋や韓国料理店が入居し、横丁のような雰囲気を創り出している。

　現オーナーの父は、最初は1階を市場にしようと考えていたそうだ。横浜市初の建築協定を結んだのも、活気ある商店街をつくろうという意図があったためだった。

多様性の受容

　以前は大晦日の午前0時に「除夜の汽笛」が福富町まで聞こえていたが、最近は聞こえなくなってしまったという。「除夜の汽笛」とは、午前0時を迎える瞬間、横浜港に停泊している船が一斉に汽笛を鳴らして、新年の訪れを知らせるもの。横浜の冬の名物でもある。風向きにもよるが、横浜港から、障害物がなければ内陸の奥深くまで汽笛は届くので、市民にとっては港町横浜のアイデンティティを感じる瞬間のひとつだろう。

　実際は、現在も横浜港の除夜の汽笛は続けられているようだが、それが福富町で、少なくとも早川ビルに聞こえなくなってしまったというのはどういうことだろうか。たまたま風向きが悪かったのか、あるいは、汽笛を遮るように高層マンションが建ち並び始めたことが影響しているのか。

　福富町通りは、多様性を受け入れてきた結果、外国人経営の店舗や夜の繁華街として定着し、かつての伊勢佐木町の裏通りとしての庶民の町の面影を見いだすことは難しくなってきた。一方で、異国の表情と古き良き横浜のハ

イブリッド、両者の絶妙なバランスが、無国籍な福富町の魅力を形作ってきた。

　現在は、外国籍の所有者に交代するなどして、近所づきあいも、共同ビルの今後について話し合うこともなくなってしまった。所有者同士のつながりが途切れ、そして、もし港とのつながりも途切れてしまっているとしたら――内側からも、そして外側からも変容し続ける福富町は、これからどのような町へと変わっていくのだろうか。

②5メートル先のネオン：三栄ビル（3者共同）（1954年竣工、現存）

　伊勢佐木町2丁目は、共同建築型が多く建てられている地区である。1954年度に、それぞれ同年度事業として建築された大洋ビル（加藤回陽堂ビル）、第二イセビル、三栄ビルもこうした一連の防火帯建築（4-2-2）。

　三栄ビルの建築主である先々代（現オーナーの祖父）は、1953年にカバン屋を創業し、接収解除になったときに共同建築に参加した（4-2-3）。

　現オーナーは開店後間もなく、この三栄ビルで生まれた。店舗とは別に建物裏側に増築した3階建て部分の2階が当時の住まいだった。裏側とはいえ、伊勢佐木町通りとは目と鼻の先の距離。現オーナーがまだ幼かったころ、伊勢佐木町通り側のビルの2、3階にはジャズ喫茶「ピーナツ」が入っていた。ピーナツは、ジョー山中、矢沢永吉などもステージに立ったことのある老舗のジャズ喫茶。午前・午後・夜の三部入れ替え制でグループサウンズなど当時の流行の音楽ライブが一日中楽しめた。2階と3階のフロアを、それぞれ壁を抜いて広くつかっていたという。

4-2-2　中央4棟の右側建物が三栄ビル
出典：Google Map

4-2-3　三栄ビル近影

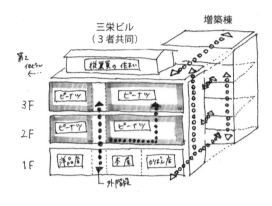
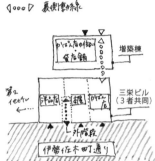

4-2-4　1955 年頃の三栄ビルの様子　イラスト：草山美沙希

5 メートル先のネオン、ビールの匂い

　建物裏側の住まいからみると、5 m 程先にピーナツのネオンがあったということになる。住まいとして使っていた奥の 2 部屋のうち、ピーナツに近い方の部屋からは実際にピーナツの窓が目の前に見えたそうだ（4-2-4）。

　夜中までネオンの光が目に入り、勝手口の扉が開くたびに賑やかな音楽が耳に入ってきた。そして、ビールの空き瓶の匂い。ビルの階段から窓越しに漂ってくる。アルコールの古くなった、独特の匂い。

　幼かった当時、寝るのが苦痛なこともあった。5 歳まではこのビルに住んでいたが、そのあとに公団のアパートに当たり、家族でここから引っ越した。

　ただ、当時は商店街に子どもも多く、親はここで働いていたから、引っ越した後も幼馴染みとよく遊んだ。屋上に上がり、屋根をつたって大洋ビルのところまでいける。今では危なくて考えられないが、子どものころはビルとビルの隙間をぴょんぴょん跳び越えて、屋上をまるで公園のように遊んでいたという。建物の背面には中庭のような場所があり、ここも遊び場となった。

空けたままの 2 階

　ピーナツが閉店したのは昭和 40 年代のこと。当時のジャズ喫茶には、踏み台がないと上がるのが大変なほど、少し高い位置に舞台（ステージ）が設けられていたが、今はすべて取り除かれ、3 階の一部を除いてがらんとして

いる。

　この２、３階スペースについては、借りたいという人が時々来るが断っている。貸すために大幅な工事が必要ということもあるが、そもそも先代（現オーナーの父）は頑として、空いていても貸すつもりはなかった。建替えの話なども断っていた。飛び込みの不動産業者（仲介業者）が営業に来ることもあったが、「うちはそういうことはしません」とやはり断っていたそうだ。貸すために必要な追加投資のこともあるが、先々代が建てたビルを最後まで愛着をもって管理していきたいという考えがあった。

　先代は亡くなっているが、もしかしたら、またピーナツのような店が来るのを待ちつづけていたのかもしれない。

③遊び場だったビルとまち：太田一ビル（２者共同）（1959年竣工、2019年解体）

　横浜公園にほど近い、太田町通り１丁目に建っていた太田一ビル。助成公社から1959年度融資を受けて、野中英雄・菱川泰祐の両名によって建てられた共同ビルで、設計は創和建築設計事務所（4-2-5、4-2-6）。

　ここは1958年に設立された野中貿易株式会社の本店所在地になった（現在は太田町４丁目に移転）。野中貿易の前身は1916（大正５）年創業の野中楽器店。創業の地は元町４丁目だった。関東大震災で被害を受けたが再建、しかし、終戦間際の横浜大空襲で再び焼失していた。

　野中貿易株式会社は、貿易都市として発展しつつあった横浜で、地の利を

4-2-5　竣工当時の太田一ビルの前で　写真提供：野中英樹氏

4-2-6　ビル正面の玄関扉や窓格子の細部にもモダンなデザインが施されている（竣工当時）　写真提供：野中英樹氏

4-2-7　太田町通り北側４階建て部分は増築棟

生かして世界中からすぐれた楽器を輸入する代理店として創業し、現在は「輸入プロフェッショナルサクソフォンの市場占有率90％以上、輸入プロフェッショナルトランペットの60％」（会社概要による）のシェアを誇る国内有数の楽器輸入代理店へと成長している。

同級生と建てた共同建築

4-2-8　周囲にかまぼこ兵舎がなくなった、1958年の秋冬ごろの地鎮祭の様子。翌年3月竣工　写真提供：野中英樹氏

太田町通りは、弁天通りから一本内陸側に入った通り。華やかな弁天通りに比べてあまり目立たない通りだったが、関内では弁天通り、常盤町に次いで高額納税者が多かった地区（1916（大正5）年統計）であり、会社や銀行が並ぶビジネス街だった。

しかし、戦後の接収によって通りの様相は一変することになる。太田町・相生町・住吉町・常盤町・尾上町の各1～3丁目は占領軍によってまとめてモータープールとして使用され、残存建物のほとんどが除却。通りも姿を消してしまっていた（4-2-8）。

現社長の父の代のこと。戦後、この場所の土地を共同で買って太田一ビル建てた菱川・野中両氏は、元町小学校の同級生という仲だった。菱川氏も関内に事業所を移したいということで話がまとまったそうだ。

融資をうけるためには、3階建て以上の鉄筋の建物を建てる必要があった。

遊び場だったビルとまち

竣工から3年ほど経った大雪の日。屋上で大きな雪だるまをつくった写真が残されている（4-2-9）。今と違って周りには何も無くて見通しがよい屋上は子どもの遊び場でもあった。もともと屋上は物干し場として計画され、洗い場も用意されていたが、三輪車で隣の子と一緒に遊ぶ場所となった。

生活ゴミの収集は、上から落とすダストシュート方式。3階と2階の踊り場のところに投入口があり、ビルの裏に集約して、ゴミを取りに来てもらっ

ていた。ビルの裏側には背割り道路が
通っていて収集車も入ってきていた。通
りではあるけれども、まちなかの庭のよ
うな、ゆったりとした場所だった。

　現社長は、ここに小学2、3年ごろま
で住んでいたのだが、そのころ周辺には、
1階がお店で2階が事務所、3、4階が
住まいという建物がとても多かった。ご

4-2-9　見晴らしのよい屋上は子どもの遊び
場でもあった　写真提供：野中英樹氏

く普通の八百屋や魚屋などがまわりにあった。

　その後、背割り道路は建物で塞がれ、デッドスペースになってしまった。
マンションなども建ち並び、ごく普通の生活空間だった風景は、ずいぶん変
わってしまった。

都市に住む

　1965年頃、現社長が小学校に入ったころ、建物裏側に8畳2間の増築を
行っている。3階の増築部分については子ども部屋として、2階の増築部分
は、お手伝いさんの居住スペースの拡張分として、それぞれ使われていた。

　隣はさらに1970年ごろに4階建ての建物を表通り側に増築した。1、2
階は倉庫や業務スペースとして、そして3階には最初に建てられたビルから
家族の居住スペースが拡張され、新たに4階倉庫も設けられた。

　おそらくこの4階建ての増築棟も、最初に建てた創和建築設計事務所が担
当したと思われる。建物の外観を見る限り、あとから増築したとは思えない
ほど一体感のある外観にまとめられながら、将来のさらなる増築の可能性に
も配慮されたデザインとなっている（4-2-7）。

明るさを失わなかった建築

　現社長自身は、最初の増築から2年ほどですぐに転居したのだが、あらた
めて訪れると、ビルの中はとても明るく感じるという。外観も単調ではなく、
少し張り出した水平の壁面と連続窓、外観に現れないように柱は意図的に内
側にオフセットして隠してある。奥行きのあるファサードが、ヨーロッパの

石造りの街並みのような厚みを感じさせてくれる。

　ただし、建物としてはかなり老朽化している。将来的にどうするか、生まれ育ったところなので残したいという気持ちもあるが、いずれ建替えは必要だろうと考えている。ここ20年ぐらい、コンクリートがふくらんで前面タイルが落下しはじめていた。

　太田一ビルはその後、解体され、現在は賃貸オフィスビルが立地している。鉄筋コンクリート構造が窓を最大限広くとることを可能にし、明るさが近代そのものの象徴であった時代。太田一ビルは、その明るさを最後まで失うことはなかった。

④船上レストランの系譜：協和建物（グリル桃山／伊勢佐木町2丁目）（1952年竣工、現存）

　1952年当時、福富町にはまだ米軍兵舎が残っていて、接収地が広く残され通り抜けできない状態にあった。加えて滑走路もあったため、吉田町を迂回しないといけなかった。このころ、酒井工務店施工の最初のビルとして、「協和建物」は建てられた。

　伊勢佐木町側からみた写真には、まだ前面道路も舗装されておらず、周りには何にもなかった様子がよくわかる（4-2-10）。「協和」という名前のとおり、当初は2者による共同ビルとして建てられた。1階が洋食屋（グリル桃山）、2階がスナック（リバティ）。建築主は仲が良かった友達同士という関係だった。

　親しかった関係は、3階の使い方にも現れている。真ん中に通路を通して半分ずつに分け、それぞれの住まいとして使った。従業員の住み込みスペースも含まれているのでかなりたくさんの人が同じフロアで生活していた。友達同士という関係であったことと、洋食屋もスナックもそれぞれ厨房があり、キッチンを兼用とすることで、なんとか3階の居住スペースを確保していた

4-2-10　建設中の協和建物（1952年）
写真提供：鶴谷勝弘氏

ようだ。

その後、スナックの移転に伴って洋食屋が建物を買い取り、単独所有のビルとして現在に至る。

船上レストランの系譜

洋食屋は、1933年に東洋汽船出身の鶴谷幹次郎が創業し、最初は関内で開業していた。そのときは「オリンピック」（太田町）という名前だった（4-2-11）。実はこのオリンピック、船上レストラン出身者による洋食店としては神戸の老舗「レストラン・ハイウェイ」（1932年創業）と並び挙げられるほどの名店。日本の西洋料理の歴史を語る上で欠かせない、港町らしい洋食屋の系譜としても興味深い。

4-2-11　昔は正月に職員一同正装して記念写真を撮った　写真提供：鶴谷勝弘氏

オリンピックのほかにもう1軒、「桃山苑」という洋食屋も営業していた。路面電車が通る長者町通りと伊勢佐木町通りが交わる、今のかに道楽のあたりに立地していた。空襲、終戦を経て、野毛で洋食屋を再開しようとしたとき、

4-2-12　後に野毛で再開した洋食屋「桃山苑」写真提供：鶴谷勝弘氏

「オリンピック」という同名のキャバレーがすでに関内地区で営業していたそうだ。そこで、店名が重複しないように、洋食屋「桃山苑」が生まれた（4-2-12）。そして1952年に伊勢佐木町に戻って来る際、「苑」を取って「グリル桃山」へ。

若き画家のパトロンとして

3代目となる現オーナーが創業者から継承したこだわりは、店の味を決めるのはソースだということ。休みの日でも火を入れ続けるという。このため

4-2-13　アーチ状の照明土台など、壁面の装飾に船内の雰囲気が宿る

週に2日休みをとることはできず、泊まりでどこかに行くということもない。時間も労働も手間もかかるし、アルバイトにまかせるわけにもいかない。自分たちで守るしかない。

こだわりは、店作りにも現れている。「新世紀」という若手の洋画グループの絵を、まだ売れないころ、1年に12枚まとめて買い取っていた時期があった。お客さんに月に1枚ずつ抽選でプレゼントした。宣伝費をかけず、店内を飾る絵を仕入れることができるアイデアだったが、お客さんにもとても好評だった。次第に画家たちが有名になってできなくなったそうなのだが、当たった絵をまだ家に飾ってくれている人もいる。

当時はまだ海外への渡航手段が船に限られていた時代、客船は技術の粋を集め、国の文化の象徴でもあった。客船の乗客にとって、長い船旅で毎日の食事は数少ない楽しみのひとつ。地上ほど新鮮な食材を使うことが難しいなか、時間をかけて煮込むメニューが自然と主流になっていったのかもしれない。

限られた空間で乗客の目を楽しませるため、船内装飾や室内設計にこだわり、代表的な建築家が客船の設計に携わることも珍しくなかった。グリル桃山にも、昭和30年代まではクリスタルのガラス装飾やシャンデリアなどの凝った意匠がインテリアに施されていた（4-2-13）。

船上のシェフが船を降りて始めたレストランは、地上においてもなお往事の様子を伝えてくれる。

⑤芸術活動の拠点：梅香亭（相生町1丁目）（1954年竣工、現存）

相生町1丁目1番地。横浜公園のすぐ近くに、梅香亭は建っている（4-2-14）。竣工は1954年10月、3代目の現オーナーが高校生のころだった。2003年に母から相続した。竣工時は3階建てだが、空襲で焼失する以前の梅香亭は2階建てだった（4-2-15）。

終戦後、接収によって相生町に戻ってこられなかった時期は、英町（はなぶさちょう）で営業していたそうだ。もともと近くの初音町の肉屋が取引先で懇意にしてもらっていて、営業再開に協力してくれたのだという。

4-2-14　現在の梅香亭の店先

建築局職員による説得と帰還

先代の母が英語を話せたので、そのころ外国人のお客も来ていた。英町にほど近い伊勢佐木町の裏、若葉町のあたりにはまだ占領軍の飛行場もあった時代。このため、米軍兵相手の女性たちも洋食屋によく来てくれていたという。

接収が解除され、すぐに横浜市から「お金を貸してあげるから早く帰ってきてくれ」と説得されたそうだ。最初は戦前と同じ２階建てを建てるつもりだったが、防火地域に指定されているため、鉄

4-2-15　戦前の梅香亭（写真右側の三角屋根の木造建物）　写真提供：棚橋桂太郎氏

筋で３階建てにしないといけないことがわかった。お金が足りなくなり、追加の融資を助成公社から受けることとなった。

無事にお金を借り、建てることができたのは良かったものの、まだ周りに建物がほとんどなかった。営業を再開しても、店に客が来るより、しばらくは出前が多かった。こうしたなかで、戦前から県庁に勤める人がお客としてかなり来てくれたことや、さらにツケがきくからという理由で、少しずつ営業が軌道に乗っていった。

梅香会と矢沢永吉と

２階を貸していたというのは、県庁の絵画部の幹事役の人が梅香亭のお客だったという縁もあった。その人が先生役になって、絵画教室を毎週２階で

4-2-16 戦前の店舗入り口にて（外観デザインが現在のものと似ていることに気がつく）
写真提供：棚橋桂太郎氏

開いていた。画材や習作の絵画などがたくさん置かれ、教室を開いていないときも含めて、2階はアトリエのように使われていた。

この絵画部のOBを中心としたサークルが今も続いている。梅香亭にちなんで、「梅香会」という名前のグループ。今でもスケッチ会を泊まりがけで行ったりしていて、年1回3月ごろ、吉田町の画廊で展示会を行っている。

それから、1970年頃、まだデビューする前の矢沢永吉が、広島から上京して東京に行く途中、急に思い立って横浜で降りてしまったというのは有名な話。当時はまだ横浜公園に野外音楽堂があり、ここで練習しようとしていたところ、公園の管理人に咎められたという。

横浜公園に近いという理由で、矢沢永吉は梅香亭によくカレーライスを食べに来ていたそうだ。そのとき母と知り合って、2階を練習場として使うことになった。あまり稼働率が良くなかったという事情もあるが、今度は2階がスタジオのように使われることになった。

2003年、母が亡くなり、洋食屋として続けることも難しくなってきた。庶民に親しまれ続けた洋食屋だったが、2011年12月31日、惜しまれつつ閉店した。

戦後の混乱を乗り越えて、大正期の外観を引き継ぐ1階入り口の店構えが、戦前から愛されてきた洋食屋がここにあったことを静かに伝えている（4-2-16）。

4-3　再生産・継承されるべき原理

生活者や商業者が、どのように住まいやビルやまちと向き合い、時間を重ねてきたのか。その深部に関心をもって目を向けて、耳を傾けてみると、人間の生活経験が織り込まれながら空間とともに変容してきた姿が実に豊かに

都市のなかに存在し得たことに気づかされる。

　共通しているのは、防火帯建築がこうした生き生きとした生活世界を支える舞台として時間軸とともに登場していたことであり、生活者や商業者の暮らしと建築が常に呼応しながら、赤い糸で結ばれたように、切っても切り離せない関係を生み出していた。

　その関係を生み出していたのは、空間の融通性や拡張性、用途の転用性の高さであるが、こうした建築的条件に加えて、防火帯建築がナラティブ（物語継承的）な存在として受容されていたことも大きかった。

　翻って現代の建築、とくに商業化もしくは金融商品化された建築や住宅の多くは、こうした利用者との関係を見いだすことが困難である。なぜなら、いつでも容易に転売可能、金銭的価値に換算可能で、市場流通可能なものであろうとすることと、誰かにとって赤い糸で結ばれたものであろうとすることは、基本的には相容れることのない、対立しがちな条件だからである。

　建物オーナーのなかには思い入れのある建物として、必ずしも建替えだけが唯一の最善解ではないとの葛藤の声も多く聞かれた。市場に広く受け入れられる方法とは別の形で、つまり、他の誰かと建物の間の赤い糸を結び直すことができたら——。防火帯建築が都市の中から失われたとしても、生き生きとした生活世界を生み出す原理はむしろ再生産されるべき、価値あるものであろう。

　願わくば、こうした原理・価値を伝えてくれる建築が、人の手から人の手へ受け継がれていく選択肢を用意できる社会でありたい。

【参考文献】
1）藤岡泰寛「家族従業の安定性からみた居住・商業の場と集合のあり方に関する研究」横浜国立大学博士学位論文、2005
2）草山美沙希「所有者意識からみた融資耐火建築「防火帯建築」群の利活用に関する研究—横浜関内外地区における調査から—」横浜国立大学修士学位論文、2017
3）『市街地共同住宅の再生』神奈川県都市部・㈳日本住宅協会、1987
4）『横浜関内地区の戦後復興と市街地共同ビル』神奈川県住宅供給公社、2014
5）『堀川団地の記憶と未来』京都府住宅供給公社、2012
6）『横浜市建築助成公社 20 年誌』横浜市建築助成公社、1973

コラム ·····················

不燃集合住宅を変えた防火帯建築
──神奈川県住宅公社の市街地共同ビル

松井陽子

はじめに

　横浜防火帯建築が生まれた 1950 年代前半は、不燃集合住宅の歴史において「普及前夜」にあたる。圧倒的な住宅不足と社会の変化のなかで、熱意ある研究・実践により様々な基礎がつくられた時期である。

　戦後、集合住宅の建設は都心部からやや離れて始まった。1952（昭和27）年までは公的団体によるものがほぼ100％で、公有地に、マッチ箱とも言われた中層階段室型住棟が、東西方向に集団的に配列されることが多かった。

　ところが、横浜関内では、中心市街地の目抜き通りに沿って店舗併存型の不燃集合住宅が次々と建設された。民間の土地所有者と県の住宅公社の共同出資によるものであった。新しい市街地型共同住宅として、また横浜戦災復興の象徴として、全国に知れ渡った。

　本稿では、この共同事業を軸に、戦後集合住宅の多様化の過程を 1950 年代の県住宅公社事業を通じて見ていきたい。

1　住宅公社の設立と団地建設

　財団法人神奈川県住宅公社（以下、県公社）は、1950（昭和25）年9月、神奈川県の外郭団体として誕生した。同年発足した住宅金融公庫とともに、民間向け住宅を直接供給すること、都市の不燃化をめざし鉄筋コンクリート住宅を建設することが設立目的であった。当時、住宅金融公庫では民間賃貸住宅建設融資への申込みが皆無という状況で、かといって地方公共団体に直接融資することもできず、公益的かつ比較的自由に動ける民間団体的な「住

188

図表1　神奈川県住宅公社の住宅建設戸数の推移（昭和25〜40年度）

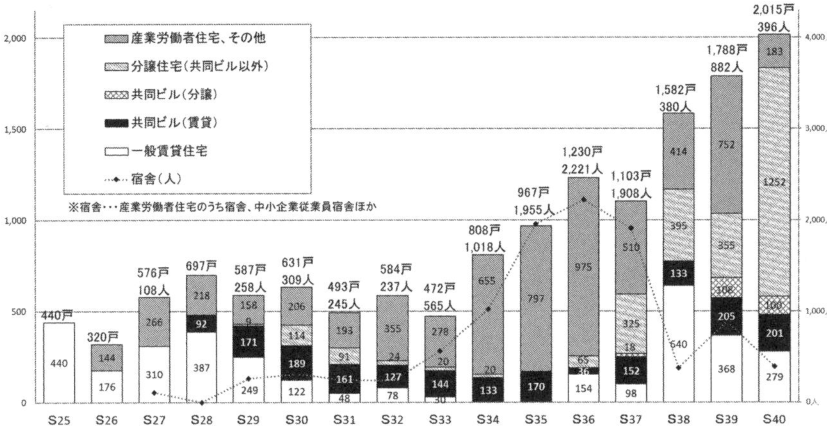

凡例：
- 産業労働者住宅、その他
- 分譲住宅（共同ビル以外）
- 共同ビル（分譲）
- 共同ビル（賃貸）
- 一般賃貸住宅
- 宿舎（人）

※宿舎…産業労働者住宅のうち宿舎、中小企業従業員宿舎ほか

宅公社」の設立が要請されたのだ。

　図表1は県公社設立から15年間の建設戸数の推移である。県公社には、公共団体が直接できない事業を、公庫融資を利用して自由な立場で幅広く展開することが求められた。そこで行ったのが、一般的な賃貸住宅団地の建設に加え、「産業労働者住宅」（企業社宅）の建設受託（昭和26年度〜）、横浜都心部の接収解除地の復興事業における共同ビル建設事業（昭和28年度〜）、個人向け分譲集合住宅建設と長期割賦分譲（昭和30年度〜）など、社会的要請に応える新しい不燃住宅事業の考案と実践だった。

　最初に着手したのは一般賃貸住宅のいわゆる団地の建設だ。初年度（昭和25年度）は当時の建設省型設計を採用した。

　この建設省型設計とは、終戦直後の急迫した住宅難に対処するための行政措置として行われた、国庫補助庶民住宅の建設基準として生まれたものだ。1949（昭和24）年に設計された49A・B・C型は、住棟の南北面に窓を設け、向かい合う2住戸単位で1つの階段室を共用する「階段室型」で、その後の全国各地での団地型住棟設計の基礎となった。住戸プランは、南面に台所・洗濯流し・バルコニーを配置し、2室ある居室は南北に振り分けて襖で仕切り、南北へ風が通るよう計画された。電気・ガス・水道はもとより台所設備・水洗便所・屋上物干場・ダストシュートなど同潤会の流れをくむ住宅

図表2 初期の県公社団地の主な住戸プラン（1950～1955年頃）

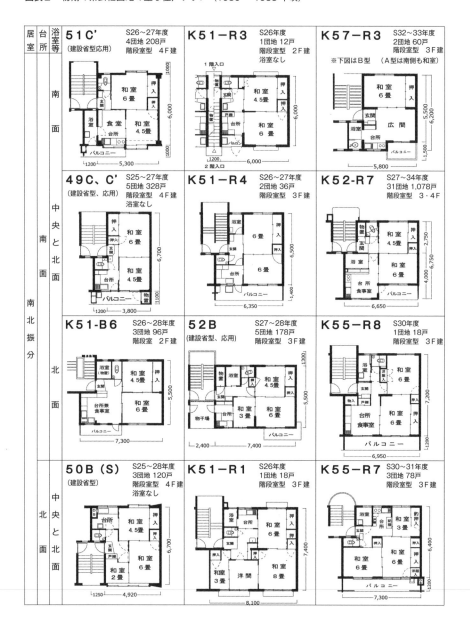

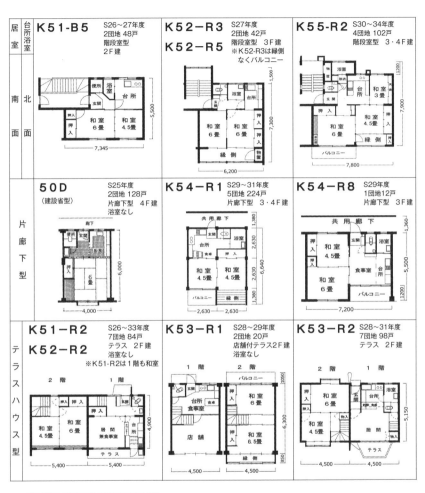

| | | **K51-B5** | S26～27年度
2団地 48戸
階段室型
2F建 | **K52-R3**

K52-R5 | S27年度
2団地 42戸
階段室型 3F建
※K52-R3は縁側
なくバルコニー | **K55-R2** | S30～34年度
4団地 102戸
階段室型 3・4F建 |

居室 台所浴室

南面 北面

和室 6畳　和室 4.5畳

7,345　5,500

和室 6畳　和室 6畳　縁側　6,200　7,300　1,500

浴室　台所　玄関　押入

物置　浴室　押入　台所　和室 3畳　和室 4.5畳　和室 6畳　縁側　バルコニー　7,800　7,900　1,220

片廊下型

50D（建設省型）　S25年度　2団地 128戸　片廊下型 4F建　浴室なし

廊下　玄関　便所　押入　6畳　6,000　4,000

K54-R1　S29～31年度　5団地 224戸　片廊下型 3・4F建

共用廊下　浴室　台所　食事　押入　和室 4.5畳　和室 4.5畳　バルコニー　縁側　2,630　2,630　6,640　1,380　2,630　2,630　1,380

K54-R8　S29年度　1団地 12戸　片廊下型 3F建

共用廊下　押入　玄関　浴室　和室 4.5畳　食事室　台所　和室 6畳　バルコニー　7,200　1,360　5,500　1,200

テラスハウス型

K51-R2

K52-R2　S26～33年度　7団地 84戸　テラス 2F建　浴室なし　※K51-R2は1階も和室

2 階　1 階　押入　押入　和室 4.5畳　和室 6畳　居間兼食事室　台所　テラス　5,400　5,400　4,900

K53-R1　S28～29年度　2団地 20戸　店舗付テラス2F建　浴室なし

1 階　2 階　玄関　バルコニー　台所　食卓　食事室　和室 6畳　店舗　和室 6.5畳　縁側　押入　4,500　4,500　6,300　1,050　850

K53-R2　S28～31年度　7団地 98戸　テラス 2F建

2 階　1 階　押入　和室 6畳　玄関　台所　浴室　和室 4.5畳　居間　物入　テラス　4,500　4,500　5,150

	凡　例
タイプ名	事業年度 建設戸数 住戸配置、階数 特徴

※間取図は上が北面（原則）

設備も取り入れられ、小面積ながら住環境・利便・家事労働をする主婦への配慮といった戦後不燃集合住宅の目指す理念を表現していた。

図表2に、1950年代前半の県公社団地（産業労働者住宅含む）の住戸プランの一部を紹介する。初年度は、建設省49C（N）、50B（S）、50D型をそのまま採用したものの、翌年からは建設省型を応用し浴室を設けた51C'型を皮切りに、設計会社の協力も得ながら県公社独自型を設計していった。資材不足や公庫融資面積制限のなか、入居者や企業のニーズにあう魅力的な住宅提案の試行錯誤を重ね、毎年10種類以上のプランが生み出された。

住戸は奥行に対して採光面の間口をなるべく広くとり、室内は造作収納家具やガラス入り建具を多用して開放感を持たせ、水光熱費を抑える工夫がされた。台所は大きな窓を設けた板間として食事室を兼ねることが多く、徐々に南面主流となった。浴室の設置は1951（昭和26）年から始まった。

住棟形式は階段室型が主流を占め、片廊下型は当初は単身向けや企業社宅中心だった。家族向けの片廊下型住宅の設計が本格化するのは、1953（昭和28）年からの共同ビル事業を待つ。

2　団地における店舗併設

1951（昭和26）年からは、団地生活に必要な店舗併設の試みも始まった。団地建設予定地の周辺は一面焼け野原や山林田畑ということが多く、近くに日用品店もない場合は、状況に応じて店舗を併設することにした。

1950年度に着工した川崎の戸手団地では、第1期住棟が完成し入居開始

S26〜28 下平間団地（川崎市幸区）

して間もなく、入居者の利便向上のため敷地の一角に店舗を計画し、魚屋・八百屋・肉屋などの入店者を募集している。翌1951年度着工の下平間団地では、最初から立地調査のうえ店舗付住宅（テラスハウス型）を計画し、住宅棟の入居開始後に店舗棟の建設に着手し

ている（最初に店舗を作ると買い手＝住民がいないため）。こうした経験を通じて、街の発展に住宅と店舗が補完関係にあると深く実感したことは、続く接収解除市街地の復興事業にも活かされることになった。

3　市街地共同ビルの誕生

　横浜都心部の接収解除地で、防火帯建築「市街地共同ビル」（以下、共同ビル）の建設事業に着手したのは 1953（昭和 28）年からである。

　第 1 号事業の実現までには非常に苦労したという。最大のネックとなったのは、それまで建物は地盤面から上空まで一人の権利者が持つことが普通で、立体的区分所有の考え方がなかったことだ。これに対し県公社では、「区分所有法」のヒナとなる仕組みを考案した。地面にくっついた下層階を地権者所有店舗とし、その屋根を仮想の「敷地」と見なして低額の「地代相当額」で借り上げ、上層階（屋根の上）に県公社住宅を作ることで、上下階の建物権利を立体的に分けたのだ。

　さらに上層階の県公社賃貸住宅には、店舗関係者の優先入居枠を設け、加えて「建設後 10 年たったら地権者が買い取れる」譲渡条件を付し、共同建築主となる地権者の心理的ハードルを下げた。これは県公社の資金難（土地買収や借地権を得る余裕がなかった）だけでなく、土地費の影響で賃貸住宅家賃が高額になるのを防ぐための苦肉の策だった。

　建設資金面では、県公社との共同建築による「防火帯」の建設を促すため、市の建築助成公社が新たに 1953 年 8 月「協同建築特別融資」制度を創った。当初の耐火建築助成制度では、店舗部分の建築費の約半分は建築主が自己資金で調達しなければならなかったが、県公社と共同で賃貸住宅 20 戸以上を併設すれば、1、2 階の店舗部分の建設費のほぼ全額が耐火建築助成金と建築助成公社融資で賄えることになった。これは地権者にとっても賃貸住宅付ビル建設の大きなモチベーションとなり、市街地の住宅復興への貢献大であった。

　翌 1954 年からは、住宅金融公庫でも、店舗部分への融資＝「基礎主要構造部融資」が始まった。この「基礎主要構造部」という言葉だが、下層階の

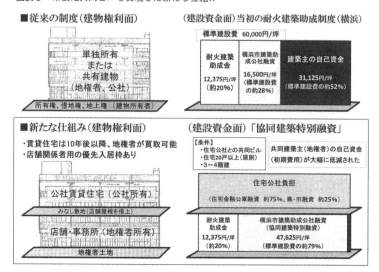

図表3　市街地共同ビルを実現した新たな仕組み

■従来の制度（建物権利面）

単独所有
または
共有建物
（地権者、公社）

所有権、借地権、地上権（建物所有者）

（建設資金面）当初の耐火建築助成制度（横浜）

標準建設費　60,000円/坪

| 耐火建築助成金　12,375円/坪（約20%） | 横浜市建築助成公社融資　16,500円/坪（標準建設費の約28%） | 建築主の自己資金　31,125円/坪（標準建設費の約52%） |

■新たな仕組み（建物権利面）
・賃貸住宅は10年後以降、地権者が買取可能
・店舗関係者用の優先入居枠あり

公社賃貸住宅（公社所有）

みなし敷地（店舗屋根を借上）

店舗・事務所（地権者所有）

地権者土地

（建設資金面）「協同建築特別融資」

【条件】
・住宅公社との共同ビル
・住宅20戸以上（原則）
・3～4階建

共同建築主（地権者）の自己資金（初期費用）が大幅に低減された

住宅公社負担
（住宅金融公庫融資　約75%、県・市融資　約25%）

| 耐火建築助成金　12,375円/坪（約20%） | 横浜市建築助成公社融資（協同建築特別融資）　47,625円/坪（標準建設費の約79%） |

店舗部分を「上階の住宅の基礎部分」、つまり土地や基礎杭と同じ意義があると見なすことで、「住宅」でない店舗部分にも融資できるようにしたのだ。ちなみに当時よく用いられた「下駄履き住宅」という通称も、住宅側からみて、下階の店舗部分が、「下駄の歯」すなわち住宅を支える基礎部分にあたることを指している。

　こうして権利面や資金面で様々な調整を重ねて、ようやく数棟の共同ビルが目抜き通りの街角に完成すると、これがよい見本となって順調に申込みが増加し、ひと頃は「横浜の防火帯建築における耐火建築物の80％は公社の併存住宅だ」と言われるまでになった。事業開始から1956年度までの4年間で早くも30棟が実現した。

4　市街地共同ビルの特徴──集合住宅として

　中心市街地の商業業務地に立地する共同ビルは、耐火建築促進と土地の高度利用という視点をもつ街区建築である。それまで県公社が建設してきた団地型とは設計思想が大きく異なり、新たな都市型住宅としての検討が必要

だった。設計は、1階店舗と上階住宅双方の利便・住環境、街路からの景観、共同建築主の意向、全てを満足させねばならなかった。特別融資条件上（住宅20戸以上）、地権者は複数となるのが一般で、地権者毎に敷地条件や店舗間口も異なるので、団地のような「標準設計」には適さず、一物件ずつオーダーメイドだった。中止や凍結の事案も多く、困難の連続だったという。

集合住宅として、団地型と比較した住宅計画上の特徴を見てみよう。

①道路に対し囲み型に、将来の進化（連結・増築）を目指す

鉄筋コンクリート造集合住宅の「不変」「完結」のイメージに反し、隣接建物との連結・増築といった「変化」「融合」が最初から現実的に計画に組みこまれていたことは大きな特徴だ。

横浜防火帯は、不燃中層建築物の商店街の外壁線が連なり、街区の外周を囲むように制度設計されていた。同時に、当時の建築行政担当者や公社職員には同潤会に関わった者も多いことから、都市住宅建築の理想形として「中庭型街区」を引き継いでいたと推測する。街路の境界線沿いに横幅いっぱい建築することは商店主（共同建築主）の意向にも合ったため、街区の中央部には建物で囲まれた中庭・路地空間が残ることとなった。

共同ビル一物件あたりの建物規模は、上層階の県公社賃貸住宅20〜30戸、敷地は300坪前後が多く、これは一街区の1/4〜1/2程度にあたる。そこでビルの妻側は、将来隣に建つビルと連結できるよう、窓を設けず垂直壁とした。残念ながら連結はなかなか実現しなかったが、弁天通3丁目や吉田町第二など、異なる地権者によって建てられた共同ビルが実際に連結して街区の大半を囲んだところもある。

②都市型併存のための苦心の選択──片廊下型

店舗・事務所と賃貸住宅の併存型は、戦前は同潤会、戦後では川崎第一ビル（1948）や京都堀川町（1950〜）など数少ない先例がある。いずれも公的団体が単独所有する賃貸ビルで、区画整理や改良事業、戦災復興事業として市街地に建設され街路の顔となったが、市街地全域に拡がることはなかった。横浜防火帯における共同ビル事業が先史と異なる点は、市が、エリア全

体を民間の防火帯建築で網の目のように覆う壮大な構想をもっていた点だろう。民間地権者の権利が強く残る共同事業形式も幸いして、過去に類をみないほど広範囲に実現し、関内の街並みを形成したのである。

　併存にあたり、住宅共用部には、1階店舗間口と床面積をなるべく苛めないことが求められた結果、住宅共用階段は建物の両端や裏側にまとめ、住宅階は開放型の片廊下を採用することになった。戦前の同潤会では、店舗・住宅併存ビルでも中庭に面する階段室型をとっているので、住宅・店舗・敷地の優先順位において、共同ビルでは店舗（地権者）の優先順位が高いために片廊下型が標準化されたといえよう。

　片廊下型は、階段室型の中層集合住宅と比べ1戸当りの共用部分面積（共用廊下＋共用階段）の割合が多くなる。当時の県公社賃貸住宅の面積は、公庫融資基準によって上限が定められており、住宅専有面積と共用部分面積を合せて年間平均戸当り13坪（42.9㎡）以内と決められていた。一方、当初3年間の共同ビルの戸当たり面積は平均16.2坪であった。このことは、以後の共同ビルの賃貸住宅の設計をより窮屈にしたと同時に、郊外団地にも小規模な住宅を配して全体枠のバランスを保たなければならず、共同ビルの住宅プランが十分に発展できなかった理由でもあろう。

　これに対し、県公社では2つの抵抗を試みた。1つは、公庫に対し融資面積の拡大を働きかけたことだ。中層集合住宅の共用部分面積に、階段室型と片廊下型とで違いがあることは当時あまり知られていなかったため、県公社では共同ビルの実績に基づいて公庫に指摘し、1962（昭和37）年ようやく戸当り17坪（56㎡）が認められた。もう1つは、将来2住戸を繋げて広い1住戸にできるように、隣戸との戸境壁をブロック壁とすることであった。

③片廊下型の家族向け住戸プランの開発

　前述のように、上階の集合住宅では、全ての共同ビルで「片廊下型」が採用された。後の民間マンションでは主流となった形式だが、昭和20年代に家族向けの集合住宅で「片廊下型」を採用するのは異例で、住戸プランも未発達だった。戦前から不燃集合住宅の設計では「階段室型」が日照やプライバシー面から優れているとされ、片廊下型は単身者向け小住宅や企業社宅な

1953 ～ 1955 年度の標準		1956 年度以降の標準	
A 型	B 型	C 型	D 型
（間口が狭い場合用） 【居室】南側と中央に 　　　　横並び ※中央室は独立性なし 【台所・食事室】北側 【浴室・便所】北側	（間口が狭い場合用） 【居室】南側と中央に 　　　　各1室 ※廊下をとり独立性あり 【台所・食事室】北側 【浴室・便所】北側	【居室】南側に2室並ぶ 　　　　（バルコニー側） 【台所・食事室】北側 【浴室・便所】北側	【居室】南北1室ずつ 　　　　振分け 【台所・食事室】南側 【浴室・便所】北側

どに限られてきたからだ。

　上階の住宅の形は、およそ1階店舗の間口・奥行に合せて柱割りが決まるため、間口は店舗として利用しやすい2～2間半（3.5～4.5 m）が多く採用された。一方、主採光面間の奥行は団地型では5.5～7.5 mだったのに対し、共同ビルでは8 m程度（耐火助成範囲11 mから共用廊下・ベランダ幅を除いた長さ）と深い。その小さな細長い枠の中でいかに家族が暮らせる住宅をつくるかが課題だった。

　図表4は当時の共同ビルの住戸プランの考え方を表したものだ。

　居室の採光の観点から、共用廊下を北側におき、各住戸内は南側に主な居室、北側（共用廊下側）に浴室等を配置した。2居室ある2K、2DK型が中心で、居室の並び方で大きく4種類に分類される。台所と浴室には採光と換気のため必ず窓を設け、各居室になるべく独立性を持たせる観点から主にC型とD型に落ち着いた。その他にメゾネット型も一例ある（1957年度の弁天通3丁目第2ビル）。

　街なか立地で隣接土地・建物が迫り十分な空間がとれないなか、居住性を

台所（馬車道第2）

欄間のある居室
（弁天通3丁目2）

共用テラスの物干場（同左）

住宅共用廊下（住吉町6丁目4）

ベランダ（長者町4丁目）

ワイドサッシ（元浜町3丁目2）

　上げる新しい工夫として、ワイドサッシや欄間・襖障子などで自然光を住戸の奥深くまで採り入れ、ベンチレーターなど住宅建築ではあまり用いられなかった機械換気システムも標準導入された。同時に、間仕切収納家具や水まわり設備のコンパクトな配置により居室面積を確保したり、間口いっぱいにベランダを回すなど団地設計で蓄積された空間設計技術も活用した。

　また屋外共用空間も積極的に設けた。現代と違い屋外空間への生活のはみ出しが不可欠だった時代、共同ビルの共用空間はその包容力も必要で、住宅面積や間取りの制約のわりに長期居住が多かったことは、立地もさることながら共用空間の力もあろう。昭和30年代に入ると、郊外団地では共同物干場などの共用空間は消えていったのに対し、共同ビルでは昭和30年代後半まで全物件に屋上テラスや共用物干場が設けられ、後々まで利用され続けた。

5 都市型不燃住宅の民間普及へ

　市街地共同ビル事業は、一般賃貸住宅・産業労働者住宅と並んで、住宅公社時代（1950 〜 1965）の公社事業の三本柱であった。戦後の民間マンションの雛型とも言われる共同ビルだが、不燃集合住宅の民間普及にどのような役割を果たしたのだろうか。

　第1に、上下階で所有者も用途も異なる、立体区分所有建物の先駆けとして、50 棟以上の実例を通して権利面・負担区分・修繕上の取扱いなど様々な課題を具体的に世に示したことだろう。当初は県公社がビル全体の維持管理を行ったが、上下階で用途も必要も異なるなか、共用部分・共用管の配置、日々の維持管理、費用負担の割合など試行錯誤の連続だったという。県公社ではこれらの課題や解決策などを住宅雑誌等で紹介して、住宅供給関係者間で共有・改良に努めるとともに、国や住宅金融公庫に対しても法・制度整備の必要性を提起した。

　第2に、都市の様々な敷地条件や用途に対応した、家族向け集合住宅の標準形を示したことが挙げられる。共用部分・設備の標準的配置やサイズ、片廊下型住宅プランを整理するとともに、「浮函基礎工法」など新たな設計技術を積極的に採用し、当時の公庫融資や助成金の算定基礎となっていた標準建設費の範囲内で建設可能な標準設計を確立した。

　第3に、民間の設計会社・建設会社が数多く関わったことだ。昭和 28 年からの約 10 年間で、関わった設計協力会社は久米設計、創和設計など建設省標準設計にも携わった大手事務所をはじめ 12 社以上、建設工事請負業者は今日の大手ゼネコンを含む 20 社以上にのぼり、市街地に適した共同住宅建築の基本型づくりに各社がしのぎを削り広くノウハウが共有された。弁天通 3 丁目第 2 ビルほか多くの共同ビル設計に関わった元・創和設計事務所の松本陽一氏に 2012 年にお話を伺う機会があったが、当時は設計者達も「自分達が横浜の街を復興させるのだ」という気概にあふれ、街並みへの調和と「街に対してオープンに」というイメージを胸に、共用廊下からも街路樹の季節感を感じられたり、通行人が中庭を通り抜けるような、自由で賑わいの

ある都市生活を体現する建物を心がけられたそうだ。

　第4に、民間の地権者・商店主が、不燃集合住宅・店舗での生活や不動産経営を身近に経験したことで、不燃集合住宅はそれまでの官製施設的存在から身近な不動産へと変化していった。共同ビルが好評を博すと、昭和31年度からは公団や公営住宅でも同様の店舗・住宅併存型ビル事業を開始した。こうした気運を受け、1957年度には公庫の中高層融資制度が創設され、公的住宅でなくても全体の1/2以上の住宅を併設すればよいことになると、多くの個人事業主や企業が集合住宅付きビル建設に乗り出した。民間でも共同型建物や集合住宅が増える兆しを受けて1962年「区分所有法」が制定され、民間分譲マンションの本格的な供給が始まる。

　1960年代に入ると、接収解除地の戦災復興は一段落し、政策も帯から面的街づくりへと移行し、耐火建築促進法は終了する。この頃には地価高騰により、横浜都心部での公社賃貸住宅の建設は難しくなった。公社は新たな挑戦の主軸を、臨海工業地帯建設に呼応する職住近接の大規模住宅団地開発とセンター地区経営（魅力的な商店街・公共公益施設を団地中心部に併設し、団地全体の住生活と運営管理を支える仕組み）へと移していった。

　横浜防火帯の共同ビルの多くは、建設後10年の買取条件開始とともに、共同建築主によって、上階の公社賃貸住宅部分が買い取られていった。当初、未知の共同事業の不安や困難にもかかわらず、生業・暮らし両方の復興への大きな希望のもとに誕生した建築群は、都市住宅全体からみれば期間・戸数ともに小さなものだったが、今日の都市集合住宅に少なからず影響を与え、引き継がれているのだ。

【参考文献】
1) 神奈川県住宅供給公社「横浜関内地区の戦後復興と市街地共同ビル」2014
2) 神奈川県住宅公社「神奈川県住宅公社5年のあゆみ」1955
3) 社団法人セメント協会「不燃アパートのあゆみ」1956

第5章　横浜防火帯建築を使い続ける知恵

林 一則

　この章では、防火帯建築のその後を、ビル経営、賃貸経営の面からたどり、ビルオーナーが主体となって使い続け活かしていく可能性、そしてビルオーナーが参画するまちづくりにつながるビル再生の取り組みをみていきたい。

　横浜の防火帯建築は、中小、個人のビルオーナーによる賃貸供給、ビル経営の時代の街並みといえる。その後、都市住宅や貸しビルの供給、経営は、民間デベロッパーが主体となって進める時代に移っていく。そのような動きのなかでも防火帯建築は、立体的な複合ビルとして関内・関外地区の多様な活動、用途の受け皿となり小廻りのきく役割を果たしてきた。

　50年以上を経過して、時代遅れのビルとなり、空室化もすすみ、再生するか建て替えるかの選択を迫られることになってきた。

　そして現在、志をもった家主、オーナーがビルを創造的に経営していくことで、まちを賦活する入居者の呼び込みにも積極的に関わり、それが通りや地区のまちづくりにもつながるという事例がでてきている。横浜市も旧都心部の活性化につながる「創造界隈」をつくる「芸術不動産」と呼ぶ取り組みを、普通のビルにまで広げて、クリエイターらの事務所の入居・開設やビルの再生を後押ししてきた。その流れのなかで、防火帯建築が再び注目されるに至っている。

5−1　防火帯建築経営のその後

防火帯建築への再びの注目まで

　1950年代にはじまる防火帯建築の主役は、第4章コラムで紹介のあった県公社住宅との併存型ビル（市街地共同ビル）であった。市の建築助成公社

の融資をうけた防火帯建築には、その他に個別に地主が建てた小規模なビルや、何人かの地主が共同で地割のままに建ちあげた長屋タイプのビルもあった。

　その後、融資を受ける建築は、次第に単体の民間ビル、単独の地主や企業によるものが中心になってくる。また融資を受けることなく、同時期に同じように下駄履きのスタイルで建てられて、融資建築と連なり、ともに街並みを形づくったものもある。さらに、日本住宅公団が県公社と同じように地主との共同事業によって下駄履きで賃貸の市街地住宅を建てていく。

　県公社住宅との併存型ビル（市街地共同ビル）は、建設後10年を過ぎてのち、上階の住宅部分が地主に買い取られ民間ビル化するものがでてくる。複数人の地主が所有のものでは、縦割り所有のコンクリ長屋ビルになり自主管理に移る。

　融資建築全体を見渡しても賃貸化がさらに進行したようだ。はじめから賃貸住宅や賃貸ビルとして建てたもののみならず、オーナーが自らの商売をやめたり、他に移り住んだりすると賃貸に回すことがおこってくる。こうして中小、個人のビルオーナーが、数戸から20〜30戸くらいまでの賃貸ビル経営者となるものが増えていく。貸し部屋は、関内・関外地区では士業などの個人事務所や小規模なオフィスとしても利用される。業務地、官庁街を支える活動の受け皿にもなっていた。

　1990年代くらいからは、老朽化と空室化がめだってくる。個人のビルオーナーでは適切な修繕や設備更新になかなか手が回らなかったものもあったろう。

　そしてマンションやビルに建て替えるものもでてくる。まちの性格の変化もあった。当初職住複合の生活街区としての性格をもっていた防火帯建築は、まちが業務地化し、また場所によっては夜の歓楽街に変わっていくことにともない、一般の居住者にとっては住みづらい場所になってしまったところもあったろう。マンションや業務ビルへの建て替えは、幹線道路に面して高層化を進めやすいもの、大規模な土地で企業などがもっていたものから進むようになる。

　県公社との共同ビルでこの頃までに買取りが進まず、そのままの所有で

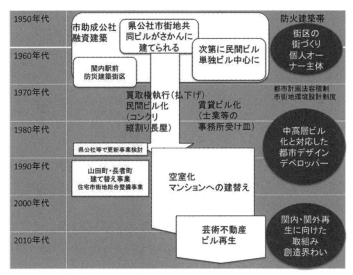

				防火建築帯
1950年代	市助成公社 融資建築	県公社市街地共 同ビルがさかんに 建てられる	次第に民間ビル 単独ビル中心に	街区の 街づくり 個人オー ナー主体
1960年代	関内駅前 防災建築街区			
1970年代		買取権執行（払下げ） 民間ビル化 （コンクリ 縦割り長屋）	賃貸ビル化 （士業等の 事務所受け皿）	都市計画法容積制 市街地環境設計制度
1980年代				中高層ビル 化と対応した 都市デザイン デベロッパー
1990年代	県公社等で更新事業検討 山田町・長者町 建て替え事業 住宅市街地総合整備事業	空室化 マンションへの建替え		
2000年代				関内・関外再 生に向けた 取組み 創造界わい
2010年代			芸術不動産 ビル再生	

5-1-1　防火帯建築経営のその後

　残っていたものに対して、建て替え再開発の調査検討を、県公社と横浜市が
協力しておこなったことがあった。それを受けて長者町から山田町にかけて
まとまって建っていた地区で、公的な建て替えの事業や誘導を推進すること
になったのも1990年代からである。

　それでも使われ続けたものも多い。上階は空室化が進んでも、低層階はテ
ナントや店が入れ替わりながらも、つい最近までは関内・関外地区の街並み
を特徴づけていた。

　古くなってまわりに比べて相対的に低家賃となったものに目をつけて、新
たにアーティスト、クリエイターや市民活動、NPOなどの入居が目立っ
てみられるようになったのは、ここ20年ほどだろうか。横浜市では都心
の再活性化をめざし、政策的にクリエイターなどの活動を支援する動きが、
2005年ごろから事務所の開設資金助成など本格的になってきた。それ以前
にも関内地区を中心にクリエイターなどの小振りの事務所がかなりあったこ
とも、取り組みの下地になっている。

　古いまちに創造的産業の集積を積極的に図ろうという試行のなかから「芸
術不動産」という考え方が生まれた。当初は戦前の歴史的なビルや港の倉庫

建築の活用から始まったが、次第に、戦後の建築、防火帯建築などのいわば
B級の建築に領域を広げてきた。更新が停滞して空き部屋が増えてきた古い
ビルを、多様な人たちの協力を得ながら使い倒して再生していこうという動
きのなかで、関内・関外地区の個性を引き継ぐものとして防火帯建築に再び
の注目が集まってきた（5-1-1）。

賃貸ビルの多い関内・関外地区の防火帯建築

1950 ～ 60 年代に建てられた防火帯建築は、下駄履きビルとして住居、商
業、業務の用途を立体的に複合することで、街路に沿った街並みをつくる建
築となった。

横浜では当初から賃貸ビルや賃貸住宅を含んで建てられ、中小、個人オー
ナーが主体のビル経営がおこなわれたものが多かったといえる。他都市の防
火帯では、自家の商店・事務所と住宅を内部階段で上下に結んだ立体町家的
な単位が横に長屋状に連なるタイプが主流であった。それがため商売や事業
をやめたときなど、部分的な賃貸や使い回しには限界がある。それに対して
横浜では、共用廊下を介して各部屋単位が独立した使い方をしやすい条件の
ものが多かった。そのことが最近までさまざまな用途を受け入れながら使わ
れ続けてきたことの基盤にある。

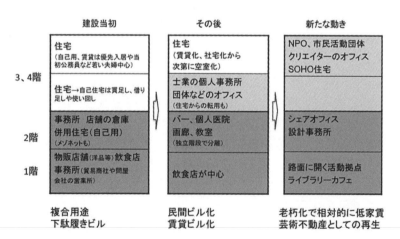

5-1-2　使い方の変化のパターン

当初典型的には、１階が店舗や事業所、２階が店主自らの住宅や事務所、３階以上が賃貸住宅の下駄履きビルとして建設されることが多かった防火帯建築は、その使われ方が時代に応じて変化してきた（5-1-2）。

上の階の動き
　上階の住戸は、コンクリートの住宅が一般的ではなかった建設当初は、建設費からくる家賃が高めで入居者は限定されたという。また、40㎡前後の住戸ユニット・区画は、家族向け住宅としては狭さが指摘された。それがためなかには住戸を隣でつないだり、上下に床を抜いて住戸内に階段を設けるような改造がおこなわれたものがある。一方で、次第に地権者、店舗を営んでいたビルオーナーは外に住むものも増えた。
　その後、もともと賃貸事務所用としてつくられていたフロア以外でも、オフィスや事務所に転用して使われるものも増えてきた。関内地区を中心に弁護士、税理士、司法書士、建築士などの士業や個人医院といったスモールオフィスの受け皿にもなっていた。
　古くからの入居者が高齢になり近年まで残っていたところ、権利者の関係者が居住していたところ、社宅などとして使っていたところも、建設後50～60年を経過して空室化するところが増えてきた。設備の更新に多大な費用がかかることや、一斉に入居者を退去させての改修もままならず、一度空室になってしまうと放置されたまま、という状況がうまれた。
　一方で、比較的安価にまちなかに住めることになってから、独特の雰囲気が評価され、若い人の入居もみられるようになる。近年では、設計事務所やクリエイターのアトリエ、市民活動団体やNPOなどの入居がみられるようになった。古くて味のある趣のあるビル、普通のビルでないおもしろみのあるビルに好き好んで入居したくて、安く借りられる場所をさがし、防火帯建築に行き着いた方もいるようだ。

低層階の動き
　１階の路面は、もともとの貿易関係の事務所や所有者自らの商売を閉じて、飲食店などのテナントに貸し出すことも増えた。１、２階がメゾネットの併

用住宅としてつくられたところでは、外から2階への独立階段を新たに設けて、1階と2階を別々のスペースとして賃貸することもおこなわれるようになる。小割りにすることで賃料を抑え、貸しやすくしているのだ。

　テナントは飲食店を中心に、2階にはバー、個人医院、マッサージやエステ、美容院などの入居が見られる。上の階には空室が増えてきても、低層部はテナントが入れ替わりつつ使い続けられてきたところが多い。画廊や教室として使われることもある。そして、クリエイターや市民活動団体によって路面に開かれた交流の場やカフェスペースとして活かしていこうという動きがでてきている。

防火帯建築経営の担い手

　県公社と組んで市街地共同ビルを建てたのはどんな人たちだろうか。共同ビルには、単一オーナーと県公社によるものと、複数オーナーと県公社が組んだものがある。前者を事業家共同ビル、後者を商店街共同ビルといってもよいかもしれない。

　単一オーナーのものは第1章でも記述のあるように、横浜の有力な実業家がモデル的に建てて経営していったものが多い。いまも残るものに、原良三郎の弁三ビル、小此木彦三郎の末吉町の共同ビル、徳永恵三郎の山下町共同ビル（徳永ビル）などがある（5-1-3）。生糸、木材、海運、貿易商社などの実業家が不動産経営もおこなったものである。複数のビルを経営した方もいて、末吉町のように○○第1ビル、第2ビルというふうに拡大して街並みをつくることもあった。

　このタイプのビルの多くは、はやくに上階住戸もオーナーが買い取ることになり単一オーナーによる民間ビル経営に移行する。一定の維持管理体制をもって以降長く使われ続けてきたものがある一方、企業的な不動産経営ゆえに、はやい時期に建て替えてしまったものもある。問屋街としてのビル建設がおこなわれまとまった街並みがあったはずの住吉町、相生町5、6丁目一帯では、民間でのビルやマンションへの建て替えが進んだ。

　長者町にいくつかのビルを建てた大場氏のように、1990年代になって進めた建て替え再開発に際しても、県公社との協力関係を続けて、高層の下駄

年度	市助成公社融資建築（中区内）	うち共同建築（複数事業者・地権者）	うち県公社市街地共同ビル（併存ビル）	市建築助成公社20周年誌リストによる ※下線は県公社市街地共同ビル　県公社のリスト（事業年度による）とは年度にずれがある
昭和27（1952）	7	0	0	耐火建築促進法　防火建築帯指定 市建築助成公社融資開始
昭和28（1953）	26	5	0	防火建築帯拡大（鶴見、横浜駅）　関内地区接収解除
昭和29（1954）	33	10	7	弁三ビル（原ビル）　住吉町大野商店ビル（問屋街計画）
昭和30（1955）	16	3	2	長者町上郎ビル（花月→現シネマリン） 長者町3丁目大場ビル
昭和31（1956）	18	5	5	最低限高度地区　県公社本社ビル　馬車道商栄ビル 徳永ビル　住宅公団市街地住宅
昭和32（1957）	37	15	17	福富町商店街・建築協定　吉田町第一共同ビル 長者町8丁目ビル
昭和33（1958）	35	7	6	常盤不動産ビル　防火建築帯追加指定（南区等） 伊勢佐木町の接収解除
昭和34（1959）	24	5	3	山田町団地第一期　横浜市庁舎竣工
昭和35（1960）	33	4	1	耐火建築促進法廃止（関内復興率7割）　松尾興産ビル
昭和36（1961）	28	3	3	防災建築街区造成法（公社共同ビルは県内他都市にも） 住吉町新井ビル
昭和37（1962）	25	4	2	区分所有法　関内駅前防災建築街区指定
昭和38（1963）	33	3	2	
昭和39（1964）	22	3	(1)	（県公社共同ビルは県融資に替わる）　都橋商店街ビル 関内駅開設
昭和40（1965）	17	3	(1)	関内駅前防災建築街区事業着工（-73）
昭和41（1966）	33	1	(1)	地上権取得融資可能に
昭和42（1967）	11	2	(2)	泰生ビル　県立博物館（旧正金銀行）
昭和43（1968）	16	0		都市計画法
昭和44（1969）	30	2		都市再開発法
昭和45（1970）	6	2		
昭和46（1971）	9	0		

履き住宅になったものもある。

複数オーナーとの市街地共同ビルの縦割り長屋化

　複数の中小地主と県公社が組んだのは、商店街共同ビルといえるものである。吉田町通りのビル群や、馬車道につい先頃まであった商栄ビルが代表的だ。大小のオーナーの組み合わせで複雑な設計、権利関係となった。

　市街地共同ビルでは、下層部の所有者が上部の住宅部分を買い取る権利をもち、話がまとまったところでは、払い下げることになった。その際には、低層部の権利そのままに上部階を縦割りにして買い取るかたちが基本であった。ビルは縦割り長屋のかたちの所有になった。ところが上部階へのアクセスは共用階段、共用廊下を経由していたので、自分のもつ区画が床としては

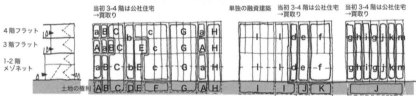

当初 3-4 階は公社住宅 → 買取り　　　単独の融資建築　　当初 3-4 階は公社住宅 → 買取り　　当初 3-4 階は公社住宅 → 買取り

4階フラット
3階フラット
1-2階メゾネット

土地の権利

2008年調査時の所有権パターンの模式　大文字は地権者、小文字は建物のみ所有者

5-1-4　吉田町通りのビル群

上下に重なっているとはいえ、かなり回り道をして行き来することになる。そのため吉田町第一ビルのように、話し合いで区画を一部入れ替えたりした。後には住戸の内部で床を抜いて上下階を階段でつなぐようなものも現れた。

　そうして民間共同所有となったビルは、ビル会などをつくって自主管理に移行した。縦割り長屋の一列のみの家主で、上の3、4階に住宅2戸のみをもつ権利者も多く、売買も列単位におこなわれることになった。有力な地権者などが隣の列を買い取って併合するようなこともあった（5-1-4）。

　また上部階と下層階の区画がずれる設計の場合には、調整が必要になり、それがため買い取りの話がなかなかまとまらないこともあったと聞く。上部の住宅部分は金融公庫の制限で家賃が抑えられていたので、これが民間に買い取られると家賃が高くなってしまうことが、入居者とのあいだでは課題になった。

　ここで最近取り壊されて4棟のビルに分割して建て替えがすすむ馬車道商栄ビルを取り上げないわけにはいかない。この共同ビルは当初9名の協力でL字で変形の地割の敷地に建てたので、その地割どうりに建てた店舗等の下

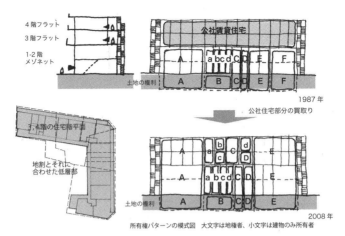

4階フラット
3階フラット
1-2階
メゾネット

公社賃貸住宅

A　abcd CD E F

土地の権利

A　B　C D E F

1987年

3, 4階の住宅階平面

地割とそれに
合わせた低層部

公社住宅部分の買取り

a b C d E
a C D
D
A　a bcd CD E

土地の権利

A　B　CD E

2008年

所有権パターンの模式図　大文字は地権者、小文字は建物のみ所有者

5-1-5　馬車道商栄ビル

の階と、住宅のプランを並べるため整形にした上の階で壁の位置がずれてい
た。背後の中庭には地割のままそれぞれに増築が行われる（5-1-5）。上の
階の買取りの話が進んだのは、いよいよ建て替えようという話が進んできた
段階になってからになる。そして両翼部分を比較的大きなオーナーがもち、
中央部を小さなオーナーが複雑に入り組んだ権利関係でもつビルの構成に
なった。その上で建て替え計画はこのゾーンで分けて、4棟のビルに分割す
るものとなったのである。

民間による融資建築のその後

　民間の地主が融資を得ながら自ら建てたビルは数が多くさまざまだ。単体
のものでは自家の商店と住宅を併用した町家的なビル、中小の雑居ビルや事
務所ビルが中心だ。

　賃貸ビル、賃貸住宅経営をおこなうために建てたものにも大小さまざまな
ものがある。大きなものは、市街地共同ビルにならったようなものが多い。
担い手も同じく実業家らだ。後述するが、新井清太郎商店による住吉町のビ
ルや松尾興産が南区の宿町に建てたビル（現大和ビル）が現存している。こ
れらはやはり横浜経済を支えていた商社や貿易、木材関係のオーナーが建て
て不動産経営をおこなってきたものだ。常盤不動産ビルも同様のものだが、

融資建築リストにはない。大きめのビルでは中庭や裏へ増築できるから別棟を建て増したり、倉庫や会議室などをつくったりすることもあった。住宅部分は社宅的に使われることもあった。

　複数の地主、オーナーが共同して建てたビルは、長屋型のものと、数は少ないが縦割りであいだに共用階段を挟むものがある。

　長屋型のものは伊勢佐木町などの商店街での共同化に多い。地割のままに壁で区切られ行き来はできないし共用部もない。間口をいっぱいに使い、コストを抑えようという建て方だった。もともと高さの凹凸がある長屋ビルもあった。使い続けていくために、各々の区画で裏に増築したり改装したり、なかには一部を切断して建て替えるという荒技をおこなったものもあることは第3章で紹介されている。

　お隣とくっつけて階段やエレベータ部分のみを共用するものは多くない。お互いに協調したビル経営をしないと行き詰まるおそれがある。融資建築ではないが同時代に建った泰生ビルはもともと2者の縦割りで、当時まだ少なかったエレベータを共有する。節約できることは確かだし、小割りのビルにないアピールを期待したとのことである。後述するように現在は一方のオーナーが買い取ってまとめて活用するに至っている。

5-1-6　ビル経営のタイプ

	県公社住宅との併存型ビル（市街地共同ビル）→買取りされ民間ビル化	市建築助成公社の融資を受けた民間の融資建築	市建築助成公社融資は得ていないが同時期に防火帯に建ったビル
単一オーナー	・弁三ビル（原ビル） ・山下町徳永ビル	・住吉町新井ビル ・大和ビル（旧松尾興産ビル） ・徳永ビルの増築棟 ・伸光ビル（常盤不動産ビル別棟） ・長者町上郎ビル	・常盤不動産ビル ・泰生ポーチ
複数オーナー	・馬車道商栄ビル→分割して建替えに（現存せず） ・吉田町第一共同ビル	・長屋型のビル→一部に増築や切断しての建て替え事例も	・泰生ビル→併合して単一所有に

補足となるが、以上のビル経営のタイプをまとめておこう。次の節で紹介する事例がどれにあたるかを示しておく（5-1-6）。

芸術不動産、創造界隈づくりと防火帯建築群

　横浜市では、2000年ごろから関内・関外地区の古い市街地の再生施策として、「創造都市」という考えをとりいれ、古い建物の再生活用とクリエイターやアーティストの活動支援、集積促進を結びつけていく取り組みを進めていた。関内地区では港にも近い北仲・馬車道界隈や市役所に近い関内桜通り界隈、関外地区では野毛に通じる吉田町界隈や京浜急行電鉄本線沿線の黄金町・若葉町界隈、また、簡易宿泊所街として知られる寿町界隈が、代表的な創造界隈として挙げられる。

　当初は市が買い取った歴史的建築物の活用や港の倉庫などをロフトとして活かしたり、取り壊すことになった歴史的建築物を暫定的にでも利用したりして、クリエイターらに選ばれる事務所やスタジオ、ギャラリーなどをつくっていこうという取り組みだった（第1ラウンドの芸術不動産）。次第に、クリエイターらが自主的に使われていない建物を見つけて入居改修するという動きになってきた。そのなかで、空室化・老朽化が進み比較的低家賃で借りることが出来る防火帯建築への注目も高まってきた。

　そして古いビルをまちづくりにつながるかたちで再生して使い続けていく取り組みを、横浜市も支援してきた。クリエイターらが事務所を開設する際に入居時の一定の初期費用に相当する家賃補助をおこなうことがはじまり、2005〜18年までのあいだに138件もの助成がおこなわれた。さらにその受け皿側の「芸術不動産」となるビルのリノベーションに対する費用の一部の支援をおこなった。これは2010〜14年に8件の実績があった（第2ラウンドの芸術不動産）。

　そして、最近は民間のリノベ事業者、再生事業の主体となる企業や組織との連携をビルオーナーに働きかけ、民民での取り組みを誘導することが基本になってきている（第3ラウンドの芸術不動産）。

　これによりクリエイターらの事務所や、活動の拠点が集積してきた。防火帯建築を利用したものも多く、その動きの中で防火帯建築の再評価もされる

5-1-7　長者町上郎ビル　シネマリン

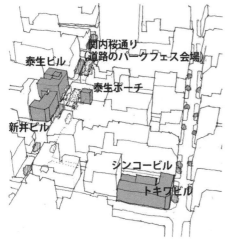

5-1-8　関内桜通り周辺のビル活用

ようになった。

「芸術不動産リノベーション助成」がおこなわれたもので融資建築リストに載る防火帯建築のものは、吉田町第一共同ビルのブックカフェ Archiship Library&Café のほかに、長者町通りに面する映画館シネマリンがある。1955 年に建てられた長者町上郎ビルの地下にはミニシアターがあった（5-1-7）。それを継承していた映画館が閉鎖されるのをみかねて、運営会社を買い取り、イメージや内装設備も一新して 2014 年に再開させたプロジェクトである。消えゆく単館系映画館の再建を目標に活動していた映画サークルの中から名乗りをあげた女性が進めたもので話題になった。

地区の古いビルへのクリエイターの集積では、関内桜通りの泰生ビル・さくら WORKS にはじまる泰有社の一連のビル再生とクリエイターらのコミュニティとの協力は見逃せない。指定防火建築帯に建った同時期のビルとして、ここもリノベーション助成が後押しした。

第３ラウンドの芸術不動産で、モデル的に事業を進めたものには、弁三ビルや住吉町新井ビルがある。弁三ビルでは一括借り上げによる活用などで、新井ビルでは入居者の DIY による改修の工夫で、オーナーはビル再生に踏み切ることになった。

こうして吉田町通りや関内桜通り周辺では、連鎖的な再生がみられるようになった。通りの活用と沿道のビル再生が一体となって進む創造界隈、スト

リートブランディングの動きに結びついた。

　吉田町通りでは、アート系の活動場所や飲食店が活かされ、ストリートイベントとしての「まちじゅうビアガーデン」（口絵6）がもりあがりをみせ、建物と通りが一体になることでお互いに魅力を高めあう関係が強まってきた。こうした動きを進めてきた吉田町名店街会は、2013年には横浜市から「人・まち・デザイン賞」を受賞した。

　関内桜通り周辺では、複数の再生ビルのゆるやかなつながりで、あいだの通りの活用や魅力づくりにも目が向いてきた（5-1-8）。関内・関外地区のクリエイターのスタジオなどを公開する「関内外オープン！」が2009年からおこなわれているのもこうした動きを促している。

使い続けることを支える建築の特質

　防火帯建築の建ち方の面で、使い続けること、使い回すこと、選ばれることを支えている点はどこかも見ておきたい。

　横浜の防火帯建築は多様だが、共用の階段や廊下を介して、30〜40㎡単位で賃貸が出来るプランのものが多いことは既に述べた。クリエイターらの入居が進んでいるものもそうした物件が多いようだ。老朽化は進んでおり、設備、構造は今の水準で見ると確かに厳しい。それらを知りながらも、少し手をいれたら入居してもよいと考える人たちは、どんな点に惹きつけられるのだろうか。立地や手頃な家賃というだけでなく、やはり建築的にも魅力を感じる部分があるからだろう。

　多くは特別なデザインとはいえないシンプルなビルだ。ポテンシャルを評価する声があるのは、中庭以外では、たとえば、余裕ある開放的な共用廊下、5階レベル程度でまちの活動がみわたせる高さの屋上、1階の路面との関係や高めの階高といった点だ。

　共用廊下が比較的広めのものは前庭テラス的に使えるし、廊下側に開放的な窓をもつものは事務所やアトリエ用途にはむしろ向いている。通りに沿った空中歩廊ともいえる廊下では、街路の活動や街路樹を見下ろせることは魅力だし、中庭をめぐる廊下の場合にはビル内で互いの活動が垣間見えるからコミュニティ意識が促されやすいだろう。

屋上は当初共同のもの干し場として使われていたところが多い。屋上庭園として使われたものもある。しかし治安上外部からの人が入り込むことを防ぐため施錠され、劣化しやすい防水への対処もあって、次第に使われなくなっていた。とはいえ屋上は、街並みのなかで高すぎず低すぎない高さで、周りのまちと空を見わたせて隣のビルの屋上にも渡っていけそうなおもしろさをもつ。屋上を共用の広場として、イベントやパーティスペースなどに使っていこうという試みが芸術不動産の活動でも始まっている。

吉田町のように1階の階高が高いものでは、中2階を設けたり、収納場所として活用したりの例は以前からあった。これも使い回しの幅を拡げる。また高い天井は街路への大きなガラスを通しての開放感が確保でき、1階を公共性をもったスペースとして活用したらよいだろうとも思わせる。

さて問題は中庭である。

私が防火帯建築に興味をもったはじまりは、パリやベルリンに見られるような中庭をもつまちなかの集住の単位＝アーバンユニットに近いものが、横浜でも不完全ながら実現しかかっていたことに気づいたところからだった。関内・関外地区の街区の内側を見ていくと、小さな中庭や裏庭があちこちにある。通りを歩いていると分からないが、これは何か計画があったのだろうと思った。そして通りから中庭が垣間見えたり、あるいは1階の店やカフェがテラスとして中庭を使っているところはないかとさがして歩いた。表の通りと裏の路地を通り抜けできるものはあったが、うまく使っているところは意外とない。

防火帯建築は当初は大きく街区を囲っていこうというものだった。しかし実際に出来てきた街区は、より高密度な建て方になり、敷地毎に環境を確保するための小さな中庭や裏庭をもつビルが並ぶ街区となった。多くの中庭、裏庭は1階の店舗のバックヤードや物置に使われているだけだ。

そもそもこの中庭は、利用の計画意図があいまいだったといえる。中庭、裏庭に入れてから上の階の住宅にアプローチするとか、店や事務所を中庭側にも向けて開いていこうという考えは一般には薄かったようだ。街区を縁取る防火建築帯では街路に向いた建築を並べ、結果として残った裏の敷地が中庭状になった（5-1-9）。そこは共用広場、公共的なスペースとしてよりも、

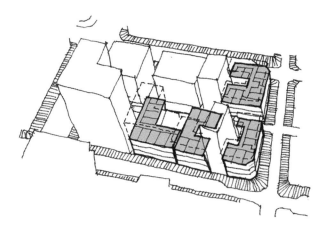

5-1-9 関内の街区と中庭

増築予備地として見なされることが多かったようだ。そして実際増築によって時代と使い方の変化に応じてきた。

　そうしたなか、中庭、裏庭が公共的な場やアプローチとして積極的に計画されたのは、失われた弁天通３丁目の県住宅供給公社ビルや住宅公団の市街地住宅くらいのようだ。街通りにゆるく開かれた中庭になっているものや、部分的だが１階で中庭と通りの両面に開いた事務所があるビルを次の節で注目したい。

　中庭、裏庭の使い方こそオーナーシップが表れるし、発揮してほしいところである。

5-2　事例からみる古いビルの活かし方

　どんなビルが使い続けられ、活用されているか、選ばれているか、事例に即してみていこう。継続的に手を入れてきたものと、一度空室化がすすんだものを蘇らせることになったものである。

　ビル経営、ビル再生、リーシングの進め方からみると、ビルオーナー自らが事業を進めるものから、サブリースなどの事業協力者との連携を図るものまであり、その中間や組み合わせの多様な工夫が試みられている。ビルオー

ナーの役割のみならず、そこに協力する入居者がビルの価値をどう高めたか、また不動産活用とクリエイターらとのコラボや人のつながりがどう形成されていったのかに注目したい。

　なお取り上げる事例は、関内・関外地区から外れた立地の大和ビル（旧松尾興産ビル）や、融資建築と同時期に防火帯のなかに建ったビルである泰生ビルなども含む。古いビル活用の実践例としては見逃せない価値をもつと考えるからである。

使い続けることで残る：徳永ビルと大和ビル（旧松尾興産ビル）

　ビルオーナーの理解と開いた中庭を媒介とした使い回しによって、ながく使われつつ時代に応じた新たな活動も受け入れている例をみてみよう。

　山下町徳永ビルと南区宿町の大和ビル（旧松尾興産ビル）に注目してみたい。ともにまちに開く中庭的なスペースをもつことが、多様な入居者を惹きつけたのだろう。加えてオーナーはビル内に同居するなど目届きがよく、クリエイターやコミュニティビジネス、市民活動団体といった入居者も安心して活動が出来るという関係が生まれている。

徳永ビル

　山下町徳永ビル（口絵4、5）の来歴や中庭を囲む魅力は、第3章に紹介がある。もと外国人向けのアパートも含んでいた棟（市街地共同ビル→買取り）と後に増築した棟（民間融資建築）のあいだにブリッジを渡した開かれた中庭があり、店舗やギャラリー、クリエイターのスタジオの活動が垣間見える楽しいビルである。

　ビルオーナーが住宅や事務所を構えてきて同居し、自身も建築士の資格をもち、きちんとメインテナンスしてきた。中庭から両棟にアプローチする立体的な動線が一体感をつくりだし、使い回しや増改築を拡げてきた。最初から計画した中庭ではないことで、むしろ融通無碍な増築と改修が積み重なって、時代に応じた使い方、雑居を受け入れてきたことがわかる。

　いま中庭を見下ろす2階にオフィスを構えるランドスケープ事務所STGKがここに来たのは、「芸術不動産」の相談窓口で紹介されたひとつだったこ

とから。最初は本町通り側の上の住居階に小さな部屋を借りた。私たちが調査に歩いていたとき共同住宅にはめずらしく廊下側の大きめの窓から中の活動をのぞけるスタジオだったのが印象に残っている。その後いまの中庭に向いた増築棟の2階へ移転。もとは医院が使っていたが空くのを狙って引っ越したそうだ。オーナーには「自由に改装OK。ただしプランを見せなさい」といわれ、家賃も相談して決めるというやりとりがあったそう。外部廊下を一部室内に取り込んで改修した部屋になっている。場所の魅力と理解あるオーナーとにうまく出会って、クリエイターに選ばれるビルになっている事例だ。

大和ビル（旧松尾興産ビル）

大和ビルは、コミュニティビジネスや市民活動を受け入れ中庭を介したコミュニティになっている先駆的なものだ。きちんと維持管理されてきており、1階でも手頃な家賃であることとオーナーの協力的考えが、まちづくりにつながる活動を呼び寄せ結びつけていくことになった。

大岡川をさかのぼった鎌倉街道との間の街区・南区宿町にあり、かつての南区役所にも近かった。この付近も戦災に遭った。蒔田公園は接収跡地を利用したものだ。横浜市は1958年に防火建築帯を追加指定し、そのときにこの一帯も組み込まれ、防火帯建築が何棟か建てられた。いまも近所に点在して残っている。

そのなかでも最初期の1959年に建てられたのが松尾興産ビル、現在の大和ビルである（5-2-1）。がっしりとした5階建てのビルで、三方道路に面してコの字型に建ち中庭をもっている。沿道の1階には市民活動団体のオフィスが印刷所などとともに並んでいる。NPOよこはま里山研究所の「はまどま」、かながわファイバーリサイクルネットワークの事務局、有機野菜を扱うこだま舎などが本拠を置く。

建った当初はさぞや偉容を誇っていたと思われる。その姿は残っている建築時の透視図に示されている。1959年に松尾興産ビルとして建てられ、市建築助成公社の融資ビル全体のなかでも最大級のものである。1,577㎡の土地に、床面積4,875㎡、総戸数109戸にもなる規模である。うち30戸は事

5-2-1　大和ビル（旧松尾興産ビル）道路側現状

5-2-2　大和ビル中庭側現状

務所、店舗用の賃貸区画で、8戸はオーナーが自社使用している。住戸は 31 〜 40㎡程度の規模で現在の家賃 5.5 万円程度からになっている。エレベータはないが、廊下階段は比較的ゆったりとしたつくりで、廊下から中庭を見下ろすことができる。中庭には今は 2 階建ての倉庫事務所棟が増築されて埋まっているが、それでも通路状の広場は残り、1 階では中庭側に出ることのできる区画もある。中庭側と街路側の両方に出入りできるスペースを活かして、中庭で古着のリサイクルの作業をおこなったり、地元野菜の青空市を開くなど、中庭が活動をつなぐ役割を果たしている。中庭の建物を集会会議室として利用させてもらったこともあると聞く。

　このビルを建てた松尾トシ子氏は、横浜で教師などを経て、戦後初の選挙で当選した女性代議士のひとりで、1960 年まで国政に参画していた。理想的な都市型住宅を建設したいという考えもあったと聞く。一族で経営する横浜木工で家具の商売をおこなっていて、家具を使う住宅も一緒に建てていくことになったらしい。

　1 階の店舗や事務所の区画では、スーパーマーケットが出来てきた時代には、店をまとめて入れて市場のようにしたこともあった。建設時に金融公庫を使ったので家賃統制がかかり、ながく建物に手をいれたり家賃を改定したりすることができなかったという。1965 年に大和ビルと商号が変わり、4 回の増築で現在の姿になったのは、1969 年である。

1980年頃になって繰り上げ返済を終え、それからは手を入れるのも自由になったとのこと。住戸の洗濯機置き場を造り替えて内風呂を設け、湯沸かしも変えてきた。水回りの大改修は最近おこなったが露出で配管となった。サッシもスチールからアルミに変えてきたがまだもとのものも残っている。中庭には作業小屋や会議室が増設された（5-2-2）。

　経年が進み、周囲に比べて家賃が安くなったこともあり、次第に福祉や環境系の活動団体が入居することになった。はじめ女性の相談ごとの団体「りすの会」が入居し、そこから関連の団体とのシェアオフィスとなった。中間支援組織として神奈川県の市民活動支援をおこなってきた「アリスセンター」のつながりで、多くの団体が集まった。市民グループから始まった支え合いの「NPOたすけあいゆい（現在は社会福祉法人、2006年に他に転出）」が事務所として1階の数部屋を借りていたこともある、

　そのころからビルオーナーも同居し、手間がかかるようになった建物の維持管理に目届きよく対応するようになった。オーナーは市民活動などに理解があり、賃貸の更新料を低額に抑えてくれた。大家としては、市民活動団体は居座られることのない入居者として歓迎できるとのことで、いくつか団体の入れ替わりはあったものの、現在もその状況は続き、NPOや団体のスタッフで上部の住宅に住む人も現れた。また、いくつかの部屋は社会福祉団体との協力で、社会復帰、自立のための住まいとしての入居者受け入れをおこなったりもしている。

　特定非営利活動促進法ができた当時、新たな市民活動、ソーシャルビジネスの時代になると、横浜市でも官製の市民活動共同オフィスがつくられたりしていた。横浜で芸術不動産の動きがはじまる少し前には、古いビルはむしろ市民活動団体やNPOの受け皿になる動きもあった。ここでは民間ビルに自然に集まった団体によって、民設の共同オフィス・コミュニティになったといえる。

　しかも路面と中庭につながる1階が活かされたことで、活動の様子が外からもうかがえる。古いビルに新しい活動を呼び込むことで福祉や環境系の市民活動団体の拠点となった先駆け的なものであり、中庭が団体間のつながりや、大家も含むコミュニティ意識を促すように働いたものともいえる。

クリエイターを巻き込んで広げる：泰有社の取り組み

　関内桜通りは、関内大通りの一本東を港へと向かう縦の通りで、中小の古ビルが点々と残る。関内地区の街区は東西に長く南北に短い。東西の通りは一本おきに間隔をおいて防火建築帯とされたが、南北の通りは基本すべての通りが防火建築帯として指定され、それがため桜通りのような南北の通りでは、角地に建つ角切りが印象的な中小規模の不燃ビルが街角ごとに現れるようになった。

　そのひとつの泰生ビルから訪ねてみよう。いま、この付近のビルで、入居したクリエイターらと連携協力したビル再生の試みが連鎖的に広がってきているが、その動きのうねりをつくりだしたのは、泰有社の取り組みにある。

　泰有社は、弘明寺に３棟の貸しビルをもって不動産経営をおこなっていた。戦後、弘明寺商店街は東洋一のアーケードをつくるほどに栄えた。弘明寺観音の門前近くにあるスーパー長崎屋として建てられたビルが1994年に撤退。その後いくつかの出店変遷の後、空いていたビルを見かねて、地元の不動産屋として泰有社が2006年に安く引き受けることになった。本社もそこに置いた。ロングライフデザインを標榜して活動をしているデザイナーのナガオカケンメイ氏に関わってもらい改修をおこない、ダンススタジオや税理士などに貸すことなどした。

　泰有社で古いビルの再生を進めている伊藤康文氏によると、そのような経緯で弘明寺のまちで古ビルのリノベーション的なことやまちを元気にする不動産業を手がけていたのが、今につながっているのかもしれないという。

　現在、横浜、東京に10棟程度のビルを経営している。通常の賃貸ビルではオーナーが不動産管理会社に委託して、入居者の顔も見ないのが普通。管理会社は新しいビルにしか客付けをしてくれない。階段しかない、オートロックがないといったビルでは、そうした管理会社に委していると、空室は増えていくばかりだったという。

　ところが空室率の大小にかかわらず、実はビル経営的な経費はそれほど変わらない。修繕もしなければならない。泰生ビルでも配管の修理には600万円もかかった。また税金はどんなぼろビルになっても土地にかかる部分が大きいので、負担感は変わらない。2008年のリーマンショックと同じくし

て日本でも不動産ファンドが崩壊
し、横浜関内地区の空室率は一挙
に上がった。所有するビルの入居
率は70％くらいだった。そこで
ビル経営の舵取りを変えることに
した。

泰生ビルは1967年に、泰有社
がはじめて関内地区に建てたもの
で、このあたりでは最初の5階建
てのエレベータ付きビルだ（5-2-
3）。融資を受けた防火帯建築では
ないが、やや遅れたものの4階建
ての防火帯建築の並ぶ街並みの中
に連なるように建ったビルである。
その当時、小割りのビルを建てて

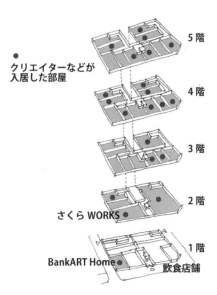

● クリエイターなどが
　入居した部屋

5階

4階

3階

2階

さくら WORKS

1階

BankART Home ●　　飲食店舗

5-2-3　泰生ビル

も優位なものにはなれないという考えで、隣との共同建設ビルにした。泰有
社が半分、常盤不動産が半分を縦割りで持ち、エレベータや階段は真ん中に
共用していた。屋上からは港も見えたという。3〜5階には各フロアに11
戸の住宅であり、裏には小さな中庭を抱えている。

泰有社は代が変わり、そうしたビルを先代・先々代からひきついだものの、
空室も増えてきてどうしていこうかと考えていた。一時は売却も検討したが、
オーナーが分かれていることもあって話が進まなかったという。

たまたまネットで「芸術不動産」の記事をみてアーツコミッション・ヨコ
ハマの杉崎栄介さんに相談に行ったところからはじまって、市の助成1,000
万円をもらって再生を進めることができた（2012年）。その後向かいの小さ
なビルを買い取り泰生ポーチとして改修もおこなった。こちらは500万円
程度の助成を受けた（2014年）。

入居者をどう見つけるかが鍵だという。ヨコハマ経済新聞の杉浦裕樹さん
を紹介してもらい、まず、杉浦さんらの横浜コミュニティデザイン・ラボが
事務所として借りてくれた。そのときはまだボロボロの状態だったので、安

5-2-4 さくら WORKS

く貸すことにした。その次に一緒に、2階の元クラブや服屋が入っていた広めの部屋をセルフリノベしてシェアオフィスにしようということになった。「さくらWORKS関内」と名づけた会員制のコワーキングスペースを開設した（5-2-4）。そこから人のネットワークも次々ひろがり、空室だった上階の7区画も埋まった。その後も問い合わせなどが続き、古ビルでも需要はあるということがわかった。

　そこで右側半分のビルオーナーにも活用を投げかけたが、「そういう訳の分からない人たちには貸したくない」という答えだったらしい。とはいえ空室のままだとビル全体にもよくないと考えて、買い取ることにした。少し安く譲ってもらったが、買い取った22区画のうち18室が空きだったので、ちょっと青ざめたという。

　古いままで最初の内覧をおこない、金曜の雨の日にもかかわらず、20名が来てくれて手応えを感じた。そこからおもしろい人たちが次々入居してくれ、何人もの横浜の若いデザイナーや設計者が関わったセルフリノベによってビルの付加価値がついていった。さくらWORKSが一種のブランド化して名が通るということで入居者が増えたこともあると思う。

　現在住宅になっている数戸を除いて2階以上のすべての区画は、クリエイターやコミュニティビジネスの事務所、スタジオが入り、満室である。

　たとえば502では、はじめさくらWORKSが借りていたが、そこを地元の若い建築家ユニットのトミトアーキテクチャがイケアと組んだ改修をした。また310・311では建築家の秋山さんが壁を抜いてそこを4社でシェアしている。

　そのほか、伊藤氏も予想外だといっていたのは、認可外だが保育の活動をしている「ピクニックルーム」や、古い部屋のままでどうしても借りたいと

乗り込んできてジャムを作っている「旅するコンフィチュール」などの多彩な入居者が集まったことだ。

　ビルオーナーが入居者みなの顔と活動を遍く知ってのビル大家になった。こうした活動の中からのつながりで、2階の右側でしばらくさくら WORKS が貸しスペース、イベントスペースとして使っていた広い区画を閉じた後には、地元の設計事務所のオンデザインが自ら改修して事務所を構えることになった。

　次に泰生ビルの向かいにあった小さな空きビルをアネックスとして再生したのが泰生ポーチである。もと第一ホームビルという90㎡程度の敷地に4階建てで7室に分かれたビルだった。同時期のビルと思われる。1階はクラブが入っていたが上の階は空いており、借地権を買い取った。

　泰生ビルのつながりができたクリエイターたち、建築家やデザイナーにプロジェクトに加わってもらい、コラボで改修デザインを進めた。設計やイラスト、ロゴ、サインなどそれぞれにつながりの出来たデザイナーを起用することができた。

　ここではもとの30㎡区画だと家賃が高くなってしまうので、さらに小割りの区画にして、家賃5万円以下、保証金も低く抑えている。それでもビル経営的には坪単価1万円と、まわりよりもむしろ高くとれているという。入居者会議で共同トイレなどの清掃をしてもらうことにし、壁には自由に色を塗ってもよいということにしている。入居者の入れ替わりはあるものの、すぐに埋まるような状況である。

　上の階で収益を確保できるようにしたことで、1階はパブリックなスペースとして活用していくことが可能になった。地産地消カフェとフリースペースで街路につながる催しの場を設けた。その後体制はかわり、パン屋・学童保育・ソーシャルイベントの3事業を組み合わせたコミュニティスペースとして運営を再編し、「フロント」として展開している。

　泰生ビルの1階は古くからのテナントを含む飲食店が並ぶ。そのなかの建設当初からあったレストランが閉店となったのを、横浜の創造界隈づくりの立役者であったBankARTが借りて、路面に開く活動、集まりの場をつくり、バーやブックショップを併設した。スクールなどに使っている。これによっ

て桜通りの両側に拠点ができることになった。「関内外OPEN!」では、通りをみんなの広場として楽しむ手づくりのイベントの場になる。

常盤不動産ビル

　次に2016年から取り組んだのが、少し離れた常盤不動産ビル（5-2-5）。泰生ビルのもと半分の所有者でもあったのでつながりがあった。1958年建築の4階建てで、L字に建つ。融資建築リストには見あたらないので自力で建てたのだろう。その背後には10年後に増築された同じく4階建ての別棟、伸光ビルがある。こちらは融資建築リストにある。

　57区画のうち22が空いていた。クリエイターの関内地区への呼び込みに手応えを感じ、まだまだ入居者はいると、泰有社がふたつのビルをまとめて取得し、「トキワビル／シンコービル」の名でブランド化を考えた。伊藤さんの話では、起業家やクリエイターへの次のステップへのビルとして考えているという。元からの入居者も残っており、空室を少しずつ転換していき、共用部も少しずつ手を入れていくという進め方をとっている。

　ここでもまず2階にBankARTがオフィス、レジデンススペースを構え、並びの部屋にデザインや設計の事務所などが多く入居することになった。11坪程度の部屋で内装はそれぞれが好きなように変えており、壁を一部抜いてつないだ部屋もある。入居者どうしの交流会にもオーナーは参加して、楽しいビルとしてのビル運営の輪をつくっている。またビル内の4階の

5-2-5　常盤不動産ビル

3室では、37㎡の部屋だったのを2室に分割して、水回りは2室共用のものを設けた。スモールオフィスとして5万円程度で貸す試みもおこなっている（5-2-6）。

　2年ほど経って各部屋のドアの色を様々に塗り変えて、いきいきとした雰囲気が出てきている。訪ねるたびに少し

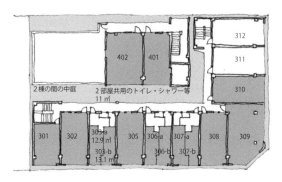

ずつ変わっていく様子で、時折の展示会や、屋上を活用するイベントやパーティもおこなわれ、じっくりとビル再生に取り組む姿勢が見て取れる。

　泰有社の伊藤さんによると、リーシングで人を呼ぶということを進めたのであって、デザインそのものを追求したわけではないという。入居者のクリエイターグループと一緒に仕事をするなかで、長屋の親父の関係が築かれてきた。古いビルに最先端の活動という取り合わせが素敵だと思っているという。

　一方、構造、耐震の改修はこれまでは保留にしてきた。無視はできないが、費用捻出できるビル経営を考える必要がある。1000坪程度のビルで耐震診断に800万、改修となると2億というお金がかかるので、テナントに転嫁する工夫ができるかが課題である。市の支援は大きかったが、今後さらに手を入れるとなると助成も限度がある。関内の人としてやっていくのでいっしょに考えてほしいとの意見もあった。

パッチワーク的な活用を通りがつなぐ：吉田町通りのビル群

　関内駅をはさんで野毛方面に伸びる吉田町通りでは、4棟の防火帯建築が軒を連ねた街並みで、通りの空間と一体になったまちづくりにつながってきている。

　通りには老舗の鶏肉店や煎餅店、蕎麦屋、古くからの眼鏡屋やスポーツ用品店などとともに最近出来たおしゃれな飲食店が並び、またギャラリーや画材店も多い。一時シャッターを閉じていた区画も、ここ数年で設計事務所が

開放するブックカフェとなるなど、まち歩きが楽しめる通りとして注目されている。年に数回、通りの車を止めておこなう「まちじゅうビアガーデン」は、ジャズのストリートライブを楽しみながら、沿道のお店と一体になっての賑わいが楽しく、まとまった環境の通り空間を活かしている。

第一共同ビルの赤い外壁や並木が異国風の街並みにも感じられ、一方裏通り側の露出配管やバルコニーの様子は混沌としたアジア的でもあり、最近はドラマのロケなどにも使われたりした。ここに移り住んだ方には、ジャズ好きが高じてこの界隈のまちづくりに飛び込んだ方や、欧州暮らしから帰国してそれに似たまちなかの雰囲気に惹かれて住むことにした方もいた。

吉田町は古くから、東海道方面から関内地区への主要なアプローチ道路であった。キーコーヒーの前身、木村コーヒーが関東大震災後に本店を置いたのもここだった。戦災を経て伊勢佐木町周辺の接収が長く続くなか、最初に返還され復活が進んだ通りといえる。そこで次々と4階建てのビルが建ち並び、いち早く歩道にアーケードをもつ商店街となり繁盛していた。

4棟のうち1棟は地主が個人で建てたものだが、3棟はそれぞれ県公社住宅を上にのせた併存型ビル（市街地共同ビル）であった。第一共同ビルには昭和33年の神奈川県優秀建築賞のプレートに14名（名義）の共同で建てたと誇らしく掲げられている。敷地971㎡、延べ床3,676㎡、当初は1、2階に15区画、3、4階はそれぞれ18戸で合計36戸の住宅を載せていた（5-2-7）。続く第二共同ビルは3人の共同、第三共同ビルは7人の共同で建てた。さらに古くからの地主を継承している吉田氏が個人で建てた吉田ビルが第二ビルに連結されて、約200mの長さのひとつらなりの街並みが出来た。

その後、共同ビルは比較的早くに地主が買い取り、縦割りの所有関係の民間ビルになっていた。下の階で商売を営みながら上部の住宅に住み続ける方もかなりいて、その

5-2-7　吉田町第一共同ビル

ことがビル会としての自主管理や商店会活動と一体になった取り組みにつながっていったようだ。

　しかし関内駅が1964年に開業以降、まちの中の位置づけが次第に変わってきて、物販の店は減っていきテナントに貸す区画が増えた。一方画材屋が呼び寄せた人のつながりでギャラリーがいくつか出来ることになった。上部の住宅は社宅的に使われたり一時は背後のまちの歓楽街で働く外国人も住んだこともあるという。

　そして20年前くらいには1階の店舗群でも一部でシャッターを下ろすところもあった。一方若い人がまちに入り込んでバーやジャズの店がこのあたりにいくつも出来てくると、アート＆ジャズの街として再興しようと、フェスティバルをおこなう動きもはじまった。

　この通りがクリエイターらに再び注目されたのは、ストリートパフォーマンスの舞台として2008年10月に横浜トリエンナーレの一環で、演劇の拠点施設の「急な坂スタジオ」が仕掛けた「ラ・マレア横浜」の試みがきっかけといえよう。アルゼンチンの演出・舞踏家マリアーノ・ベンソッティが街中の通りを会場に9つのショートストーリーを演じたもので、客は通りを歩き回りつつ、いつくかの場所やビルをのぞき込んで鑑賞するというスタイル。吉田町第一共同ビルのそれまでシャッターで閉じていた区画を、劇の舞台としての古本屋に設えたのが印象に残っている。彼は横浜をあちこちみて歩き吉田町の街並みを舞台として選んだという。通りと沿道建物が一体になった舞台性のある通り空間として評価されたのは肯ける。

　その際に吉田町名店街会やビル会も協力をした。文化的な下地があったので、そうした活動に惹きつけられた方が、商店街の方たちと一緒にまちづくりに乗り出すことになった。翌年2009年に第1回がおこなわれた「まちじゅうビアガーデン」は、通りを閉めきり歩行者天国として路上ビアガーデンをおこない、ジャズのパフォーマンスを楽しむイベントで、すっかり定着して現在も続いている。沿道の店舗も協力して食べ物飲み物を提供したり雑貨マーケットなどをおこなったりで、まち全体で盛り上げている。

　また防火帯建築の再生についてさぐっていたNPOアーバンデザイン研究体は、調査の成果を現地の画廊で展示してワークショップをおこなった。

5-2-8　Archiship Library&Café

2009年におこなった「コンクリ長屋の衣更え」では関心をひろげ、まちの方とのつながりもできた。そして2011年には第一共同ビル3階の一室を借りて、学生とともにその部屋のDIY改修の可能性を試みたりした。このことは隣室のビルオーナーが改修を進めることや、廊下階段の共用部の塗装美化にも結びついた。少し荒れた雰囲気のあった廊下階段がきれいになった。

　時を同じくしてビルオーナーや商店会のメンバー、そして新たに入居したクリエイターにより低層部の活用とまちづくりとを結びつける動きが出てきた。シェアスタジオの試みや、建築家の事務所などの開設があった。横浜を拠点にしていた建築家飯田善彦氏は、路面に開かれた創造の場づくりの可能性を拓こうと、第一ビルの1階と2階をつかいブックカフェをもつ事務所を開設した。いくつか事例を見に行き、建築、アート系の蔵書を活かし、お茶を出す程度ならばできるだろうと始めた。またその隣には同時に演劇系の団体がスタジオスペースを開設しようとした。これらの動きは横浜市からの支援も得ている。

　飯田氏は、改修に際して、配管の老朽化や地下ピットにたまっていた水の処理など苦労したという。一階の高い天井高が転用に際しては、たすけになっているようだ。Archiship Library&Caféとして本に囲まれ通りに開かれたスペースは特に学生は安価に利用できる。ここでは、セミナーを開催したり、「まちじゅうビアガーデン」の時は一体になった雑貨マーケットもおこなっている（5-2-8）。

　その後シェアスタジオや演劇スタジオは、利用の難しさや音の問題などもあって利用法は変わってきたが、新たにビル内ではゲストハウス計画なども動き出している。

　吉田町のビル群は縦割り所有で多くのオーナーに分かれている。個別に持

ち分の利用や再生を進めるというパッチワークのかたちだが、ビル会として
の維持管理活動があることや、ひとつの通りでつながりまとまりのある商店
会活動と一体でもあること、まちづくりに意欲的な入居者リーダーがいるこ
となどで、協調した動きになってきたものといえる。

DIY 方式での活用を受け入れる：住吉町新井ビル

　関内桜通りに面して、泰生ビルに隣接するビルでも再生が始まった。横浜
市の働きかけでモデル的な再生に取り組んだ住吉町新井ビルである。ここで
は、空室になって放置されていた部屋を、手をいれないそのままの状態でも
借りたい、自ら手をいれて使いたいという方に限定して貸す試みを進めた。

　ビルオーナーの新井清太郎商店は、関内地区で伝統的に花卉園芸を中心に
繊維や食品も商う地元商社で、いくつかのビル経営もしている。住吉町新井
ビルは 1961 年に建てられた 4 階建てで市建築助成公社の融資を受けた融資
建築である（5-2-9）。裏側に小さな中庭を抱え、水平の連続窓が角地を特
徴づける当時としてはモダンな外観だったに違いない。

　50 年を経て、1、2 階は店舗などで賑わっていたものの、社員寮として
使われていたこともある 3、4 階の各階 6 室の住宅部分は設備の老朽化とと
もにほとんどの部屋が長く放置されていた。

　ここは、建築や不動産関係の方に可能性をみてもらったが、いかんせん設
備改修にはコストが見合わない。そこで入居者自らが再生に取り組むという
条件でアトリエ用途に限定して入居してもらうかたちをさぐった。

　使用できない設備はそのままとし、内装も老朽化したまま改修せずに借り
てくれる人に貸し、自由に手を入れて
もらってよいし退去時に元に戻さなく
てよいという条件で、3 年契約、家賃
は相場の 2 割、1 室 10 坪程度で 2.5
万円／月と格安とする。

　3 階の 6 室をまず取り組むことにし
て、トイレは 2 階にある共用のものを
使ってもらう。もとから住んでいる方

5-2-9　住吉町新井ビル

5-2-10　神奈川大学の学生達の活動

にも配慮してもらう。そのうえで個性的な改修を自らおこなうことができるという条件を課した。それに応えたのは、建築設計事務所、現代美術のアトリエ、デザイン系のシェアオフィス、神奈川大学の建築デザイン研究室となった（5-2-10）。自力施工や、解体廃材を転用するなどで手作り感を競い合うデザインが実現した。

　ビルオーナーは電気容量のアップをした程度であったが、入居が進んだ後には屋上や外壁の防水、補修に踏み切り、さらに4階の空室の活用にひろがっていった。

　住宅として再生するには、設備の改修などに相応の工事費を要するので、このようにスタジオや事務所として活用するのもひとつの手だといえる。

協力事業者との連携から取り組む：弁三ビル

　関内桜通りを北の方に進むと、超高層に建て替わったメディアセンタービルの向かいに端正な4階建ての白い建物の角が現れる。これは県公社との併存型ビルの第1号として建てられた弁三ビル（原ビル）の端部である。建物が伸びる弁天通は、戦前は賑やかな通りで、商社や外国人向けの美術品などの商店、土産物屋も多く、メディアセンターの場所には銀行や丸善があった。

　弁三ビルは戦災、接収で更地になった後にこの通りの賑わいを再興したいと1958年に建てられたもので、当時、県公社と地主の協力による第1号として意欲的、モデル的に取り組まれた建築だった（5-2-11）。ビルオーナーは横浜有数の実業家、生糸で財を築き三溪園を開設した原一族につながる会社である。上階住宅部分の買取り後もまとまったビル経営で維持されてきた。

　第3章でも詳しく紹介のあるように、上部の住宅階には裏路地通路からアプローチする構成であり、その通路はのちにこのビルに連結して建てられた県住宅供給公社ビル（現存せず）の中庭につながっていた。弁天通南側の街区は面として防火建築帯に指定されており、特別な位置づけだったようだ。

しかし設備などの老朽化とともに、3、4階の30戸ある住宅部分は積極的に入居者を受け入れることはせず、空室が増えていた。古いビルやまちなか暮らしがおもしろいと新たに住もうという人もあったものの、「入居してくれる人がいたら改修を考える」「次の代にゆだねる」という待ちの姿勢になっていた時期もある。2010年頃

5-2-11　弁三ビル

に通常のかたちで改修した住戸は38㎡で8万円程度の家賃をとっていたが、一般的な賃室にとどまっていた。

　そして数年前の段階で、半分程度の20室が空き部屋となっていた。市の文化創造局は、芸術不動産の民民展開を働きかけるなかで、2015年に地元の施工会社ルーヴィスとのひきあわせをおこなった。ルーヴィスはリノベーション事業を手がけ、泰生ビルのなかの部屋の改修にも関わっていた。2015年から「カリアゲ」というサービスを始めていた。

　これは目黒区の木造住宅が第1号だったようで、30年以上たつ古くて一般には市場価値のない不動産を、所有者から6年間の定期で借り上げ、比較的安価に改修した上で、それを転貸、サブリースするものである。借り上げ賃料は期間の想定賃料の10%を目安にしている。とても安価なようだが、改修活用に踏み切れないオーナーには、お試しとしてリスクを抑えた取り組みが可能になる。その6年の間に合計で家賃の7ヶ月分相当がオーナーに渡る計算になるが、7年後からはきれいになった住戸がオーナーの手に戻ってきて賃料は全額入るしくみだ。ルーヴィスは、改修費用を4年程度で回収できる範囲に抑えてシンプルな改修をおこなうことになる。ここでは一戸あたり380万円ほどで改修したそうだ。

　弁三ビルではまず6室をカリアゲ方式でのリノベーションを進め、ほかに4室では現状を清掃しただけでDIY向けの賃貸とした。東京R不動産などの不動産紹介を通じた入居者募集により、すぐに満室となった。カリアゲのものはシンプルな改修とはいえ、住宅として水回りは一新し、家賃9万円程

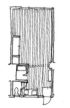

以前の改修
1LDK38.07㎡
8.2万 管 0.1万円 / 月
敷金2ヶ月 礼金1ヶ月

カリアゲによる改修
シンプルさを追求
9万円 / 月程度
敷金1ヶ月 礼金なし

5-2-12　住戸改修事例

度と無理のないものが出来た。入居者の多くは一般の勤め人だという（5-2-12）。

その結果を受けて、4室を追加でカリアゲとした。さらにビルオーナーは、自らの事業投資で部屋の改修をおこない、新たに税理士などにシェアオフィスとして貸し出す展開につながった。また住宅だった3室をつなげて、通信制の高等学校による発達に課題をもつ生徒の支援教育のセンター「明蓬館高等学校　横浜・関内SNEC」が開設された。ここでも、これまで関内で培ったクリエイターらとの協力があったとのことだ。

部屋ごとに改修を進め、可能性を確かめて、アピールしながら拡大していくことで、むしろ普通に再生していく。多彩な事業方式や活用を組み合わせていくという道筋がみえてきた。

5-3　まちづくりにつながる防火帯建築「群」の再生

パッチワーク的な取り組みからはじまる

継続的に使われて維持されてきたビルと、一旦空室化が進んでしまったビルの再生への取り組みについてみてきた。これらの事例に見られる、ビルの再生活用について次のような工夫や試行をメニューとしてとりだすことができる。

①古いビルにおもしろい入居者を誘導する
・キーパーソンの入居から、口コミやいもづる式に入居者をひろげて集める
・あえてDIYなどのハードルの高い条件で入居者を選ぶ
・通常の募集をおこなうのでなく、ある意味物好きな物件を扱う不動産募集のサイトなどを活用する
・中庭、屋上などの共用スペースを活かし使うことで入居者どうしのコミュニティ形成を促す

・ビルオーナーが参加する入居者との交流の集まりをもち顔の見える関係を築いていく
・ビルオーナーが同居して大家としてのきめ細かい対応をつづける
・公開イベントでビル再生、活用の様子を見てもらいアピールする
・通りや、廊下、階段から各部屋での活動の様子が垣間見えるようにする

②当面の投資、リスクを抑えて進める
・入居者に退去時の原状回復を求めず、DIY での改修をやってもらう
・短期で確実に回収できるシンプルな改修内容とする
・設備には大きく手をいれずにそのままオフィス、スタジオ用途などに限定して貸す
・一括借り上げ、マスターリース方式で事業を代行してもらう
・耐震改修については、一定の経営が成り立つようになってから取り組む
・まずは共用部、階段、廊下や中庭などを入居者の協力も得ながらきれいにする
・改修デザインやプロモーションに入居者のなかから協力を得る

③借りやすい区画に改修して貸す
・戸境壁の撤去にも対応する
・小面積の区画に分割して低家賃でも借りやすくする
・グループでのシェアオフィスに貸す
・低層部1、2階のメゾネットには、外部から直接入れる独立階段を新設して、分けて貸す

④収支を組み合わせることで、多様な活動を招き入れる
・接地階のテナントで高い収益を見込める場合には、上層階を安く貸すことも可能
・空室の多かった上層階を収益性のあるものにすることで、接地階には共用の場や公共的な用途を組み込む
・接地階と上層階をペアで利用してもらう

下駄履きビル全体での入居者選びと経営を考える

A 一定の入居のあるもの →家賃アップ

4階	住宅
3階	住宅
2階	店舗・事務所
1階	店舗

→3,4階 リノベーション
　　　　一括借り上げ（ある程度長期的なスタンス）

→2階 まちにつながるアトリエ、シェアオフィス等

B 空室の多いもの →入居率アップ

4階	空室
3階	空室
2階	空室
1階	店舗

→3,4階 原状回復なしで安く貸す
　　　　再投資額の少ないオフィス化

→2階 DIYで改修（コワーキング 建築事務所 大学サテライト）
→1階 まちにつながる公共的な場づくり

5-3-1　ビル活用再生の方向

・下層階のオフィスや店舗のスタッフの居住を上層階に誘導する

　これらの取り組みは、パッチワーク的なビル再生となってくる。ビル全体に対して最初から事業を計画して取り組むような場合とは違う、少しずつ変えていくことを楽しむ進めかたである。空き室のいくつかからはじめて徐々に活用がひろがり、次第に入居者やテナントも充実してきて、それが街路やまちにもひろがっていくというものだ（5-3-1）。

下駄履きを活かせばまちづくりになる

　古くなったビルを再生するには、なんらかの投資は必要になる。それを回収していくことを考えると、家賃アップを図るか、空室を埋めて入居率を高めるかの方法になる。家賃収入がビルオーナーの生活費に充てられているような場合には、前者が必要となるだろう。多くの防火帯建築では、空室を埋めるところからはじめていくことが現実になる。上の階と下の階を組み合わせた再生活用パターンをみてみると、大きくは次のふたつの方向がみられる。

　これまで上部の階の住宅にも入居者があり、一定の家賃水準を維持してきたものに再投資をおこなう場合は、その改修費用を家賃アップで回収することが基本になるだろう。ただし住宅用途では設備の更新費用が大きくなりがちで、それを短期で回収するには限度もある。ある程度長期的な視点で住宅

経営を継続していくことが必要になる。そして低層部には、上部の階の入居者が働いたり飲食したり交流できるスペースをまちに開いてつくっていけると、まちづくりにもつながる。

　一方、上部階はすでに空室化が進行し放置されていて、低層階の店舗テナントのみの稼ぎで実質ビル経営をしているような場合には、これまで貸していなかった上部階を最低限の手をいれて、賃貸収益のあるものに蘇らせればよい。原状回復無しで安く貸したり、再投資が少なく済むオフィスやスタジオ用途に限定したりするかたちである。そして上部階を収益のあるものにすることで、低層部の家賃をある程度抑える余裕が生まれれば、そこを積極的にまちにつながる公共性のある活動の場に使っていく可能性も生まれるだろう（5-3-2）。

　そうできると街路につながる活動が前面の通りからもみえるようになる。まちや通りを賦活することにつながり、再生に公共的な意味も大きくなる。まちなかウォーカブルへの期待もひろがってきているいま、1階、路面階に開放性や公共性をとりもどすことの重要性は理解されるだろう。

　近年、関内・関外地区でも分譲マンションやオフィス専用ビルの増加により、路面接地階での賑わいを損なうことが問題になってきた。分譲マンションでは下駄履きが避けられ、道路沿いが閉鎖的な壁面や塀、駐車駐輪スペースとなりがちである。またオフィスビルでは道路から後退して建つものもでてくる。まちをつくる建築として「普通だがきちんとした通りに向いた構

5-3-2　防火帯建築と現在の開発との対照

1950 – 60 年代の防火帯建築（とその再生）	現在のマンションやビル開発
・3 ～ 5 階建ての不燃コンクリ建築	・31 ～ 45 m の高さの耐火建築物
・容積率 300％程度	・容積率 600 ～ 800％
・街区型、沿道型の配置、裏庭や中庭	・敷地いっぱいに建つ、前面を退いて建つ
・住宅と商業業務を複合、下駄履き	・専用共同住宅や専用オフィスビルが主体
・使い回し	・用途を純化、固定化する方向
・路面、通りぞいに賑わい	・公開空地
・地割はそのままで上部の共同化、長屋的	・土地、権利をまとめての開発指向
・賃貸ビル、賃貸住宅によるまち	・分譲マンションとテナントビルが増える
・公的な住宅供給とまちづくりを連携	・公的住宅の払い下げ、撤退
・地価が直接顕在化しない	・地価負担力が開発形態を決めてしまう
・個人、中小ビルオーナーが担い手	・デベロッパーが担い手

え」の建て方を追求することは今日的課題でもある。

　下駄履きビルを活かせば、まちづくりになる。

創造のコミュニティを育み、ビルオーナーを大家にする

　中小、個人のビルオーナーによるビル経営は、ビル管理や老朽化への計画的な備えといった課題はあったものの、小廻りのきく地価を顕在化しないビル経営を可能にしてきたといえよう。その延長線上で、比較的低賃料での使い回しを継続していけるならば、まちに新たな活動を呼び込み、適度な活気と流動性を継続していける寛容なまちづくりとしてのビル経営が期待できる。

　かつてジェイン・ジェイコブズが指摘した「まちには古さや条件（収益性）の異なる建物が混じっていることが必要である。新しいアイデアは古い平凡な建築を使うしかない」という言葉を思い起こす。関内・関外地区のまちはまさにそうした可能性をもっている。

　アーバンデザイン研究体で10年ほど前にまとめた『防火帯建築群の再生スタディブック』（2009年）に、「気がついてみたらいつの間にかアーティスト達が住まうお洒落な街並みができていた計画」という提案がある。ここでアーティストは、クリエイターやコミュニティビジネスなど創造的な活動をも幅広く表す言葉として使っている。

　入居者やビルオーナーが協力しながら、ボランティアのクリエイターや学生やNPOなどの手助けも得て、少しずつながらゆっくりと時間をかけて、ローコストで環境に優しく、コミュニティ意識をもつ市民の、身の丈に合ったリノベーションを進める計画を描いている。街並み建築の形態を残しながら、空き室から徐々に改修を進め、コストもコントロール可能な範囲にとどめる、細くて長いスローなプロセスをあえて提案していた。

　それは3段階からなるものだった。

　まず第1のステップでは、計画のコーディネイターとなる人を見いだし、その活動を支えるために、空室だったところを最低限の改修で安く貸す。作業は入居者が自らおこなったりボランティアに担ってもらう。僅かなりとも家賃を得られたら、家主は当面コーディネイターに回して、スタートのために使ってもらう。

次に第2のステップとして、路面に向いた拠点となる事務所を設けて、まちに活動を発信しながら協力者も広げていく。事務所の維持管理は家主の協力と補助金などで賄う。入居クリエイターの作品の紹介や屋上、中庭をいかしたイベントもおこなう。そして協力者も含めて活動を組織にすることで、対外的にも認めてもらい資金調達もしやすくする。

　そして第3のステップとして再生計画を通りや地区に広げていく。パッチワーク的な改修ながら近所でプロジェクトが増えていけば、コミュニティの感覚も強化される。組織はビルオーナーと連携しながら、入居者の呼び込み、日常の建物管理を手がけるまちの大家としての仕事を請け負う。管理の受託により活動資金を得て、息長く計画の修正やアップデートを進めていく。

　かなり楽観的な話だったが、現実にそれに近いことがここ数年で進んできたことがわかるし、また長く使い続けてきたビルにはそれに近い取り組みが以前から備わっていたこともわかってきた。

　そのときはコーディネイターやボランティアには、NPOや大学から人を得ることを想定していた。横浜では、BankARTや横浜コミュニティデザイン・ラボが大きな役割を果たし、先行する芸術不動産初期の取り組みでまちに入って活動しはじめたクリエイターや建築関係者のなかにも協力者がいる。

　そして地元の不動産事業者の中から、コミュニティ・デベロッパーを育てていきたいという話も語られていた。泰有社の活動で、それも現実のものになった。ビルオーナーは、リノベーションを手がける企業の協力を得る一方で、家主、オーナー自らが出来る範囲の取り組みをはじめるなど、事業の仕組みもパッチワーク的になってきた。

　ビル活用へのプロセスを通して、ビルオーナー、関わったコーディネイターや協力事業者、入居者やボランティア、NPOや学生を巻き込んだコミュニティの生態系を回していく。関係者みながまちのコミュニティの一員として自らの手でまちづくりを担い、ビルオーナーが真の大家の役割を担うべく、サポートする。取り組みの最大の意義はそこであろう。

　＊この章の内容は次の参考文献と、各ビルのオーナー、関係者のお話しによるところが多大です。

【参考文献】
1)「遊休不動産を創造的に活用するためのガイドブック」横浜市文化観光局創造都市推進課、2018.10.
2)『横浜関内関外地区・防火帯建築群の再生スタディブック』特定非営利活動法人アーバンデザイン研究体、2009.3

第6章　戦後建築遺産としての横浜防火帯建築群を引き継ぐ

笠井三義

6-1　近代建築評価から戦後建築評価へ

防火帯建築への着目

　横浜の防火帯建築が歴史的評価の対象として眼差しを向けられるようになったのは、比較的近年のことと言えよう。それまで、1980年代に神奈川県住宅公社による調査がなされたことはあったが、その目的は所有権の複雑な防火帯建築の建替えに際しての課題を抽出することにあり、歴史的価値や文化芸術性などを見出すための内容ではなかった。

　横浜において戦後建築評価の気運が高まってきたのは、開港150周年記念事業の展開された2009（平成21）年以降のことであろう。2010（平成22）年12月12日、私はシンポジウム「関内・関外の戦災復興建築の保全活用を考える」にパネリストとして参加することになった。これは、シンポジウムを企画された菅孝能氏からの依頼により、公益社団法人日本建築家協会関東甲信越支部神奈川地域会（以降JIA神奈川）まちづくり保存研究会委員としての参加であった。パネリストは建築設計の実務家から、まちづくりNPO関係者、商店街や地域振興会関係者、そして研究者と多岐に亘った。

　私はシンポジウムのプレゼンテーションにおいて、横浜の災害復興の歴史がそのまま現在の歴史的建造物に反映されているという内容を発表した。横浜関内地区は慶応年間の大火からの復興によりまちとしての骨格ができたが、その後幾多の火災や関東大震災、戦災、そして接収により、短期間に何度もリセットされてきたことは本書でも繰り返し述べられている通りである。現存する歴史的建造物はそうした都市の変遷と軌を一にしたものばかりであり

「横浜らしさ」の根幹をなすものである、という主旨であったが、その観点からすると、第二次大戦の戦災復興のための建築が1950年代の公共建築物であり、防火帯建築であることが浮かび上がってくる。

奇しくもその頃、菅氏の事務所は神奈川県住宅公社弁天通3丁目第二共同ビルの2階に賃貸されていたが、ビルの解体予定から退去することになっていた。解体期に差し掛かった防火帯建築が、戦災復興という横浜の都市形成と不可分の関係にあること、戦後横浜の景観をかたちづくってきたことを改めて実感した。それまで私自身、歴史的建造物といえば戦前の近代建築という認識が強かったが、このシンポジウムをきっかけに、防火帯建築を意識的に歴史的建造物として捉えるようになったのである。

戦災復興建築への歴史的評価

戦前の近代建築については、日本建築学会の『日本近代建築総覧』（1983）により概ね評価軸が定まっている。横浜においても、横浜市開港記念会館や神奈川県立歴史博物館等、歴史的建造物として一般市民の認知度も高く、保存活用されている建物も少なくない。

一方戦後建築については、評価軸が定まっていないのが実情である。文化庁の登録有形文化財の一つの基準に考えられている築年数は50年であるが、戦後復興期に建てられた近現代建築物は、すでに築50年以上が経過している。横浜の防火帯建築の初期建物は、1954年竣工の弁三ビルを始めとする一連の建物を考えても築60年以上が経過し時間的には十分に登録有形文化財の条件を満たしているものの、歴史的建造物として扱われることはなかった。

神奈川県で戦後建築が歴史的建造物と認識されるようになった嚆矢は、公共建築であった。前川國男設計の神奈川県立音楽堂（1954）、同じく前川作品の神奈川県立図書館（1954）、坂倉準三設計の神奈川県立近代美術館（1951）は、1999年の時点でDOCOMOMO Japanにより「日本の近代建築20選」に選ばれており、これらはモダニズム建築の代表作として評価の対象となっている。

だが、民間の建物である防火帯建築に対しては、同時期の建築とはいえ歴史的評価の眼差しは向けられなかった。たしかに、建築様式はモダニズムの

文脈にあるとはいえ、防火帯建築は一見して無機質で特徴に乏しい"雑居ビル"然とした佇まいであり、作家性の面でも設計者の匿名性が高く、評価の手掛かりに欠ける。認知度という点においては建築関係者の間ですら十分ではなく、前述のシンポジウムでの発表でも、「街中でなんとなく見かけてはいたが、説明を聞いてはじめて知った」といった反応が多かった。

このような状況が続いてきた中で、その寿命を待たずして解体されてしまった防火帯建築も少なくない。

『横浜近代建築──関内・関外の歴史的建造物』の出版

2012（平成24）年11月、日本建築家協会全国大会が横浜で開催されることになった。そのイベントの一部として、歴史的建造物を巡るエクスカーション形式での街歩きを企画したのだが、その資料として大会に合わせて本を作成することになった。実はその3年前から毎年の建築祭というイベントで関内・関外の近代建築調査をすすめており、パネル写真展を開催していたのだが、この内容を『横浜近代建築──関内・関外の歴史的建造物』としてまとめることとした。戦前から戦後復興建築まで、関内・関外の築50年を超える建物（現存52棟、取り壊された建物48棟）をピックアップしたもので、横浜が直面してきた災害の経緯とその復興の為に造られた建物が網羅されている（6-1-1）。

この本の大きな特徴は、街歩きをしながらのガイドブックとして、横浜らしさを形成してきたまちの歴史と建造物をリンクさせて取り上げていることにある。横浜国大名誉教授の吉田鋼市先生からは書評として、「単なるガイドブックではなく記録書としての価値も備えている」「歴史的なつながりのある景観を大切にする本来の建築家の姿がこの本に示されていてすばらしい」とのご評価をいただいた。

6-1-1 『横浜近代建築──関内・関外の歴史的建造物』

もう一つの特徴として、すでに歴史的評価の定まっている戦前の建築と、歴史的建造物としては等閑視されてきた戦後建築を並列に取り上げていることが挙げられる。災害復興を原動力としてきた横浜の都市形成史を鑑みるに、接収により遅れた戦災復興を担った戦後建築を歴史的建造物ととらえるのはごく自然なことであるが、作家性や作品性に乏しい防火帯建築をその対象と見做すのは、これまでになかった試みであったといえる。『横浜近代建築』では、代表的な防火帯建築として弁三ビル、吉田町第一名店ビルを、その歴史的経緯と共に取り上げている。

「横浜らしさ」と防火帯建築

　『横浜近代建築』の編集過程において、地元で活動する建築家仲間で「横浜らしさ」とは何かを議論する機会があった。その中で、「東京から横浜に帰ってきてほっとする理由として、4階建てと並木の揃った街並みがあるのではないか」という意見が上がった。たしかに、関内・関外地区で見られる低層のスカイラインと街路は、東京ではあまり見られない景観を醸成している。この均整がとれた"抜け"の良い街並みは、横浜の個性として（半ば無意識のうちに）市民に共有されているのではないか。それが戦災復興という役割を担った建造物によるものとすれば、防火帯建築を歴史的建造物と見做すことになんら問題はないだろう。

　このようにして、横浜の建築実務家の間で防火帯建築の歴史的価値の評価が始まったわけだが、同時期、研究者の間でも全国各地の防火建築帯や戦後復興建築について、都市史および都市形成史の文脈で研究論文が発表される動きも出てきた。1964年東京オリンピック以前の建物が軒並み築50年以上を経過する時代に入り、次第にストック数を減らしていく中で、戦後建築が歴史的評価と保存、利活用の対象となりつつあったのである。

6-2　JIAの活動と防火帯建築研究会の発足

日本建築家協会とその活動

　公益社団法人日本建築家協会（JIA）は、建築家の職能確立と来たるべき

時代の建築家像を求めて 1987 年 5 月に発足したわが国唯一の建築家の団体である。

　同協会は「建築家の資質の向上および業務の進歩改善を図ることを通じて、建築物の質の向上と建築文化の創造・発展に貢献することを目的として結成された団体」であり、多くの職能団体がそうであるように、公共性の高さを自任するがゆえ、社会貢献への意識は高い。建築はクライアントの資産であると同時に景観を形成する公共資産であると言えるが、横浜のように高度開発され、近現代 160 年の間に目まぐるしい変化を遂げた都市の建築は、とりわけ都市そのものを形成する要素としての比重が大きい。

　JIA は全国を 10 支部に分け、その中に県単位の「地域会」が存在するが、支部レベルで目的に応じた委員会が組織されている。会員は主に委員会を通じて社会貢献活動に参加するわけだが、私が参加した委員会の活動をいくつか紹介したい。

保存問題委員会

　保存問題委員会は、日本建築家協会が発足した翌々年、1989 年 6 月から関東甲信越支部で活動を開始した。建築を新しく造る行為を通じて社会貢献するのが建築家の役割である一方、建物が健全な状態で維持管理され、使い続けられるようにするのもまた建築家の役割である。創る行為には使い続けられる前提があり、創造と保存は同義であるとの考えのもと、古い建物の保護といった狭義の保存だけでなく、スクラップ・アンド・ビルドによる環境破壊や地球資源の損失に歯止めを掛け、持続可能な都市環境の形成を目指し活動している。

　私は 2010 年に加入したが、在任中の活動としては、戦前の建物の保存要望を数棟と、戦後建築の神奈川県立近代美術館（旧鎌倉館）の保存要望書提出などに関わった。関係者の尽力で当館は 2016 年 11 月、県指定重要文化財に指定され、現在、鶴岡八幡宮の鎌倉文華館鶴岡ミュージアムとして再生している。

JIA 文化財ドクター

2011年の東日本大震災では多くの文化財建物が被災した。これら建造物の復旧支援事業が「JIA 文化財ドクター」である。東北各県および関東甲信越各県の震度5強の地域における国登録・指定文化財、各県登録・指定文化財、各市町村登録・指定文化財等の震災被災状況についての把握、報告、復旧支援活動を、2011年から3カ年、文化庁、建築学会が主体として、建築家協会と建築士会連合会が共同して行った。活動にあたり、建築家協会内部の特別講義の一定時間受講義務を課し、修了生を調査班として編制した。

この調査では、各県・市町村レベルの登録・指定文化財への対処に苦労した。リストには載ってはいるもののその後のフォローアップがされておらず、現地に行ってみると現存していないといったケースもあり、存否確認から行う必要があったのだ。災害時のための日常調査活動の必要性を痛感したわけだが、この時の経験が横浜防火帯建築の調査活動に活かされていく。

JIA 文化財修復塾

前述の JIA 文化財ドクター派遣事業の参加資格としての講座が、JIA 文化財修復塾である。この講座60単限を履修することにより最低限の文化財の保存修復事業のカリキュラムになるよう、文化庁の指導のもと講義内容を検討した。座学や現地講座などにより構成され、修了生は今後の文化財保存修復事業の中心的担い手として活動していくことを目標としている。

修了後の活動としては、文化財ドクター派遣事業のほか、文化庁委託事業である「近現代建造物緊急重点調査事業」活動を、文化庁、建築学会、建築士会連合会等と共同して行うなどがある。また、国交省の観光資源等関連業務に関わる際の基本的な資格を想定している。現在全国で73名の文化財修復塾修了生が活動している。

JIA 神奈川防火帯建築研究会の発足

このように JIA では建築家集団の職能を活かしたプロボノ活動を行っているが、県単位の地域会では、更に地域に密着した活動を行っている。

私が所属する JIA 神奈川には、社会文化活動委員会の一つとして「まちづ

くり保存研究会」という組織がある。これは、消失危機にある文化的建築物の情報収集、まちのアイデンティティの探求と提案などを行い、その成果を見学会・街歩きの企画実施や保存要望書の検討・提出、自治体設計コンペ開催の協力などに活かしている。

　この一環として、1節で述べたシンポジウムやパネル展があるのだが、これら活動を通じて戦後建築を歴史的建造物という視点でとらえるようになり、とりわけ、防火帯建築に関する組織的な研究の必要性を感じるようになっていったのである。

　2014（平成26）年10月、JIA神奈川防火帯建築研究会が発足した。これはJIA神奈川代表の飯田善彦氏が推奨した5つの都市問題研究会の1つであるが、JIA会員の建築家のみならず、NPO、自治体、公社、大学等に所属する各界のエキスパートがメンバーに名を連ねている。本書の執筆はこの研究会メンバーによるものだが、これまでに様々な活動を展開してきた（6-2-1）。

防火帯建築研究会の活動

防火帯マップ作成

　まず研究会が取り組んだのは、防火帯建築が一番建てられたピーク時のマップ作成であった。各人の所有するデータを持ち寄り、当時の1/25,000地図に各建物をプロットしていった。いままでバラバラであったデータが集約され、最も防火帯建築が存在した1970年代（昭和46年ごろ）の見取り図が完成した（口絵8参照）。

　マップを完成させたところ、最盛期、関内・関外地区で444棟[注]の防火帯建築が存在したことがわかった。これを見ると海岸通り、本町通り、日本大通り、山下公園周辺に数多くの戦前の歴史的建築物が残っており、その内側に防火帯融資物件・県供給公社共同ビルが連なってまちを構成していることが見て取れる。戦前の歴史的ビル群と4階建ての建物が並んでいる様子が目に浮かぶが、これこそが戦後の「横浜らしさ」を醸成した景観であろう。

　引き続き、現在（2015（平成27）年時点）の防火帯建築の現存状況図を作成した（口絵9参照）。これは何度も現地を確認し、情報共有しながらの作業となった。この時点で214棟が確認出来た。ピーク時からの残存率

6-2-1 JIA 神奈川防火帯建築研究会の取組み一覧

	収集・保存	調査・研究	展示・発信 再生・活用
防火帯ピーク時 MAP		○	
防火帯 2015 年時 MAP		○	
「防火帯とは」（冊子）		○	
戦後復興期の都市住宅建築に学ぶ関西見学会		○	
2015 年 JIA 神奈川建築祭　展示パネル			○
2016 年 JIA 神奈川建築祭　展示パネル（横浜国大＋神奈川大学）			○
2018 年 JIA 神奈川建築祭　展示パネル（横浜国大＋神奈川大学）			○
2015 年 JIA 神奈川建築祭　シンポジウム			○
2016 年 JIA 神奈川建築祭　シンポジウム			○
関内外オープン街歩き			○
建築士会街歩き			○
建築士　シンポジウム			○
TV 神奈川「ハマナビ」放映			○
防火帯建築見学会　公社本社ビル		○	
防火帯建築見学会　弁三ビル		○	
防火帯建築見学会　徳永ビル		○	
防火帯建築見学会　吉田町第一名店ビル		○	
防火帯解体前建築見学会　長者町 4 丁目第二ビル	○		
防火帯解体前建築見学会　商栄ビル	○		
防火帯解体前建築見学会　長者町 8 丁目ビル	○		
構造耐震診断に対する資料収集	○		
文化庁近現代建造物緊急重点調査（建築）神奈川		○	
弁三ビル　図面	○		
商栄ビル　図面	○		
吉田町第一名店ビル　図面	○		
長者町 8 丁目ビル　図面	○		
長者町 4 丁目第二ビル　図面	○		
入居者アンケート		○	

48％となる。また、歴史的建造物の残存率は改修も含め約 40％となり、海岸通り、本町通り、山下公園周辺がほぼなくなり、大きく景観が変わったことがわかる。

　防火帯建築が比較的残っている地区も明らかになった。吉田町商店街、福富町商店街、伊勢佐木町商店街あたりは街区を縁取るような形で現存しており、馬車道、関内桜道、弁天通り、太田通り、入舟通りなどは、かろうじて通りとしての連続性が残っているといえる。

　このマップの作成は、その後の調査・研究活動の基盤となるものであり、残存率が５割を切った中でのスタートという認識が、研究会メンバーにある種の危機感を共有させた。

市民参加型イベントの開催

　マップ作成を皮切りに、これまで JIA 神奈川防火帯建築研究会として様々な取り組みを行ってきた。

　研究会の活動の特色として、専門家として取り組んだ現地視察やデータ収集、資料作成などの成果を、一般市民に還元するという志向性が挙げられる。これは、防火帯建築を歴史的建造物として捉え、保存および利活用を目指すことをゴールに見据える研究会の結成目的に照らして、一般市民を巻き込んでの活動が不可欠であるとの認識に立つものであり、本書出版もその一環に位置づけられる。

　市民参加型のイベントとして真っ先に挙げられるのが、街歩きツアーの開催である（6-2-2）。「防火建築帯見学ツアー」と題し、2016（平成 28）年11月5日、横浜国立大学大学院都市イノベーション研究院藤岡研究室と共催で、一般市民を集めて見学ツアーを行った。当日は防火帯建築の多く残る吉田町、福富町、伊勢佐木町を中心に建築家や研究者による解説付きで実地見学を行い、特に吉田町では、一部内部見学や入居者の方に防火帯建築の魅力を語ってもらう機

6-2-2　街歩きツアーの様子

6-2-3　シンポジウム「横濱らしい『横浜』戦災復興（防火帯建築を考える）」（2015年2月28日）の様子

6-2-4　JIA建築祭パネル展示

会を設けた。

　運営を考慮し参加人数は十数人だったが、「今まで気にはなっていたが知らなかった」「ここまで横浜の歴史と一体化していたとは」といった感想が寄せられ、防火帯建築という名称を知っているかはさておき、独特の景観に魅力を感じている市民の存在が確認できた。

　実はこの見学ツアーに先駆け、2015（平成27）年10月17日には神奈川県建築士会活動交流会でのシンポジウム及び街歩きのデモレーターを依頼され、さらに研究を深めていった。専門家向けのツアーであったが、前述のように建築関係者の間でも防火帯建築の認知度は決して高くないため、一般市民の反応とそれほど大差がなかったことは印象的であった。

　シンポジウムの開催も、「JIA建築ウィーク」内の企画として実現した。2015（平成27）年2月28日、横浜に関する著作の多い作家の山崎洋子氏と、横浜の日常風景を主な題材とする写真家の森日出夫氏をゲストにお招きし、トークセッションを開催した（6-2-3）。ここでも防火帯建築の知名度の低さと、裏腹に日常の一風景として強く刷り込まれていることを実感した。

　その他にもテレビ神奈川の情報番組「ハマナビ」への出演や、恒例のJIA建築ウィークにおけるパネル展（6-2-4）などを通じ、専門家間での知識共有とともに市民の認知向上に努めてきたのである。

防火帯建築解体現場での調査

　残念ながら解体の決定された防火帯建築は数多いが、建物オーナーにお願いして解体現場での調査を行うことも、研究会の大事な活動である。この意図は、図面には記載されていないデータの収集であり、残された防火帯建築に耐震工事を施工する際の手掛かりとすることにある。

　耐震診断における構造計算の決め手となるのが柱など構造体の配筋状況で、これが現在の基準とくらべてどのくらいの強度を確保しているかによって必要な工事が決まってくる。そこで、同時期の建物の解体工事に際して配筋状況の確認を行い、同等の構造基準で建てられているであろう現存物件の耐震補強策を導き出すことができる。

　2016（平成28）年11月の商栄ビル解体現場における調査と、翌年11月

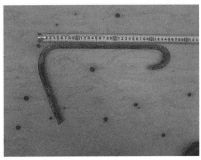

6-2-5　商栄ビル解体時配筋調査（上）柱廻りハツリ　（下）梁フープ筋端部フック

6-2-6　長者町4丁目第二ビル（上）解体全景（中）梁スターラップ（下）柱フープ筋端部フック

の長者町4丁目第二ビル解体現場における調査で、耐震強度を左右するスターラップ（梁の補強筋）やフープ（柱の補強筋）の状況を確認した（6-2-5、6-2-6）。これによって当時の公社建築の構造基準が判明し、その他の同時期に建てられた防火帯建築の耐震診断が、躯体を斫ることなく可能になった。

6-3　文化庁近現代建造物緊急重点調査事業と防火帯建築群

調査の目的と背景

　2015（平成27）年、文化庁は「近現代建造物緊急重点調査事業」を開始した。これは、我が国の20世紀に建設された近現代の建築、土木構造物が国際的に高い評価を受けている一方、「総合的な価値付けがされておらず、文化財としての保存措置がほとんど講じられていない」状態であり、「主として20世紀に造られた建築物や土木構造物について調査し、優れた建築物及び土木構造物の所在地、建設年、規模、構造、現況などを集約する」事業とされる。この事業の先行モデルケースとして神奈川県と奈良県が選定され、2018（平成29）年までの3カ年調査が実施された。

　これまで文化庁では、「近代化遺産総合調査」は46都道府県で、「近代和風建築総合調査」は42都道府県で実施済である（2017年時点）。これら調査事業の進展により、戦前の建造物については、重要性が認められたものが重要文化財に指定されている。一方で戦後の近現代建造物は、築50年を超えているものが多くあるものの、当該事業前まで重要文化財に指定されているものは4件にすぎず、評価基準が多岐にわたり総括的な把握もされず、調査もされてもいなかったのが現状である。この現状を変えるべく、前述2県に続いて2018、19年には静岡県・鹿児島県で実施されており、今後、20数年掛けて調査が行われるものと思われる。

　この事業の背景には、多くの戦後建築が築50年という文化財選定の一般的な基準を満たし歴史的評価の気運が高まっていることの他に、東日本大震災における文化財被災の被害状況把握が困難だったことが挙げられると思われる。国主導の悉皆調査を通じて現状を把握しておかないと、災害を受けて

の復旧策立案もままならない。「緊急」という言葉にはそういった意味も込められているのであろう。

神奈川県での調査事業

　近現代建造物緊急重点調査事業の実施団体は一般社団法人日本建築学会であるが、これまで近現代建築の保護や調査に関わってきた実績を持つ日本建築家協会、日本建築士会連合会も参画し、3団体の協力体制のもと、それぞれが過去に蓄積してきた情報・経験を活かし、モデル事業を通して現状の課題を把握しつつ、具体的な調査手法の検討を行った。JIA神奈川を通じ私も委員に任命された。

　神奈川県では一次調査において、1945年から2000年にかけて竣工した建築を対象とし、歴史的価値の高いと考えられる物件をリストアップした。一次調査リストでは、はじめに予備調査として『総覧日本の建築』所載の戦後建築及び日本建築家協会が「未来に残したい20世紀の建築」に選定した建築をリストアップし、次いで『かながわ建築ガイド』等の地域リストで評価された建築やワーキンググループからの推薦、及び防火帯建築のような地域の特色を示すものを追加した。予備調査でリストアップされた89件に132件（うち防火帯建築26件）が追加され、221件が掲載された。

　二次調査では、一次調査リストの中から評価基準に照らして重要度の高い建築物を選定し、それらについて詳細調査を進めた。詳細調査は資料調査と現地調査からなり、資料調査で主に竣工時の情報を整理した上で、現地調査で現状の確認と写真撮影などを行った。38件の二次調査物件のうち、防火帯建築は2件（弁三ビル、吉田町第一名店ビル）が選定された。

評価基準と防火帯建築の選定

　この調査にあたり、建築史家の倉方俊輔氏（大阪市立大学）提案による近現代建築の「7つ評価基準」が示された。

1．革新的な作品〈革新性〉
2．意匠に優れた作品〈意匠性〉

3．顕著な設計者の展開を示す作品〈作家性〉

4．技術の発展を例示する作品〈技術性〉

5．ある時代の建築生産の典型を示す作品〈時代性〉

6．地域的な特色を明らかにする作品〈地域性〉

7．親しく利用され続けている作品〈継続性〉

　この評価基準が画期的なのは、これまで近代建築に対する歴史的評価の主たる根拠であった〈意匠性〉〈作家性〉などに加え、〈時代性〉〈地域性〉〈継続性〉といった視点が加わっていることである。これにより、戦後建築が文化財としての評価対象となる可能性が高まっただけでなく、〈継続性〉という観点から、今までの現状維持だけではない動的な保存の在り方が議論されるようになる。

　かように、防火帯建築にとってはうってつけと言える評価基準が確立されたわけだが、実際は防火帯建築選定にあたり、かなり検討に苦慮した。というのも、防火帯建築を個別の建物で見ると、手入れが悪い、増築がされているなどの実情があり、文化財としての評価と考えると如何なものかとされる事例が多いのである。

　その中でアイデアとして出たのが、個別の建物ではなく街並み・群として評価したらどうか、という視点であった。例えば吉田町は、4棟の建物が並んで200 m近い街並みを形成している（6-3-2）。福富町は9棟の建物が通りの両側にRCのアーケイドを持ちながら街並みを形成している。伊勢佐木町は5棟の建物が個別の改修はされているが連続感があり（6-3-1）、他の7棟は現在では単体の建物だが防火帯建築の特徴がよく見て取れる。こうした街並みへの評価を選定基準の7つに当てはめ、事業統括委員会・調査委員会に提案したのだが、選定リストの考え方では街並みとして一体の描き方がないため個別の表示になり、年代も別れてしまうため、群としての景観上の評価は難しいということになった。

　結果的に防火帯建築の選定基準は、〈時代性〉〈地域性〉〈継続性〉を主な評価項目とした。二次調査リストに残った弁三ビル、吉田町第一名店ビルについても、この3項目が評価された。

吉田町第1共同ビル（吉田町第1名店ビル）

吉田ビル＋吉田町第2共同ビル

上保ビル 融資 NO 61 三栄ビル 融資 NO 42
加藤回陽堂ビル 融資 NO 45

6-3-1　伊勢佐木町の街並み

6-3-2　吉田町の街並み

　山崎鯛介委員作成の所見によると、〈時代性〉については、「横浜の場合は、終戦後の7年近くの接収が戦後復興の空白期間として生まれ、それによって制度の確立・法的な整備・融資の手法等が着々とすすんだ。その結果ほかの都市に見られる戦後復興の無秩序な状況を免れたと言ってもよい」と防火帯建築の制度面に着目がなされた。〈地域性〉については、「関内地区の接収解除から10数年が、1、2階が店舗事務所、3、4階が都市住宅という横浜関内・関外地区の典型となった建築スタイルを生み出した」と評価された。〈継続性〉については、「横浜の防火帯建築も初期のものは約65年使い続けられている。現在でも200棟以上の建物が関内・関外地区の景観を担っており、芸術不動産として新たな使い手による継続の可能性がでてきた」とされた。またいずれの評価基準においても、当時のジャーナリズムにおいて拾い上げられていない可能性が高いことから、現地調査の必要性が説かれていた。

　「街並み」「群」としての評価をいかにしていくかという課題はあるものの、

文化庁近現代建造物緊急重点調査事業において示された評価基準は、これまでの文化財指定とは一線を画す画期的なものであり、ここで防火帯建築に歴史的評価の途が開かれたことは特筆に値するだろう。

この項の最後に、文化財指定について付言しておきたい。

防火帯建築のような使い続けることに価値がある建物に対し、強い縛りがかけられる文化財保護を求めることは矛盾するのではないか、という反応もあると思われる。確かに「指定文化財」となると、補助金などの手厚い保護がある半面、許可制等の強い規制がかけられるようになる。この指定文化財制度を補完するものとして、1996（平成8）年、文化財保護法の改正により「国の登録文化財」の制度が導入された。

「登録文化財」は届出制と指導・助言等を基本とする緩やかな保護措置を講じるもので、「社会的評価を受けるまもなく消滅の危機にさらされている多種多様で大量の近代等の文化財建造物を後世に継承していくために」作られた制度である。

防火帯建築の歴史的評価とは、この登録文化財への登録を目指すものであり、先の文化庁近現代建造物緊急重点調査事業でも〈継続性〉が評価基準にあるように、必ずしも竣工時の状態維持に価値を置くものでないことは押さえておきたい。

6-4　防火帯建築入居者からの聞き取り

本章の最後に、実際に防火帯建築を生活や仕事の場とする方々の声を取り上げたい。防火帯建築に現在居住している方々は、建物にどのような価値を見出し、またどのような懸念を抱えながらそこに暮らしているのだろうか。そこで感じていることは、防火帯建築の保存と利活用を展望するうえで、欠くことのできない視点である。

①吉田町第一名店ビル：Tさん（女性50歳代）、1人住まい

この方とは、神奈川ヘリテージマネージャー協会での活動を通じて知り合った。当時は活動を通じて会合で会うことが多かったが、どこに住んでい

るかは話題にならなかった。私が防火帯建築研究会での活動をしていることから、吉田町第一名店ビルの見学会を企画した際、内部の入居者の方の話を聞けないものかと探している時にたまたま行き着き、詳しく入居の状況等聞くことになった。

平面図[13] 1/200
Plan

6-4-1　間取り図

Tさんはライターの仕事をしており、本の編集にも携わっている。ここに在住して8年。部屋は32㎡、家賃は月7.6万円だという。間取り等は借りた状態の2Kだが、廊下状のところをクローゼットにして住んでいる（6-4-1）。

ここに来る以前は、パリに20年間住んでいた。パリでの住居は18世紀後半の建物で床はフローリング、壁・天井は漆喰塗りの上にペンキ塗り。風通しの良い住まいであったという。日本に帰るにあたり実家のある横浜で物件を探していたところ、R不動産のサイトで「昭和30年代のアパート」ということでこの建物が紹介されており、ネットで申し込みをした。

この吉田町第一名店ビルは、南向きで外観のバウハウス的なシンプルさが気に入っている。また、プラスチック製のユニットバスは嫌いなので、在来浴室である点も気に入っている。壁・天井もビニールクロスは嫌いで、最低限のペンキ塗りであるところも気に入っている。

間取りは気に入っており風通しも良い。ゴミの管理もしっかりしている。

ロケーション的には横浜の都心にあり、各線4駅が徒歩圏と、仕事に行くのに便利である。以前真下の店舗（バー）が24時間営業でうるさかったが、苦情を言ったところ解決した。近隣の裏は飲み屋街であるが、周りの環境については特に問題ない。

気になるのは水回り配管や機器が古いこと。

将来、仕事を辞めたら郊外の50㎡程度の庭付き一戸建て平屋に住みたい希望を持っている。

②吉田町第一名店ビル：Ｓさん（男性 40 歳代）、賃貸運用

　吉田町の町内活動をしていることから紹介された。2010 年のシンポジウムに同じパネリストとして参加したのが最初の出会いである。

　Ｓさんは住まいの拠点をこの吉田町第一名店ビルに置き、同時に賃貸しながらこのビルと向き合っている。町内活動をはじめ、野毛大道芸の手伝い、野毛アートフェスティバル等の幅広い地域活動に携わっており、本業は工事コンサルタント、工事請負（２級電気工事施工資格所有）などである。

　この建物が防火帯建築の一つであったことは、このビルの数多い大家さんの一人から聞いていた。また NPO アーバン研究体の活動からも知っていた。

　このビルに引っ越してから 12 年たっているが、その前に４年間のアメリカ留学経験があり、日本に戻ってからは都心の住まいを探していた時にここと出会った。もちろん安い家賃も非常に魅力的であった。

　2005 年ごろ、２階倉庫だった部屋を改修可という条件で住まいとして借りたのが最初である。ほとんどの賃貸物件に使われている新建材は苦手で、自分なりの空間を改修しながら借りられるのが最大の魅力である。

　現在、このビル内に２階の１部屋をシェアオフィスとして改修し転貸、その後その部屋を６部屋のゲストハウスに改修して、事業展開している（6-4-2）。また、４階の２部屋を借りて１部屋を民泊用施設として改修、現在民泊

6-4-2　ゲストハウス見学の様子

の許可待ちである。もう１部屋は事務所兼作業所に改修転貸している。オーナーから改修の許可・転貸可という条件のもと自分で改修工事しながら賃貸しているが、事業的にも成り立っているとのこと。

　このビルの所有者会の運営のお手伝いを通じて各補修工事、リニューアルを続けている。外部の街灯も昔の電柱に付いているレトロな照明でリニューアルしたところ、イメージが当てはまったのかドラマの撮影が舞い込んだ。

　いろいろなアイデアに対応できる建物な

ので、今後も事業用として借り続けたいとのこと。現在３、４階は賃貸物件
としてはほぼ埋まっている。

③トキワビル／シンコービル：Ｙさん（男性50歳代）、建築設計事務所

2018年２月入居。３名のシェアオ
フィスとして、２階に38㎡を借りて
いる。仕事は３事務所別に行っている
が、協力体制をとりながら活動してい
る。

この前の事務所でも３名のシェアオ
フィスで活動しており７年間続けてい
た。この前借りていた建物は、日ノ出
町の文化観光局の芸術不動産事業の一

6-4-3　シェアオフィスにて

環で市の助成金により賃貸してきたが８年目で撤退することが決まっていた
ため、探していた物件の一つがこの建物であった。

ここを借りる決め手となったのは、都心であり家賃が安かったこと。月
6.4万円＋光熱費を３オフィスで折半している。

以前は和室のつなぎ部屋だったのを、自由改修可能・現状復帰なしとの条
件が魅力的だった。今風のマンションの一室は嫌だったので、楽しみながら
改修工事を行った。塗り壁下地の小舞下地等も考えながら撤去工事をし、再
活用を模索した（6-4-3）。

問題点としては、３年の定期借家契約のため、将来建替え時の継続性に一
抹の不安がある。ピット内の雨水のためか蚊が多いことも悩みの一つである。

④徳永ビル：Ｉさん（女性40歳代）、住まいとして賃貸

この建物には2004年から、５階に40㎡を借りて住んでいる。借りた当時
は防火帯建築の一つとしての認識はなかった。しかしJIA神奈川の防火帯建
築研究会のパネル展示によって横浜の防火帯建築の一つであることを知った。

都心にあるコンクリートの古いビルという認識でこの部屋を借りた。ここ
に移る前は、片倉町の木造２階建のアパートだった。そこからの転居にあた

6-4-4　徳永ビル中庭

り、関内・中華街の古い物件を探していた。特に横浜の都心に出たかった。ここの他には大桟橋脇の建物等検討した。「濱マイク」（テレビドラマ）の事務所みたいな所を探していた。

定期借家契約で２年間と制約があったが、内装は自由に変更可能、現状復帰無しという条件で契約できた。そこで１ルーム形式に改修して快適に住んでいる。みなとみらい線元町中華街駅まで３分ぐらいの好立地、山下公園にも３、４分であるが家賃は月６万円と安い。

中庭に面して建物が取り囲み落ち着いた独特な雰囲気を持っている（6-4-4）。ビルに入るには中庭からアプローチするが、その入り口近くに獅子の彫像２体が置いてある。当初ネオン管のビル名サインがあったが現在はなくなった。

建物としては、最上階であるため夏は暑く冬は寒い。スチールドアから隙間風が入る。外廊下の手摺が低い。とはいえセキュリティは特に気にならない。

将来も可能であれば住み続けたい。定期借家であり、ビルの建替えが気になる。

防火帯建築を使い続けるということ

入居者に話を聞いてみて印象的なのは、改修可能であること、都心に位置していること、賃料が安いことに価値を見出している点だが、これらはどれ

も防火帯建築が築年数を経ていることと関係しているといえる。一方で不安な点として、設備のスペックや建替えの可能性が挙げられた。これも「古い」がゆえの悩みということになろう。

　現在、建物の耐震診断には自治体から補助金が支給されるが、区分所有法以前の建物が大半を占める防火帯建築については、その対象となっていない。今後も住み続ける・使い続けることを考えた場合、耐震基準を満たしているかどうかは大きなネックとなるが、解体調査結果などから、全部基礎からダメという建物はほとんどなく、一部補強で十分対応可能である建物が大半であると思われる。このあたり、制度的な整備が望まれるところである。

　一部を補強することであと 30 〜 40 年は持つとなれば、100 年という建物のライフサイクルが見えてくる。こうなってくると、まちと建物の関係、個人と建物の関係は大きく変化してくる。

　まず、現在の築 40 〜 50 年での取り壊しから再開発というスクラップ・アンド・ビルドのサイクルを断ち切ることができる。人口減少社会への対応という点でも、環境負荷軽減という点でも、建物のサスティナビリティ向上は社会的要請であると言ってよい。一つの建物を 100 年間、3 世代ほどにわたってじっくり使いこなすことで、投資効率も上がるし、考え抜かれた建物で次の 100 年を迎える準備も出来る。

　個人と建物の関係についても、もし、現在の防火帯建築および同時期の建物があと 40 年現存することが確約されれば、分譲物件であれば住宅ローン適用の可能性が出てくるし、賃貸にしても定期借家契約をする必要がなくなり、ユーザーの住みこなしもまったく違った様相を呈してくる。躯体の補強と設備の更新は必要だが、それでも新築物件に入居するよりは低負担で住生活を送ることが可能になるだろう。

　開港以来のまちの変遷を、横浜の建物は如実に反映してきた。多くの歴史的建造物が消え去るなか、戦後復興を担った防火帯建築は、半数以上が解体されたとはいえ今も現役で使い続けられており、何より戦後横浜の原風景として多くの人のイメージに印象付けられている。この「知られざる歴史的建物」を記録し使い続けていくことは、経済原理とは違った原動力で都市を形成していく、新しい時代の到来を予感させるものではないだろうか。

【注】

なお、この 444 棟は 1971 年頃の関内・関外地区の住宅地図を用いて防火帯建築をプロットしたものであり、市建築助成公社による融資を受けていないものも含まれている。1971 年度末までの融資物件 440 棟（28 ページ参照）を抽出して実施した調査と集計方法が異なるものの、この時期にどれくらいの防火帯建築が建てられていたのかという点において、いずれも参考となるデータであろう。

第7章　戦後建築遺産としての横浜防火帯建築群にいま学ぶ意味

藤岡泰寛

7-1　「新しい原風景」のために

　戦後とはいったいどのような時代だったのか。本書が横浜防火帯建築を取り上げることで訴えたかったことのひとつは、戦後が現代と接続しているが故に、私たちがこれからどのような社会を描くのかによって、戦後の評価も変わりうるということである。

　第2章にあるように、空襲被害と長期接収は市民にとって確かに屈辱の歴史ではあった。他都市に比べて復興が遅れたということもあるが、何より、関内・関外地区は開港以来横浜の中心地、横浜そのものと言ってもよい場所であった。ここが長期に接収され続けた。横浜市民にとっての戦後はあまり振り返りたくない時期でもあっただろう。

　飛鳥田市長のもとで都市づくりに取り組んだ田村明は、自著のなかで「戦災、米軍接収、復興の遅れと横浜は災難続きだった。他の戦災都市はこの機会に戦災復興都市計画を実施して都市構造を整備しようとしていた。（中略）横浜の場合は、他の都市が行った戦災復興区画整理は肝心の都心部がほとんど米軍に接収されているために行えない。やっと米軍が立ち退いたときには、もう時期を逸していた。」「横浜の街は重病人の状態だ。」と回想する（『都市プランナー田村明の闘い——横浜〈市民の政府〉をめざして』2006）。

　さらに、接収解除が進み始めてからも、他都市のような大胆な都市整備、たとえば、名古屋や広島で実現した100メートル道路を、横浜に求めることは無理だった。道路拡幅や大規模な土地区画整理などの都市改造が行われなかったという点で、当時の横浜にいわゆる都市計画が不在であった点は否

めない。建築局長の内藤亮一自身も、法制度の限界、建築局単独での事業の限界を認識していた。

　しかし、第3章で示されたように、大なたを振るうような整備だけが都市を計画するということではないことを、結果的にこれらの建築群は説明している。多様な人々が集い、生活し、多様な産業が都市のなかに生まれる、こうした市民生活のいきいきとした豊かさが都市の本質であるとすれば、現在の横浜都心部にもその文脈を見出すことができる。きらきらした表通りと雑多な裏通りが共存し、よそ行きのまちと生活空間が共存している。第4章でも触れたようにそれらは近接した関係を保っており、ある場所では隙間のような空地が環境の質を担保しつづけてきた。また、ある場所では異なる用途を垂直に共存させる工夫が、目と鼻の先にある賑わいと居住空間の衝突を防いできた。土地の高度利用が求められる都心部にあって、中層建築の屋上空間は貴重なオープンスペースとなっていた。あるときは洗濯物干し場となり、またあるときは子どもの遊び場となった。第3章コラムでは、賑わいと生活を内包する街路型建築としての普遍的な形態を防火帯建築から読み取る可能性にも迫った。

　大なたを振るうことができなかったが為に、かえって多様な主体が関わる素地が生まれ、生活者の内発的な力を引き出してきたのである。

　半世紀を経て残されたこうした建築遺産を振り返るとき、昔話として片付けてしまうのではなく、むしろ丁寧に再読し、生活者が主役となる都市とは何か、現代社会が失いつつある原理、未来志向で回復・強化すべき原理がそこに残されていると考えてみるべきではないだろうか。

　第5章でも触れたように、古い建物には新しい建物には生み出せない価値がある。イニシャルコストが回収できているということは、家賃を低く抑え、お金はなくても若くやる気のある人たちや社会事業家を都市の中心部に惹きつけることができる。新しい建物だけで都市が埋め尽くされるのではなく、さまざまな時代の古い建物が都市のなかに残されて、多様な人々の参加を可能としながら有効に活かされていることが極めて重要である。これは、不動産価値だけの問題ではなく、都市間競争の中で埋没しないためのアイデンティティの問題、都市に暮らす人たちが「おらがまち」と言えるかどうかの

問題でもある。

　古い建物のなかでも、現代と似ている、少しだけ古い建築（戦後建築）は、基本的には減る一方である。しかし、この点について必ずしも建築数の問題ではないことを、第2章コラムの野毛都橋商店街ビルの例が教えてくれる。1964年の東京オリンピックにあわせて露天商を収容したビルであるが、その特徴的な建物形状と時代背景から多くの人に愛され、2016年12月2日に、戦後建築としては横浜市で初めての登録歴史的建造物となり、歴史的建造物等の保全活用を推進する民間団体に譲渡された。多くの人に愛された建物は、たとえ1棟でも、残されることに無数の人々の想いをつなぎとめる大きな意味があるのである。

　また、防火帯建築のなかには、吉田町のように複数のビル群が帯状に残されたところもある。近年、吉田町では防火帯建築に新しく入居する若い飲食店主が参加しながら、街並みと一体となったイベントが多数生まれている。2013年には実施主体である地元商店会に、横浜市から第6回横浜・人・まち・デザイン賞（まちなみ景観部門「防火帯建築を活用した吉田町のまちなみ」として）が贈られた。

　防火帯建築の中には、事業化の工夫により空室の利活用が進みつつあるものもみられた。若い建築家やアーティストなどが事務所を構え、手応えを感じたオーナーの中には、まちのなかに埋もれていた新たな物件を発掘する動きも見せつつある。

　このように、建物の魅力に気がついた人たちによる取り組みが、少しずつではあるが広がりを見せつつある。こうした動きを既存の防火帯建築だけでなく、これから新しく建てられる建築も参加できるものとしていきたい。なぜなら、「はじめに」で述べたように、防火帯建築が創り出したかった「関係」はやりかけのまま残されており、これから「新しい原風景」を創り出すことも十分に可能だからである。

7−2　横浜防火帯建築群から読み解く「都市の寛容さ」

　防火帯建築を読み解いてわかってきたことは、「都市の寛容さ」とでもい

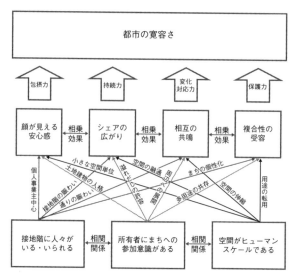

7-2-1　横浜防火帯建築群から読み解く「都市の寛容さ」の価値生成原理

うべき生活者が主体となる建築や都市の姿であり、これを 7-2-1 のように価値生成の原理として整理した。横浜関内・関外地区においては、残された建築と私たちが時間を超えて応答するための言語と言えるかもしれない。開発者主体の経済原理（開発原理）に替わり得るもうひとつの原理として、共感の広がりを期待したい。

顔が見える安心感

　一つひとつの防火帯建築は敷地いっぱいに建てられているため、通り沿いの店舗は直接歩行者道と向き合う関係をつくり、個人事業主を中心とした小規模な商店や飲食店が入居している。業種業態もさまざまであり、開店時間も昼・夜まちまちであるが、こうした多様さ、つまり一律でないことがかえって誰がいつ訪れてもよいというメッセージとなり、来街者との心理的近さを生み出してきた（7-2-2、7-2-3）。たとえば吉田町は、女性一人でも安心して飲みに訪れることのできる場所としてもよく知られているが、この感覚は防火帯建築の持つ特徴とも関係が深いだろう。

　商店や飲食店の小規模性については、40㎡程度の住戸を 3、4 階に積む

必要から生じた柱間隔が、接地階の間口を規定していることが影響している。言い換えれば、全ての空間ユニットが住居スケールで用意されているともいえる。区分所有が普及する前の時代の建築であるから、土地所有権はその土地に建つ建物の権利関係に固着し、土地と建物は一体として縦割り型で扱うことが基本となっている。さらにオーナーの多くは建物内で実際に居住したり商売をしてきた経験を持っている人たちである。こうしたオーナーの非匿名性が、土地と建物を別立てとして考える区分所有が主流となった現代とは異なる建物として、いわば土地建物が人格を備えているかのようなふるまいと、裁量の幅を生み出している。

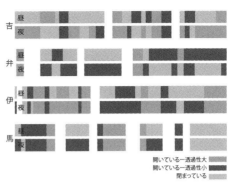

7-2-2　1階の昼夜の立面構成（吉：吉田町通り、弁：弁天通り、伊：伊勢佐木町通り、馬：馬車道通り）

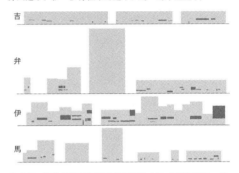

7-2-3　建物正面の看板設置状況（吉：吉田町通り、弁：弁天通り、伊：伊勢佐木町通り、馬：馬車道通り）

　県公社住宅との併存型の第1号となった弁三ビル（原ビル）では、3年ほど前から、横浜市が進めている民間主導による芸術不動産の取り組みとして、事業者が空室を定期借家し、リノベーションを行った上で転貸する方法が進められている。

　この状況調査のために弁三ビル（原ビル）を訪れたのは2015年12月。このときはまだ、事業が始まる前だったのでビルの3、4階はかなり空室が残されており、ずっと貸されていなかった部屋のなかには、傷みの激しいものも多くあった。ふと、買い物帰りとみられる高齢の女性が、手すりをつたいながら静かに階段をのぼってくる姿が目にとまった。物件確認はすべての空室を解錠したうえで、関係者が自由に確認する方法がとられており、たま

たま 1 人だった私は、階段の踊り場で少しこの高齢の女性と言葉を交わした。

　ひととおり私たちが何者であるかの説明をしたあと、女性はこの建物とのなれそめを語ってくれた。昭和 29 年竣工時から住んでいること、ご主人が他界してからは 1 人で住んでいること。エレベーターはないけれど、3 階ぐらいまでなら手すりがあればまだ普通に階段を上り下りできること。妹家族が鶴見に住んでいて、電車ですぐに行けるから便利だということ。最後に、「昔と違って夜の飲食街に変わり、暮らしづらくはないですか」という質問を投げかけたところ、「この歳になって 1 人で暮らすのには、これくらい賑やかな方が寂しくなくて良いのよ」との回答。

　空室が残されていたということは、ビル経営の観点からは、店舗部分の収益があれば、無理して貸し出さなくてもある程度経営が成り立つということなのであろう。一方で、オーナー側から言葉としては出てこないが、竣工時から数えれば 65 年間、県公社から払い下げられてから数えても 50 年間、ずっと家賃を支払って住み続けてくれている人がいる間は簡単には建て替えられないという気持ちも働いているのではないだろうか。

　建物の古さ、家賃の安さ、小規模な店舗の集積、そして、何か温かい古き良き大家業のようなものが、都市中心部での自立した高齢期居住を全体として支えている。子どもから高齢者まで、誰もが排除されることのない包摂的（インクルーシブ）な都市居住空間のあり方を考えるとき、これまでと、そして、これからの住まわれ方に学ぶことも多いはずである。

シェアの広がり

　小さな間口の店が、接地階に集積することの魅力を端的に表した図がある。建築史家の伊藤ていじが研究会代表をつとめ、丹下健三が序文を寄せた『日本の都市空間』（都市デザイン研究体、1968 年 3 月、彰国社）のなかの一節であるが、「長い期間にわたって有名無名の多くのデザイナーやクライアント（施主）が努力を積み重ねることによって出来上がってきたもの」（日本的な都市空間）のひとつとして紹介されている。

　この「界隈空間」は、7-2-4 に示すように一つひとつの個人商店・飲食店を基本とした開かれた店舗の連なりによって生まれた接地階の賑わいが、表

通りや路地空間をゆるやかにシェアしながら形成されたものである。それぞれの敷地境界を曖昧にしながら、通りや地区としてのまとまりを生み出し、京都であればこのまとまりが、「先斗町通らしさ」「木屋町通らしさ」にも繋がっている。

　重要なのは、こうした「らしさ」が機能や空間だけの概念だけでなく、「長い期間」「努力を積み重ね」てきた時間の概念をしっかり含むものであることである。

7-2-4　京都の界隈空間　出典：『日本の都市空間』

個人商店・飲食店が基本であるから、当然入れ替わりも頻繁にあるだろう。また、場合によっては、お店が繁盛し2号店、3号店と拡大することもあったはずである。明るい表通りには小売店舗が集積し、先斗町や木屋町のような一歩入った通りには飲食店や居酒屋が立ち並ぶ。

　京都市中京区には、「酢屋」という300年近い歴史のある材木商がある。ちょうど図の中央上側に「酒」というマークが集積しているあたりである。酢屋は、坂本龍馬ゆかりの商家として、海援隊の京都本部も置かれていたことで有名である。龍馬は酢屋の2階を宿として滞在することもあったそうだ。

　1階と2階の使い分け、個人商店ならではの入れ替わり、店舗拡大や縮小、表と裏の通り性格と業種業態との相性な

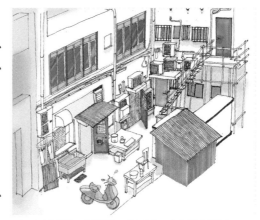

7-2-5　不老町二丁目第一共同ビル（1962年竣工、2019年頃解体）の裏側　イラスト：草山美沙希

ど、町家＝住居スケールを基本とすることが、臨機応変な空間活用を可能とし、時間軸上の持続可能性を高めてきた。

　まちに開いていることは、目の行き届きやすい環境を生み出すという点で、管理の面でもメリットにつながることが多い。たとえば不老町二丁目第一共同ビルの裏側には、各店舗のバックヤードが重なり合う空間として、共用の休憩スペースのような場所が生まれていた（7-2-5）。テーブルが置かれ従業員の気配が屋外にあふれ出すとともに、1階から2階への裏側動線も外階段として設けられ、人の目も立体的に行き交う。どこから人が出てくるかわからない。開かれていながら、外部の人間は近寄りがたい。防犯効果も高そうだ。江戸時代の裏長屋にあった、井戸や共同便所などの共用空間にも通じる、いわば都市の中の限られた空間を、ミニマルに使いこなす知恵にあふれている。

　こうした共用空間は、防火帯建築では実は屋上もそのような場所として計画されることが多かった。かつて同潤会アパートメントがそうであったように、防火帯建築でも屋上は共用の洗濯物干し場として、あるいは、主婦のコミュニケーションスペースとして活用されることが期待された。神奈川県住宅公社の石橋も、「人が住むところ洗濯は必然であり蒲団も干すのは当たり前だ。生活につきものを無理にかくすことはない。」「屋上物干は必ず備える」と述べている（雑誌『住宅』日本住宅協会、1957.6）。

　少しおもしろいデータがある。現存している防火帯建築204棟について、建築面積を合計すると約52,700㎡となり、防火帯建築は基本的に建ぺい率100％で敷地いっぱいに建っているから、これはそのままほぼ屋上の面積の合計と考えてよい。この面積は、横浜公園（約63,800㎡）や、山下公園（約74,100㎡）に匹敵する広さであり、大通り公園（約35,700㎡）を大きく上回る面積となる。これだけ高層ビルが密集しているように見える横浜中心部にも、地上4階程まで目線を上げれば都市生活者のための屋外空間が、今でもほとんど未活用の状態で水平に残されているのである。

　防火帯建築のなかでも比較的規模の大きな併存型や共同建築型の場合、共用の外階段が設けられていることが多く、通りを歩いている感覚でそのまま階段を上ると、屋上にたどり着く。屋上も通りの延長であるという錯覚にと

らわれる。もしかしたらこういう場所の本質に真っ先に気がつくのは、路上生活の人たちなのかも知れない。実際、吉田町第一名店ビルでは、少し前までは屋上は誰でも出入りできる場所として、もちろん住民の目による緩やかな防犯性の存在が前提ではあるが、開放されていた。給水タンクが高床式の小屋に収まる形で屋上に設けられているのだが、この小屋の下部空間が、路上生活の人にとっては大変快適な場所に見えたらしい。気がつくとある路上生活の人の生活空間になっていたそうである。

　共用空間としての利用が減少し、その代わりに住民以外の人でも立ち寄れる、公園のような、よりパブリックな空間に変容しつつあったわけであるが、私有財産としての建築の管理面での限界から路上生活者は排除され、屋上は常時施錠されるに至った。

　屋上の利用価値が上がると、3階、4階の不動産価値が上がる可能性があることを、㈱泰有社による泰生ポーチの実践が教えてくれている。そして1つの建物が変わることは、そこだけに留まらず、周辺にも良い影響を及ぼす。隣のビルの価値が変わり、前面の通りの使い方が変わる。次々と共鳴していくことで、エリア全体が変わっていくのである。ひとつ変化を起こすことの意味は大きい。

相互の共鳴

　横浜における防火建築帯造成事業は、商店街を立体化することが多かった他都市と異なり、小規模な単独建築や共同建築が多数を占めている。このことは、必ずしも制約条件として存在するのではなく、むしろ隣り合う建築同士の多様な関係を生み出し、創意工夫を引き出してきた。たとえば、吉田町第一名店ビルや商栄ビルで見られた所有者間での住戸の交換や、伊勢佐木町の共同建築で見られた、境界壁を撤去して設けられた2階の共同ギャラリーやホールなどが挙げられる。

　このように、商店街のおもしろさは、1階だけではなく地階や2階、あるいは裏通りに入り込んだところの、表通りにはない奥行きのある魅力にある。実際、伊勢佐木町通りや長者町通りは、2階や裏通りのお店がおもしろい。たとえば、長者町通り、伊勢佐木町センタービルの隣に、ビルの間にはさま

れた、「イセブラ小路」という飲食街がある。バーやバル、ビストロなど小さな飲食店が集積しているが、常連になればビストロの料理をバーまで出前してもらうこともできるそうだ。

　量子力学的に形成される準安定状態のことを共鳴状態と呼ぶそうだ。この準安定状態とは、小さな乱れに対しては安定であるが、大きな乱れが与えられると不安定になり、不可逆的変化を伴うような均衡状態とのこと。一つひとつの店舗や、一人ひとりの住民のおよぼす影響は小さくとも、住居スケールの扱いやすい空間を融通し合いながら、奥行きの中にある種の均衡状態を創り出していく。顔の見える関係があれば、突発的に起きる小さな変化は日常の出来事として吸収可能である。このように、防火帯建築を舞台とした多様な相互作用は、都市のなかにインフォーマルな共鳴状態を内包する役割も果たしてきた。

　この作用は、ビル名や建物のファサードのデザインからも、読み取ることができる。たとえば、関東大震災の復興建築であるイセビルは、当時の市会議員上保慶三郎によって建てられたビルであったが、慶三郎は敗戦間もない1946年1月17日には伊勢佐木町振興会を組織し自ら会長職に就いた。振興会は慶三郎を中心として接収解除陳情を繰り返しながら、返還が叶った土地についてはかつての地権者に店を出すように働きかけていく。その後、

7-2-6　竣工当時の第三イセビル（左）と現在の第三イセビル（右）
屋上に設けられた時計台が目を引く。当時はまだ長者町通りに路面電車が通っており、通勤・通学や買物で利用する人たちにとってこの時計台は大切なランドマークだったのではないだろうか。路面電車は1972年に全廃され、時計台も姿を消した。　左出典：『融資建築のアルバム』

1954年度融資によって第二イセビ
ル（建築主：上保嘉保）が、1956
年度融資によって第三イセビル（建
築主：上保元子）が、それぞれ建築
された（7-2-6）。復興の精神が受
け継がれていたのだろう。

　また、吉田町第一名店ビルは、柱
の間隔が不均等になっている。これ
は、上層階の標準化された住戸の柱
割りが降りてきて下層階の店舗の間
口を制約する、いわば住戸配置優先
の商栄ビルとは逆に、むしろ1階の

7-2-7　1953年6月2日第1回国際仮装行列パ
レードに写るイセビル（手前）と吉田町第一名店ビ
ル（奥）
外国人も参加できて横浜の復興を内外にアピールする
行事として横浜商工会議所が企画し、開港記念日（6
月2日）に実施された。この行事は現在も続いている。
（広瀬始親氏撮影寄贈・横浜開港資料館所蔵）

土地割を優先し、もともとあった店舗の間口に上層階の住戸を合わせた結果
である。上の階と下の階でのこうした柱と壁の取り合いは、言い換えれば、
戦後の思想である住居の標準化と、戦前までの土地所有割りが共存し、上下
で主従関係を争う、過渡期・移行期ならではの建築の姿として特徴的である。
　正面のファサードに上下複数階を通して柱を強調する意匠を建築用語で
ジャイアント・オーダーというが、第3章を担当した中井は吉田町第一名店
ビルに、この意匠が設計者によって意識的に用いられた可能性を指摘してい
る（115ページ参照）。竣工当時の写真をみると、関東大震災後の復興建築
として建てられたイセビルもそのような意匠を備えていることに気がつく
（7-2-7）。現在はこの2棟の間に別のビルが建っているためわかりづらいが、
戦争・接収という時間を挟んで隣接する建物同士が共鳴しあいながら街並み
景観を作りだしてきたと理解することも可能だろう。

複合性の受容

　個性的なまちには、多様な用途が複合して共存している。たとえば、20
世紀初頭、エコール・ド・パリと呼ばれる豊潤な芸術文化が華開いたパリ・
モンマルトルの街。シャガールやモディリアーニ、ユトリロ、マティスら、
お金はないが若くて才能のある芸術家が出入りし、住むことのできる住居

（たいていはアパート最上階や屋根裏部屋）やアトリエがあり、芸術家とパトロンを結びつけるサロンがあり、画商がいた。決して共通の思想があったわけでも、芸術運動を志していたわけでもないが、各々が自由に創作活動を展開し、相互に影響を与え合い、議論を交わし合う風土が生まれていた。

安い家賃ですら滞納することも多かった屋根裏部屋の生活から、1日でも早く売れる画家になって抜け出そうと、皆夢中になって制作に没頭していた時代。街角には、日用品や飲食店だけでなく、画材屋や、個展を開くことのできる貸しギャラリー、あるいは美術学校など、様々な関連産業も生まれた。

横浜公園の近くに建つ梅香亭は、創業1923（大正12）年の洋食屋。建坪20坪程度の小さな防火帯建築だが、2階は常連客が教え合う「梅香会」という絵画サークルのアトリエとして使われていた時期もあった。また、まだ横浜公園に野外音楽堂があったころ、公園で練習しようとした矢沢永吉が管理人に咎められ、見かねた梅香亭の先代が2階を練習場として貸していた時期もあった。

梅香亭だけでなく、第4章でも触れたように、グリル桃山が育てた若手画家の同人会「新世紀」しかり、伊勢佐木町のジャズ喫茶「ピーナツ」しかり。お金はないが若くて才能に溢れた芸術家が、そこかしこで音楽や絵画などの創作活動に明け暮れていた。そして、防火帯建築のオーナーは、そのパトロンでもあったのである。

強い個性を持つまち、複合性を備えた都市は人々を惹きつける求心力を持っているが、この求心力は決して大きな資本だけで成り立っているものではないことがわかる。むしろ、小さな資本家の集積による、保護者／応援者としての役割こそが、個性や複合性の源泉なのである。

京都市中京区に、1926年に竣工し、後に電話交換施設として使用された鉄筋コンクリート造の洋館（吉田鉄郎設計）がある。京都市登録有形文化財第1号に登録されたのち、2001年から「新風館」と呼ばれる商業施設として、歴史的建築を活かした利用が図られてきた。

新風館の館長は2001年のオープン以降、新風館そのものの客入りよりも、周辺にどれだけお店が増えたかを丁寧に数え、開店のたびに挨拶にまわったそうだ。歴史的建築の活かし方として、単に床あたりの売上げを目指すよう

な商業主義に向かうのではない。むしろ、保護者／応援者として、まち全体の価値を上げることに気を配る。

まちとともにある歴史的建築の姿として、防火帯建築のこれからを考えるうえでも大変参考になろう。

関係性を生み出す建築

横浜の戦後復興は、建築局長の内藤亮一を中心に防火建築帯の造成事業として描かれたものであったが、内藤自身は初年度からすでに造成計画実現が困難であることを自覚していた。

1955年10月に、不燃化同盟設立7周年を記念して開催された座談会が開かれ、内藤は横浜の防火帯建築の造成状況とその見通しについて述べているが、「最初は十年計画でありましたが、やってみると十年計画はうまくゆかない。それで十五年計画になり、今のようなスピードでは二十年位かかるのではないかと思っております。」と、想定通りに進んでいないことを「まことに残念な状態」として紹介している（『都市不燃化』1955）。

実はこのことも、横浜の戦後にとって重要なポイントではなかったかと思う。つまり、内藤自身が復興計画の早期実現に疑問を抱き、限界を感じていたことが、個々の民間努力を引き出す協働の空気に結びついていったとは考えられないだろうか。県公社に対して、「それを考えるのが事務屋だ」（畔柳1969）と言ってのけたのも、裏返せばそのとき内藤には建築促進の奇策がなかったということである。

その後、畔柳は住宅屋のメンツにかけて、前例のない仕組みを生み出していく。そして1955年、県公社住宅との併存型ビル（市街地共同ビル）の第1号となった弁三ビル（原ビル）が生まれる。

第1号が生まれると、これが見本となり次第に建築数も増えていく。同時に県公社との併存型ではない、民間のビルもその数を増やしていく。単独ビルも多かったが、小学校時代の同級生が共同建築主となった共同ビルもあった。必ずしも内藤のイメージ通りではないものも含めて大小さまざまな不燃ビルが生まれ、それらすべてが許容される土壌が生まれていった。

設計者も、建築主の想いに応えて新しい横浜の原風景を創るべく、（銀行

建築などではない）庶民建築としての不燃ビルと向き合っていく。ときには制約を新しい意匠として昇華させ、ときには、前時代の建築との応答のなかで街並みを創り出していく。

　結果的にこうした市民一人ひとり、建築一つひとつの関係や繋がりの蓄積が「横浜らしさ」となり、わかっているだけで440棟の建築として都市のなかに姿を現してきた。マスタープラン型の計画だけでは決して創造することのできなかった価値と言える。

　都橋商店街ビルが戦後建築として初めて歴史的建造物として横浜市で登録されるに至った理由も、突き詰めれば、この建築がなくなると関係や繋がりが失われるからであり、端的に言えばこの建築がなくなるとたくさんの人が悲しむから、である。

都市の寛容さへ

　最後に、本書が横浜防火帯建築を取り上げることで訴えたかったことのもうひとつは、経済原理（開発原理）に過度に依存して多くの歪みを生み出した現代社会を乗り越えるために、昔話としてではなく、戦後の生活者主体の建築・都市空間を未来志向で再評価すべきではないだろうか、ということである。

　人口が減少し、少子高齢化が進み、経済格差も拡大している現代社会では、極端にいえば日常生活そのもののリスクが高まりつつある。買い物難民、子どもの貧困、ひきこもり、孤独死・孤立死など挙げればきりがなく、そのしわよせは最初に社会的弱者に向かう。生活者よりも開発者を優位とする社会原理は、こうしたリスクの直接的な原因ではないものの、分け合いや支え合いといった曖昧な仕組みを社会の中から巧妙に排除していく。

　マネーゲームの何が悪いのか、経済格差の何が悪いのか、と主張する人もいるかもしれない。しかし、経済原理（開発原理）に過度に依存する社会は、先に挙げたようなさまざまな外部不経済効果を生み出し、結果的に社会保障費や公共事業費などの社会コスト増となって自分たちに降りかかってくる。災害への抵抗力・回復力も脆弱化するだろう。最終的には社会的弱者だけの話ではなく、社会全体の不利益を拡大させるのである。

何より、開発原理にさらされどこにでもある都市へと変貌を遂げた街に、住みたいと思う人がそもそも集まるだろうか。社会全体の話を引き合いに出すまでもなく、都市レベルで見ても、長期的には地盤沈下を引き起こしかねないのである。

　開港する前、寒村に過ぎなかった横浜は、160年の間に政令指定都市としては最大の370万人都市へと成長した。首都東京との近さは、160年前に開港場に選ばれた最大の理由であり、これだけ短期間の間に成長を果たすことができた理由でもあろう。

　一方でこの近接性は、常に東京の後塵を拝し、災害に見舞われるたびに、復興が後回しにされる宿命も同時に抱えてきた。戦後の横浜も、長期にわたる接収により疲弊し、建築局が主導した解除後の防火建築帯の造成は、構想にはほど遠い結果となった。しかし、第4章およびコラムにあるように、住宅屋とも呼ばれた県公社職員の苦労と、民間主導による小さな復興の連鎖が、都市の中心部に生活空間を取り戻すことに貢献した。

　半世紀を経て、さまざまな理由から建て替えが進み、戦後復興の風景が少しずつ失われているが、第6章にあるように、こうした年月を経た建物に魅力を感じ、惹き付けられる人たちが増え始めているのも事実である。不便も当然ある。水回りが使い物にならなかったり、床が傾いていたり、断熱材も入っていないだろうから、むしろ大変なことの方が多いはずである。でも、新たに入居している人たちの話を聞くと、皆共通してなんだか楽しそうである。手のかかる子ほど気になって仕方がないとか、あるいは、一目惚れした中古車を何度故障しても手入れして乗り継ぐとか、なにかそういう気持ちに似ている。つまり、対象としての無機質な建築でなく、人間が手仕事で創り出したものに本質的に備わった伴侶性が、そして、オブジェのような孤立した建築ではなく、「群」として創り出してきた関係性が時代を超えて語りかけてくるのである。

　それまで半ば利活用をあきらめかけていたオーナーも、大変なことを含めて、個性と認めてくれる人たちと出会い、止めていた時をもう一度進めようとしている。

都市の寛容さは、私たち一人ひとりの都市への態度の問題でもある。横浜防火帯建築が少しずつ姿を消すなかで、語りかけてくる建築といかに応答していけるか、私たちに現在進行形で問われている。

【参考文献】
1) 田村明『都市プランナー田村明の闘い——横浜〈市民の政府〉をめざして』学芸出版社、2006
2) 都市デザイン研究体『日本の都市空間』彰国社、1968
3) 石橋逢吉「特集・共同ビルの建設—併存アパート五年の回顧—」雑誌『住宅』日本住宅協会、1957.6
4)『都市不燃化』同盟創立七周年記念号（No. 62・63・64 合併号）、社団法人都市不燃化同盟、1955.12
5) 畔柳安雄『住宅屋三十年』1969

おわりに

　本書の著者陣が集まるきっかけとなった防火帯建築研究会は、公益社団法人日本建築家協会関東甲信越支部神奈川地域会（JIA 神奈川）の中にあって、飯田善彦神奈川地域会代表（当時）の掛け声により発足した。同時期に発足した研究会には、横浜新市庁舎研究会・郊外住宅研究会等がある。

　防火帯建築研究会には、横浜国立大学大学院の藤岡泰寛先生、神奈川大学の中井邦夫先生という 2 人の研究者ほか、建築、都市計画、まちづくり、行政など各分野の専門家の方に参加いただいた。不定期ながらこの 5 年間活動を続け、JIA 神奈川の建築祭におけるパネル展示、街歩き、シンポジウム開催などに取り組み、横浜国大の研究室発表にも参加した。2019 年度は横浜国立大学公開講座「横浜防火帯建築を読み解く」（全 5 回）の講師を各メンバーがテーマごとに担当し、研究成果を一般市民の皆さんに還元する試みを行った。

　本書は、当初藤岡先生のもとに入った執筆依頼を、防火帯建築研究会として引き受けることとなり、各分野の専門家有志の共同執筆とすることでスタートした。それぞれ本業をもちながらの執筆であり、何より、前例のあまりないテーマにおける研究成果をまとめることは、なかなか容易ならざる道のりであった。研究者でない私が本書の執筆に参加し、なんとか書き上げることが出来たのも、議論を重ね、一緒に執筆に取り組んだ仲間たちからの励ましがあったからに他ならない。

　また、執筆者以外の、多くの関係者の協力がなければ今回の出版には至らなかった。途切れない協力が得られたことは、研究会を続けていく上で勇気づけられるとともに、本書で取り上げたテーマや対象が、専門分野や世代の違い、職業の違いを超えて受け入れられる普遍的な価値を備えていることを

感じさせた。

修士研究や卒業研究として取り組み、研究会にも参加してくれた横浜国立大学の草山美沙希さん、植竹悠歩君、太田青葉君。また、本書に関連する調査研究、および図版作成に尽力してくれた、神奈川大学の鈴木成也君ならびに原誠君、花形将壽君、漆原卓君、岡田啓佑君ほか両大学の学生諸君。

取材への協力と、本書への掲載について快く承諾いただいた各ビルオーナーや店主、居住者の方々。

街歩きや公開講座に関心を持って参加していただいた市民の方々。

前例のあまりないテーマであるからこそ、皆がフラットに、自由に意見を交わし合える環境と共感の輪が研究会を超えて少しずつ広がっていったように思う。

本書の出版にあたって、一般財団法人住総研の出版助成を受けられたことも、出版を実現するうえで大きな手助けになったと同時に、本書の社会的意義を認めていただいたように思え、大変な励みとなった。助成申請に向けて本書のねらいや位置づけを徹底的に議論したことが、各人が執筆にあたるうえで視点と論点の明確化に役立ったところも大きい。改めて感謝申し上げる次第である。

遅々として筆が進まない執筆陣に辛抱強く付き合っていただき、時には議論にも参加してくれた花伝社の佐藤恭介さんにも感謝したい。

私たちの活動も、本書の出版で一つの区切りを迎えたことと思う。今後は、本書を読まれた方々の声をフィードバックしつつ、横浜防火帯建築のさらなる探求と、横浜にとどまらない、全国各地の防火建築帯および防火帯建築の研究、戦後の原風景の研究につなげていくことが課題であると感じている。

本書『横浜防火帯建築を読み解く』は、気軽な街歩きのガイドブックとしてはもちろん、横浜の戦後復興および都市形成の歴史を垣間みることもできる、幅広い関心に応え得る内容に仕上がったと思う。

建築や都市計画の専門家の方はもちろん、一般の方々にとっても、横浜を

より深く知るきっかけとなること、そして私たちの住生活を考えるうえで一つの視点を提供することとなれば幸いである。

2020 年 2 月　笠井三義

【著者一覧】

藤岡泰寛（ふじおか・やすひろ）編者および第1章、第4章、第7章担当
1973年生。横浜国立大学大学院都市イノベーション研究院准教授、静岡大学非常勤講師。博士（工学）。京都大学大学院工学研究科博士前期課程修了を経て現職。専門は建築計画・都市計画（都市住宅・住宅地などの居住空間計画研究、住居系建築遺産の継承研究）。主な著書に『住むための建築計画』、『建築のサプリメント』、『現代集合住宅のリ・デザイン』（いずれも共著、彰国社）等。

菅 孝能（すげ・たかよし）第2章担当
1942年生。㈱山手総合計画研究所会長／建築家・都市デザイナー。横浜市を中心に各地の都市デザイン、図書館等公共施設設計、歴史的建造物保全改修設計。横浜プランナーズネットワーク、湘南邸宅文化ネットワーク等の地域活動、藤沢市景観審議会会長等。主な著書に『湘南C-X物語』（共著、有隣新書）等。

桂 有生（かつら・ゆうき）第2章コラム担当
1975年生。横浜市都市デザイン室都市デザイナー、関東学院大学非常勤講師。建築意匠・設計および都市工学専攻。代表作に横須賀美術館（山本理顕設計工場在籍時）、象の鼻パーク（現職）等。

中井邦夫（なかい・くにお）第3章担当
1968年生。神奈川大学工学部建築学科教授。NODESIGN（小倉亮子と共同主宰）。博士（工学）、一級建築士、建築意匠・設計。主な著書に『建築構成学』（共著、実教出版）、『アジアのまち再生』（共著、鹿島出版会）他。

黒田和司（くろだ・かづし）第3章コラム担当
1976年、武蔵野美術大学大学院修了。㈲NEU総合計画事務所代表取締役／建築家。横浜市都市計画審議会、港湾審議会、景観ビジョン検討会委員を歴任。

松井陽子（まつい・ようこ）第4章コラム担当
1999年、神奈川県住宅供給公社入社。社史編纂、建替事業、団地再生事業等に携わる。

林 一則（はやし・かずのり）第5章担当
1958年生。都市デザイナー・建築家として横浜を中心に活動。NPOアーバンデザイン研究体理事として『横浜関内関外地区・防火帯建築群の再生スタディブック』を編集。

笠井三義（かさい・みつよし）第6章担当
1951年生。㈲カサイアーキテクチュラルデザイン代表取締役。一級建築士。公益社団法人日本建築家協会にて各種委員を歴任。共著書に『横浜近代建築――関内・関外の歴史的建造物』（日本建築家協会関東甲信越支部神奈川地域会）。

カバー写真：井上 玄（表上段右、裏中段左および下段右をのぞく）

カバー写真建物（左から順に）
上段：福仲ビル、小此木第一ビル、馬車道会館ビル、長者町二丁目第二共同ビル（解体）
中段：弁三ビル、鳳ビル（解体）、泰生ビル、不老町二丁目第一共同ビル（解体）
下段：長者町八丁目共同ビル（解体）、山田ビル、福富町西通り市街地住宅、伊勢佐木町
センタービル、吉田ビル＋吉田町第二共同ビル

横浜防火帯建築を読み解く——現代に語りかける未完の都市建築

2020年3月25日　初版第1刷発行

編著者 ——— 藤岡泰寛
著者 ——— 菅 孝能、桂 有生、中井邦夫、黒田和司、松井陽子、林 一則、笠井三義
発行者 ——— 平田　勝
発行 ——— 花伝社
発売 ——— 共栄書房
〒101-0065　東京都千代田区西神田 2-5-11 出版輸送ビル 2F
電話　　　03-3263-3813
FAX　　　03-3239-8272
E-mail　　info@kadensha.net
URL　　　http://www.kadensha.net
振替　　　00140-6-59661
装幀 ——— 北田雄一郎
印刷・製本 —— 中央精版印刷株式会社

都市をたたむ

人口減少時代をデザインする都市計画

饗庭　伸 著

（本体価格　1700 円＋税）

●人口減少社会において都市空間はどう変化していくか──

縮小する時代のための都市計画を提起。
フィールドワークでの実践を踏まえて、縮小する都市の "ポジティブな未来" を考察。
各方面に影響を与え続ける新時代の都市論。

まちの賑わいをとりもどす

ポスト近代都市計画としての「都市デザイン」

中野恒明 著
（本体価格　2000 円＋税）

●衰退する中心市街地は「都市デザイン」でよみがえる

「まちへ戻ろう」のかけ声のもと、感性重視・人間中心の都市デザインで見事に再生した欧米の都市。
豊富な事例と写真・図版が示す、再生への軌跡とめざすべき姿。
現場での実践と国内外の事例収集を積み重ねてきた都市計画家が提起する、まち再生へのキーポイントとは。
欧米の先進事例から学ぶ、これからの都市再生。

水辺の賑わいをとりもどす

世界のウォーターフロントに見る水辺空間革命

中野恒明 著

（本体価格　2800 円＋税）

●なぜ人びとは、ふたたび水辺に集うようになったのか？

近代都市計画のなかで生活街を失っていった世界中の河川、運河、港の周辺に、いまふたたび、人びとの賑わいが戻ってきている。

世界中の魅力的な親水空間を訪ね歩いた都市計画家が紹介する、都市と水辺と人びとの新しい関係。